全国中医药行业高等职业教育“十二五”规划教材

分 析 化 学

（供药学、中药学、医学检验技术等专业用）

主　编　孙兰凤（辽宁医药职业学院）

副主编　吴　萍（湖南中医药大学）

崔海燕（山东中医药高等专科学校）

闫冬良（南阳医学高等专科学校）

编　者（按姓氏笔画排序）

韦国兵（江西中医药大学）

闫冬良（南阳医学高等专科学校）

孙　倩（辽宁医药职业学院）

孙兰凤（辽宁医药职业学院）

吴　萍（湖南中医药大学）

邹　莉（浙江中医药大学）

宋克让（宝鸡职业技术学院）

崔海燕（山东中医药高等专科学校）

曾　岗（重庆三峡医药高等专科学校）

詹雪艳（北京中医药大学）

中国中医药出版社

·北　京·

图书在版编目（CIP）数据

分析化学/孙兰凤主编．—北京：中国中医药出版社，2015.8
全国中医药行业高等职业教育“十二五”规划教材
ISBN 978-7-5132-2578-6

Ⅰ.①分… Ⅱ.①孙… Ⅲ.①分析化学-高等职业教育-教材 Ⅳ.①065

中国版本图书馆CIP数据核字（2015）第121907号

中国中医药出版社出版
北京市朝阳区北三环东路28号易亨大厦16层
邮政编码 100013
传真 010 64405750
廊坊成基包装装潢有限公司印刷
各地新华书店经销
*
开本 787×1092 1/16 印张 17.25 字数 382千字
2015年8月第1版 2015年8月第1次印刷
书 号 ISBN 978-7-5132-2578-6
*
定价 35.00元
网址 www.cptcm.com

如有印装质量问题请与本社出版部调换

社长热线 010 64405720
购书热线 010 64065415 010 64065413
微信服务号 zgzyycbs
书店网址 csln.net/qksd/
官方微博 http://e.weibo.com/cptcm
淘宝天猫网址 http://zgzyycbs.tmall.com

全国中医药职业教育教学指导委员会

前　言

中医药职业教育是我国现代职业教育体系的重要组成部分，肩负着培养中医药多样化人才、传承中医药技术技能、促进中医药就业创业的重要职责。教育要发展，教材是根本，在人才培养上具有举足轻重的作用。为贯彻落实习近平总书记关于加快发展现代职业教育的重要指示精神和《国家中长期教育改革和发展规划纲要（2010—2020年）》，国家中医药管理局教材办公室、全国中医药职业教育教学指导委员会紧密结合中医药职业教育特点，充分发挥中医药高等职业教育的引领作用，满足中医药事业发展对于高素质技术技能中医药人才的需求，突出中医药高等职业教育的特色，组织完成了“全国中医药行业高等职业教育‘十二五’规划教材”建设工作。

作为全国唯一的中医药行业高等职业教育规划教材，本版教材按照“政府指导、学会主办、院校联办、出版社协办”的运作机制，于2013年启动了教材建设工作。通过广泛调研、全国范围遴选主编，又先后经过主编会议、编委会议、定稿会议等研究论证，在千余位编者的共同努力下，历时一年半时间，完成了84种规划教材的编写工作。

“全国中医药行业高等职业教育‘十二五’规划教材”，由70余所开展中医药高等职业教育的院校及相关医院、医药企业等单位联合编写，中国中医药出版社出版，供高等职业教育院校中医学、针灸推拿、中医骨伤、临床医学、护理、药学、中药学、药品质量与安全、药品生产技术、中草药栽培与加工、中药生产与加工、药品经营与管理、药品服务与管理、中医康复技术、中医养生保健、康复治疗技术、医学美容技术等17个专业使用。

本套教材具有以下特点：

1. 坚持以学生为中心，强调以就业为导向、以能力为本位、以岗位需求为标准的原则，按照高素质技术技能人才的培养目标进行编写，体现“工学结合”“知行合一”的人才培养模式。

2. 注重体现中医药高等职业教育的特点，以教育部新的教学指导意见为纲领，注重针对性、适用性及实用性，贴近学生、贴近岗位、贴近社会，符合中医药高等职业教育教学实际。

3. 注重强化质量意识、精品意识，从教材内容结构、知识点、规范化、标准化、编写技巧、语言文字等方面加以改革，具备“精品教材”特质。

4. 注重教材内容与教学大纲的统一，教材内容涵盖资格考试全部内容及所有考试要求的知识点，满足学生获得“双证书”及相关工作岗位需求，有利于促进学生就业。

5. 注重创新教材呈现形式，版式设计新颖、活泼，图文并茂，配有网络教学大纲指导教与学（相关内容可在中国中医药出版社网站 www. cptcm. com 下载），符合职业院校学生认知规律及特点，以利于增强学生的学习兴趣。

在“全国中医药行业高等职业教育‘十二五’规划教材”的组织编写过程中，得到了国家中医药管理局的精心指导，全国高等中医药职业教育院校的大力支持，相关专家和各门教材主编、副主编及参编人员的辛勤努力，保证了教材质量，在此表示诚挚的谢意！

我们衷心希望本套规划教材能在相关课程的教学中发挥积极的作用，通过教学实践的检验不断改进和完善。敬请各教学单位、教学人员及广大学生多提宝贵意见，以便再版时予以修正，提升教材质量。

国家中医药管理局教材办公室
全国中医药职业教育教学指导委员会
中国中医药出版社
2015 年 5 月

编写说明

《分析化学》是“全国中医药行业高等职业教育‘十二五’规划教材”之一，是根据高等职业教育培养目标和分析化学课程特点，在总结经验的基础上编写的高等职业教育特色教材。本教材适用于高职高专教育层次，可供药学、中药学、医学检验技术等专业及其他相关专业使用。

本书编写思路是依据分析化学理论与实验紧密相关的特点，以及分析化学的学习是以解决工作中实际问题为目的，注重教材的实用性。全书共13章，除第一章外，每章开头都有一个需要运用本章分析方法完成的【项目任务】，使学生带着任务去学习；通过【完成项目任务】的具体方法及操作，将理论与实验相结合；【项目设计】通过设计方案考查理论知识和解决问题的能力；每章分析方法后面配有相关的实训，使学生掌握各种分析方法能做什么和怎么做。本书特色是以项目任务引导的理实一体化教材。

本书全体编委均为在分析化学教学一线的骨干教师，经集体讨论，分工编写，并由主编统稿而完成。本书绪论和第十章由孙兰凤编写，第一章和第十二章由詹雪艳编写，第二章和第七章由崔海燕编写，第三章由邹莉编写，第四章由孙倩编写，第五章和第九章由吴萍编写，第六章由曾岗编写，第八章由韦国兵编写，第十一章由闫冬良编写，第十三章由宋克让编写，孙倩担任主编助理。

由于编者学识水平有限，书中肯定存有不妥之处，恳请读者提出宝贵意见，以便再版时修订提高。

《分析化学》编委会

2015年2月

目 录

第七章 沉淀滴定法

第八章 电化学分析法

第九章 紫外－可见分光光度法

第十章 经典液相色谱法

第十一章 气相色谱法

第十二章 高效液相色谱法

第十三章 其他仪器分析法

绪 论

分析化学是研究获取物质化学组成、含量、结构信息的分析方法及理论的一门科学。分析化学是化学科学的一个重要分支，分析化学包括成分分析和结构分析，成分分析是分析化学的基本内容。分析化学对国民经济和科学技术的发展具有重要作用。

一、分析化学的任务和作用

分析化学的任务是应用各种分析方法和仪器，获取物质体系的信息，以鉴定物质体系的化学组成，测定有关成分的含量和确定物质的结构及形态 。

分析化学的作用已经远远超出化学领域，分析化学作为一种手段而被应用于各个科学领域，如在新材料的研究中，需要应用分析化学方法掌握痕量杂质的组成、形态、含量及分布。在环境保护及污染的治理方面，污染物、污染源的追踪，污染物种类及数量的检测及研究，都需要分析化学手段和技术。

在医药卫生领域，临床检验中的配合诊断和疾病治疗，预防医学中的环境监测，卫生检验中的职业中毒检验，营养成分分析，农产品残留农药的检测，药品生产与检验中药品质量的控制，中草药有效成分的分离和测定，分析化学都发挥着重要作用。

二、分析方法的分类

根据分析化学的任务、分析对象、分析原理、操作方法和试样用量的不同，分析化学有多种分类方法。

（一）定性分析、定量分析和结构分析

按照分析化学任务的不同进行分类：定性分析的任务是鉴定试样由哪些元素、离子、官能团或化合物组成。定量分析的任务是测定试样有关组成成分的含量。结构分析的任务是研究物质内部的分子结构或晶体结构。一般先定性分析，再进行定量分析，如果试样组成已知可直接进行定量分析，对新发现的物质首先进行结构分析。

（二）化学分析与仪器分析

根据分析方法的原理进行分类：

1. 化学分析 以物质的化学反应为基础的分析方法称为化学分析。试样与试剂所发生的化学反应称为分析反应，根据分析反应的现象、特征（生成沉淀、气体、颜色变化）鉴定试样的化学组成，即为定性分析；根据分析反应的计量关系测定各组分的含

量，即为定量分析。以 SO_4^{2-} 的分析为例，根据 SO_4^{2-} 的性质，可选用氯化钡试剂，因为 Ba^{2+} 可与 SO_4^{2-} 反应：

$$SO_4^{2-} + Ba^{2+} \rightleftharpoons BaSO_4 \downarrow \text{（白色）}$$

若所生成的白色沉淀不溶于 HCl，由此现象及特征，可定性含有 SO_4^{2-}。分离 $BaSO_4$ 沉淀并称量其质量，根据分析反应方程式中 SO_4^{2-} 与 $BaSO_4$ 的计量关系，由生成 $BaSO_4$ 沉淀的质量，计算 SO_4^{2-} 的含量，完成定量分析。

化学分析的定量方法主要有重量分析法和滴定分析法，化学分析使用仪器简单，分析常量组分所得结果的准确度高，化学分析是最早的分析方法，是分析化学的基础，故又称经典分析方法。

2. 仪器分析 是以物质的物理或物理化学性质为基础的分析方法。需要使用特殊的仪器，测定物质的物理或物理化学性质，故称为仪器分析法。仪器分析方法快速、灵敏，所需试样量少，易于自动化，应用广泛，是现代分析化学的发展方向。仪器分析法适于微量、痕量组分分析。仪器分析主要包括电化学分析法、光学分析法、色谱分析法和质谱法等。

电化学分析法是根据物质的电学和电化学性质进行分析的方法，按电化学分析法原理又分为电导分析法、电位分析法、电解分析法及库伦分析法等。

光学分析法是利用物质的光学性质进行分析的方法，应用最广泛的是光谱法。基于电磁辐射与物质相互作用时，物质内部发生能级跃迁，通过测量辐射强度和波长而建立的分析方法称为光谱法。

色谱分析法是利用物质某些性质的差异，将混合物中各个组分分离，然后逐个分析的方法。现代色谱法应用越来越广泛。

化学分析与仪器分析，方法各有特长和局限性。如果试样组分的含量不是很低，化学分析法的准确度是其他方法所不及的。仪器分析法测定前，试样要经过化学处理，如试样的溶解、预处理、溶液的配制等，都需要化学分析的基础和辅助。实际工作中要根据分析的对象、要求及条件，选择适合的分析方法。

（三）常量分析、半微量分析、微量分析和超微量分析

按照试样用量分类：

表 0－1 各种分析方法的试样用量

方 法	试样质量	试样体积（mL）
常量分析	>0.1g	>10
半微量分析	0.01～0.1g	1～10
微量分析	0.1～10mg	0.01～1
超微量分析	<0.1mg	<0.01

另外，还有一种根据试样中待测组分含量的高低分类，分为常量组分分析（>1%）、微量组分分析（0.01%～1%）、痕量组分分析（<0.01%）。

注意以上两种概念不能混淆，如痕量组分分析不一定是微量分析，有时取样量很

大，如自来水中痕量污染物分析，属于常量分析。

三、分析过程

分析过程就是获取物质化学信息的过程，试样的分析过程包括以下步骤：

1. 明确分析任务和制定计划 要明确需要解决的问题，如试样的来源、分析的对象及分析任务，根据分析任务要求以及被测组分和共存组分的性质及含量，选择合适的分析方法，制定分析计划，设计分析方案，准备所需的仪器设备及药品。

2. 采样 分析实测的试样必须是分析对象的代表，所以取样要有代表性、典型性。由于分析对象的数量较多，组成可能均匀也可能不均匀，组分含量也不一定均匀相同，由于分析的目的不同，有时要求分析结果能反映分析对象整体的平均组成，有时可能要求反映其中某一特定区域或特定时间的特殊情况，所以应根据分析的具体情况选择合适的采样方法。

3. 试样的预处理 由于分析对象多种多样，存在形式各不相同，采集的试样往往不能直接测定，需要将试样预处理成测量所需的状态。例如许多分析方法要求将样品制成溶液，这就需要对固体样品分解或溶解，制成试样溶液。当试样组成复杂和有共存干扰组分时，需要经过分离去除干扰或使干扰组分不影响测定，同时待测组分几乎无损失。试样的预处理包括干燥、粉碎、研磨、溶解、提取、过滤、分离和富集等步骤。

4. 试样的分析测定 试样的分析结果是由“实验测定”得到的，为获得准确的测定结果，必须经过反复试验，优化测量条件。在测量前必须对使用的仪器进行校正，保证分析结果的准确度和精密度。

5. 分析结果计算和表达 根据理论原理和具体实验过程，计算分析结果。不同状态的样品定量分析结果的表示方法不同，可用质量分数或浓度表示。正确表达结果不是单纯的计算数据，完整的定量分析结果应包括测量结果的平均值、测量次数、测量结果的准确度和精密度，并对结果做出科学合理的判断，形成书面报告。

四、分析化学课程特点及学习方法

分析化学课程是药学专业、中药学专业和检验专业的重要专业基础课，对后续课程的学习和实际工作能力的培养都非常重要。

分析化学课程不但介绍各类分析化学方法的基本概念、基本理论和计算，还有各类分析方法的实验技术。高职教育的培养目标是高技能型人才，要求学生除学习必要的基础理论之外，尤其应注重学生实验技能的培养。分析化学是一门实验科学，高职分析化学实验尤其重要。分析化学理论是在实验中总结和发展的，并且是用来指导实验的，分析化学理论与实验紧密结合，分析化学是以解决实际问题为目的。高职分析化学教学应注重培养学生分析化学技能，分析技能是以分析化学基本理论、基本知识为基础的实验操作技能，特点是理论知识与实践技能密不可分，分析化学课程通过理论教学及严格的实验训练，培养学生认真的科学态度及实验技能，提高分析问题和解决问题的能力，为后继课程的学习以及将来职业岗位工作打下良好的基础。

第一章 误差和分析数据的处理

定量分析的目的是准确测定试样中待测组分的含量，不准确的分析结果会导致错误的结论、资源的浪费、生产损失甚至错误的科学理论，因此要求分析数据具有一定的准确度。但是，即使技术熟练的分析工作者，用精密的仪器，采用同一种方法对同一个样品进行多次测定，也不能得到完全一致的结果。这说明测量过程中存在难以避免的误差，在一定条件下，测量结果只能接近真值而不能达到真值。因此，在定量分析中需要根据对分析结果准确度的要求，合理安排实验，判断分析结果的准确性，对测量结果的可靠性做出合理的估计和表达。

第一节 测量值的准确度和精密度

真实值客观存在，通常是未知的，需要通过多次平行测量来估计。在相同条件下多次测量得到的数值是平行测量值。精密度表示各个平行测量值间的接近程度，准确度表示测量值与真实值的接近程度。

一、准确度和误差

（一）误差的表示方法

准确度是指测量值与真实值接近的程度。测量值越接近真实值，准确度越高，反之准确度越低。准确度的高低用误差来衡量，有绝对误差和相对误差两种表示方法。

1. 绝对误差 测量值与真值之差称为绝对误差。若以 x 代表示测量值，μ 代表真值，则绝对误差 δ 为：

$$\delta = x - \mu \tag{1-1}$$

绝对误差以测量值的单位为单位，误差可正可负。误差绝对值越小，测量值越接近真值，测量准确度越高。

2. 相对误差 绝对误差 δ 与真值 μ 的比值。

$$R\delta = \frac{\delta}{\mu} \times 100\% \tag{1-2}$$

相对误差是一个没有单位的比值，可正可负。由于真值 μ 通常是未知的，常由平行测量值的平均值来代替。相对误差是一没有单位的比值，能体现绝对误差在真值中所占的比例。实际工作中常用绝对误差表示分析仪器的精度，用相对误差来表示分析结果准确度的高低，如化学分析法的相对误差通常要求小于0.1%。

例1-1 用分析天平称得两试样的结果为0.5125g和5.1250g，其真实质量为0.5126g和5.1251g，求两者称量的绝对误差和相对误差。

解： 两试样称量的绝对误差为：$\delta_1 = x_1 - \mu_1 = 0.5125 - 0.5126 = -0.0001\ (\text{g})$

$$\delta_2 = x_2 - \mu_2 = 5.1250 - 5.1251 = -0.0001\ (\text{g})$$

两试样称量的相对误差为：$R\delta_1 = \dfrac{\delta_1}{\mu_1} \times 100\% = \dfrac{-0.0001}{0.5125} \times 100\% = -0.02\%$

$$R\delta_2 = \frac{\delta_2}{\mu_2} \times 100\% = \frac{-0.0001}{0.1251} \times 100\% = -0.002\%$$

由例1-1可见，测量值的绝对误差通常由选用的仪器的最小刻度来决定的，例如万分之一的天平最小刻度0.1mg，单次测量的绝对误差为±0.1mg。同一天平最小刻度相同，测量的绝对误差相同，测量质量大的相对误差较小，如例题1-1中的第二个试样测量结果更准确。

课堂互动

分析天平的绝对误差0.1mg，减重法需要称量两次，可能的最大误差是0.2mg，如果要求称量的相对误差小于0.1%，应至少称取多少克的样品？

（二）真值和标准值

任何测量都存在误差，测量值只能尽量接近真值，在实际分析工作中常用约定真值或标准值代替真值。

1. 约定真值 约定真值是一个接近真值的值，它与真值之差可忽略不计。由国际计量大会定义的单位以及我国法定的计量单位是约定真值。国际单位制的基本单位有七个：长度、质量、时间、电流强度、热力学温度、发光强度和物质的量。国际原子量委员会每两年修订一次相对原子质量，各元素的相对原子质量也是约定真值。

2. 标准值 采用可靠的分析方法，在经相关部门认可的不同实验室，由不同分析人员对同一试样进行反复多次测定，然后将大量测量数据用数理统计方法处理而求得的测量值，这种通过高精密度测量而获得的更加接近真值的值称为标准值（或相对真值），求得标准值的试样称为标准试样或标准参考物质。在分析工作中常以标准值代替真值来衡量测量结果的准确度。作为评价准确度的标准，标准试样及其标准值需经权威机构认定并提供。

（三）系统误差和偶然误差

分析工作中产生误差的原因有多种，按照其来源和性质不同可分为系统误差和偶然误差。

1. 系统误差 系统误差是某种确定的原因造成的恒定误差，一般其正负固定，大小可测，重复测定时重复出现。根据系统误差产生的原因，可分为方法误差、仪器误差、试剂误差和操作误差。

（1）方法误差 方法选择不当所引起的误差，通常对测定结果影响较大。例如重量分析中沉淀溶解度较大或有共沉淀现象；滴定分析中反应进行不完全，或指示剂选择不当使滴定终点不在滴定突跃范围内；色谱分析中待测组分峰与相邻峰未达到良好分离等，都使测定结果偏高或偏低。方法的正确选择或校正可减免方法误差。

（2）仪器误差 仪器不准确所引起的误差。例如天平两臂不等长，砝码长期使用后质量有所改变，未经校准的容量仪器体积不准确，仪器检测信号漂移，均能产生仪器误差。可对仪器进行校准来消除仪器误差。

（3）试剂误差 试剂不合格引起的误差。通过空白试验可消除试剂误差。

（4）操作误差 由于操作者的主观原因在实验过程中所作判断不当引起的误差。如对滴定终点颜色变化敏感性不同，导致终点提前或滞后；对仪器指针或容量仪器体积所产生判断差异等。

由于系统误差是以固定方向出现，大小可测并具有重复性，对分析结果的影响是固定的，因此可找出原因或测量校正值予以消除。

2. 偶然误差 又称随机误差，是由偶然因素所引起的可变误差，其大小、正负不固定。例如，试验压力、温度、湿度以及仪器工作状态的微小波动；操作者对平行试样处理的微小差异，均可使测定结果产生波动。偶然误差的大小和方向都不固定，不能用加校正值的方法减免。但是多次测量的偶然误差服从统计规律，即大误差出现的概率小，小误差出现的概率大，绝对值相同的正负误差出现的概率近似相等，正负误差常能部分或完全抵消，因此可以通过增加平行测量次数取平均值的方法来减小偶然误差。

二、精密度与偏差

精密度是平行测量的各测量值之间互相接近的程度。各测量值间越接近，测量的精密度越高，测量数据的重现性越好。精密度反映分析测定过程中偶然误差的大小。精密度的高低用偏差来衡量，偏差越大，测量数据越分散，测量数据重现性差，精密度低。反之，偏差越小，测量数据越集中，精密度就越高。偏差有以下五种表示方法。

1. 偏差 单个测量值与测量平均值的差值，其值可正可负。若用 x_i 表示单个测量值，$\bar{x}$ 代表一组平行测量的平均值，则单个测量值 x_i 的偏差 d_i 为：

$$d_i = x_i - \bar{x} \tag{1-3}$$

2. 平均偏差 各单个偏差绝对值的平均值，其值为正值，以 $\bar{d}$ 表示：

$$\bar{d} = \frac{\sum_{i=1}^{n} |x_i - \bar{x}|}{n} \tag{1-4}$$

式中 n 表示测量次数。

3. 相对平均偏差 平均偏差 $\bar{d}$ 与测量平均值 $\bar{x}$ 的比值，定义式如下：

$$R\bar{d}=\frac{\bar{d}}{\bar{x}}\times100\%=\frac{\sum_{i=1}^{n}|x_i-\bar{x}|/n}{\bar{x}}\times100\% \quad (1-5)$$

4. 标准偏差　在定量分析有限次（$n\leq20$）测量时，其标准偏差的定义式如下：

$$S=\sqrt{\frac{\sum_{i=1}^{n}(x_i-\bar{x})^2}{n-1}} \quad (1-6)$$

式中，$n-1$ 为自由度，表示计算一组数据分散度的独立偏差数。

5. 相对标准偏差　标准偏差 S 与测量平均值 $\bar{x}$ 的比值，也称为变异系数（CV），定义式如下：

$$RSD=\frac{S}{\bar{x}}\times100\% \quad (1-7)$$

对于一组平行测量值，平均偏差和相对平均偏差忽略了个别较大偏差对测定结果重复性的影响，而标准偏差能突出较大偏差的影响。相对偏差（相对平均偏差或相对标准偏差）能体现偏差在测量平均值中所占比例，衡量偏差对测量平均值的影响。因此，在实际工作中，多用 RSD 表示分析结果的精密度。

例 1-2　标定某溶液的浓度，做了甲、乙两组平行测定，两组平行测量值如下：

甲组：0.2041mol/L，0.2049mol/L，0.2039mol/L，0.2043mol/L

乙组：0.2040mol/L，0.2046mol/L，0.2040mol/L，0.2046 mol/L

试计算甲组标定结果的平均值、平均偏差、相对平均偏差、标准偏差和相对标准偏差。

解：平均值：$\bar{x}=\frac{0.2041+0.2049+0.2039+0.2043}{4}=0.2043$（mol/L）

平均偏差：

$$\bar{d}=\frac{|0.2041-0.2043|+|0.2049-0.2043|+|0.2039-0.2043|+|0.2043-0.2043|}{4}$$

$=0.0003$(mol/L)

相对平均偏差：$R\bar{d}=\frac{\bar{d}}{\bar{x}}\times100\%=\frac{0.0003}{0.2043}\times100\%=0.15\%$

标准偏差：$S=\sqrt{\frac{0.0002^2+0.0006^2+0.0004^2+0.000^2}{4-1}}=0.0004$（mol/L）

相对标准偏差：$RSD=\frac{0.0004}{0.2043}\times100\%=0.2\%$

课堂互动

计算例 1-2 中乙组平行测量值的平均值、平均偏差、相对平均偏差、标准偏差和相对标准偏差，并比较甲、乙两组平行测量值的平均偏差和标准偏差，哪组的平行测量值的精密度高？同一组平行测量值间的差异是来源于系统误差还是偶然误差？

三、准确度和精密度的关系

准确度表示测量结果的正确性，精密度表示测量数据的重复性或重现性。测量结果的好坏应从精密度和准确度两个方面衡量。

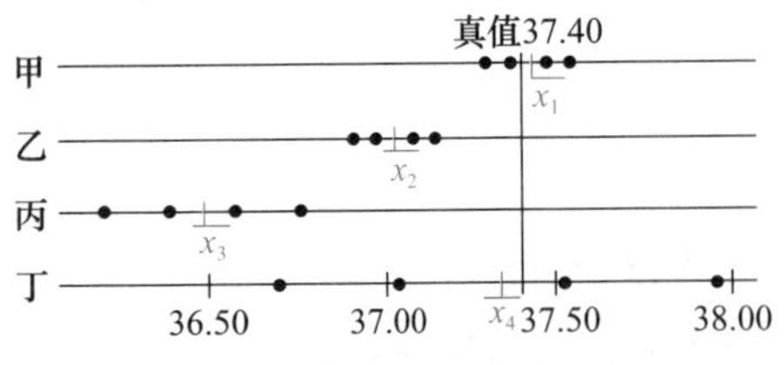

图1－1　准确度和精密度关系示意图

图1－1表示甲、乙、丙、丁四人测定同一试样中某组分含量时所得的结果，每人测定四次。试样中待测组分真实含量为37.40%。由图1－1可见，甲的精密度和准确度均较好；乙所得结果精密度虽高，但是准确度较低；丙的所得结果的精密度和准确度都不好；丁的精密度差，其平均值接近真值，仅由于正负误差相互抵消才使结果接近真值，但这纯属巧合，其结果是不可靠的。由此可见，精密度是保证准确度的先决条件。精密度差，所测结果不可靠，就失去了衡量准确度的前提。精密度好，准确度不一定高。只有在消除了系统误差的前提下，精密度好，准确度才会高。

课堂互动

例1－2中两组平行测量值平均值及其相对误差相同，能否说明此两组测量值的准确度一样？如何衡量一组平行测量值准确度的高低？

四、提高分析结果准确度的方法

分析过程中各种误差直接影响分析结果的准确度。可以通过消除各种系统误差，减小偶然误差，提高分析结果的准确度。

（一）选择合适的分析方法

不同分析方法的灵敏度和准确度不同。化学分析法的相对误差在千分之几以下，一般用于常量组分的测定；仪器分析法相对误差在5%以内，一般用于微量组分分析。根据被测组分的含量不同以及共存组分的干扰，选择合适的分析方法。

（二）减小测量误差

为了保证分析结果的准确度，需尽量减小各个测量步骤的相对误差。例如万分之一天平每次称量的误差为±0.0001g，减量法称量2次，为使称量的相对误差≤0.1%，所需称量的试样最少量为$0.0001\times2\div0.1\%=0.2$（g）。滴定管的每次读数误差为±0.01mL，一次滴定中需读2次，为使滴定的相对误差≤0.1%，所消耗滴定液的体积至少为$0.01\times2\div0.1\%=20$（mL）。

（三）减小偶然误差

根据偶然误差的分布规律，在消除系统误差的前提下，平行测定的次数越多，其平均值越接近真值，因此增加平行测定的次数可以减小偶然误差。在实际工作中，对同一试样平行测定3～4次，其精密度符合要求即可。

（四）消除系统误差

根据系统误差的不同来源，可采用以下方法来检验和消除系统误差。

1. 对照试验 采用已知结果的标准试样与被测试样用相同方法进行对照试验，或用可靠（法定）分析方法与选定方法对同一试样进行对照试验，也可由不同人员、不同单位进行对照试验，以检验有无系统误差以及系统误差的来源（仪器、试剂、操作等）。

对照试验应根据试样分析结果与标准值或对照值进行显著性检验（参考第三节），判断方法有无系统误差，评价所选方法的准确性，或直接对实验中引入的系统误差进行校正。进行标准试样对照试验时，应尽量选择与试样组成相近的标准试样进行对照分析。

2. 回收试验 向试样中或标准试样中加入已知含量的被测组分的纯净物质，以相同条件进行测定，由测得的增加值与实际加入量的比值计算回收率。回收率越接近100%，系统误差越小。

3. 校准仪器 对天平、移液管、滴定管测量仪器进行校准，可以减免仪器误差。由于容量器皿和测量仪器的状态会随时间、环境条件等发生变化，因此需定期进行校准。

4. 空白试验 在不加试样的情况下，按照与待测试样相同的条件和步骤进行测定，所得结果称为空白值。从试验的分析结果中扣除此空白值，即可消除由试剂和实验器皿等引入的杂质所造成的误差。空白值不宜很大，否则应通过改善试剂和器皿等途径减小空白值。

第二节 有效数字及其应用

一、有效数字及记录

有效数字是指分析工作中实际能测量到的数字。它包括前面的准确数和最后一位可疑数（欠准确数）。有效数字不仅表示测量数值的大小，还反映测量结果的准确度。因此有效数字位数不能随意增减。

在判断有效数字的位数时，从左到右，第一个不是0的数字都是有效数字。记录数据和计算结果时，只有最后一位是可疑的数字，其误差通常是末位数的±1个单位。例如，用量筒量取25mL溶液时，因量筒的测量误差是±1mL，故此数据应记为25mL两位有效数字，第一位是准确数字，第二位是有±1mL误差的估计读数。若用滴定管或移液管量取此溶液，滴定管或移液管的测量误差为 ±0.01mL，应记作 25.00mL，共有 4 位有效数字。

表 1-1 常用量器记录的有效数字位数及其绝对误差

仪 器	数据记录	有效数字位数	绝对误差
量筒	25mL	2 位	±1mL
滴定管	25.00mL	4 位	±0.01mL
1/10 天平	2.3g	2 位	±0.1g
1/1000 天平	2.300g	4 位	±0.001g
1/10000 天平	2.3000g	5 位	±0.0001g

有效数字仅指测量数据，倍数、分数等非测量数字可看作无误差的数字或无限多位有效数字。同时，有效数字的记录要注意以下几点：

1. 单位改变，有效数字不改变。例如 24.50mL = 0.02450L，2.0kg = 2.0×10^3g。

2. 如 pH、pM、lg*K* 等对数值，其有效数字位数只取决于小数部分，例如 pH = 4.05 是两位有效数字，而不是 3 位。

3. 当数据首位≥8 时，计算时以其有效数字位数来保留结果时可多计一位。例如 9.48，虽然有效数字是 3 位，在计算中以相对误差作为保留依据时，可将它多保留一位，保留 4 位有效数字。

二、有效数字的修约和运算规则

在计算时，按照一定的规则舍入测量数据多余的尾数，称为有效数字的修约。有效数字修约和计算的基本规则如下：

1. 四舍六入五留双 按照此规则，当尾数≤4 时舍弃，尾数 >5 时进位，等于 5 时，若进位后末位数成偶数，则进位；若进位后成奇数，则舍弃。例如，将下面的数字修约为二位数，0.42499 约为 0.42，0.42501 约为 0.43，0.42500 约为 0.42，0.41500 约为 0.42。

2. 禁止分次修约 对测量值一次修约到所需的位数，不能分次修约。例如 4.1349 修约为三位，只能 4.13，不能先修约为 4.135，再修约为 4.14。

3. 修约标准偏差 对标准偏差修约，其结果应使准确度降低，同时标准偏差和 *RSD* 一般保留 1 ~ 2 位有效数字。例如标准偏差为 0.213，取两位有效数字宜修约为 0.22，取一位有效数字宜修约为 0.3。

4. 对数运算 所取对数位数应与真数有效数字位数相等。

5. 加减法运算 计算结果的有效数字以小数点后位数最少（即绝对误差最大）的数据为保留依据。

例如：50.1 + 1.45 + 0.5812 = 52.1；12.43 + 132.813 − 5.765 = 139.48

6. 乘除法运算 计算结果的有效数字位数与参加运算的数据中有效数字位数最少（即相对误差最大）的数据相同。

例如：0.0121 × 25.64 × 1.05782 = 0.328；2.5046 × 2.005 ÷ 1.52 = 3.30

第三节　分析数据的统计处理

一、偶然误差的分布规律

（一）无限次测量偶然误差的正态分布

无限次测量值及其偶然误差呈正态分布，见图1-2，其正态分布曲线的数学表达式为高斯方程：

$$y = f(x) = \frac{1}{\sigma\sqrt{2\pi}}e^{-\frac{(x-\mu)^2}{2\sigma^2}} \qquad (1-8)$$

其中，y 是概率密度，x 是测量值，μ 是总体（无限次测量数据）平均值。σ 是总体标准差，是曲线拐点到 μ 的水平距离。偶然误差 $x-\mu$ 分布曲线是以0为中心，总体标准差 σ 的正态分布，该曲线表明：

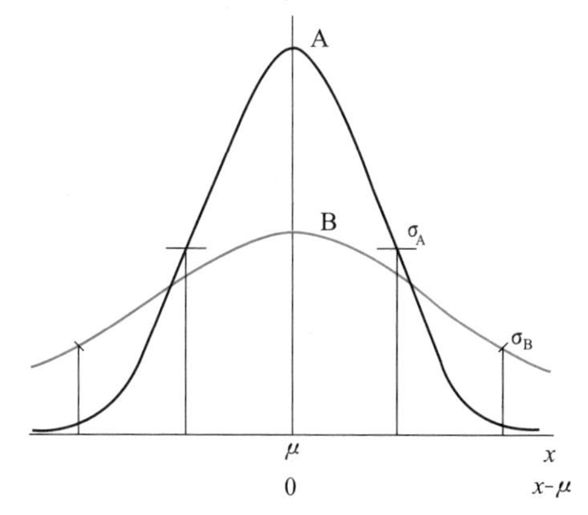

图1-2　两组真值相同、精密度不同测量值及其偶然误差的正态分布曲线

1. 小的偶然误差出现概率密度大，大的偶然误差出现概率密度小，绝对值相等的正负误差出现的概率相等。

2. σ 决定了曲线的形状，反映了测量值的精密度。如图1-2中，A组测量值精密度好，σ_A 小，曲线高瘦；B组测量值精密度差，σ_B 大，曲线矮胖。

3. 正态分布曲线与横坐标所夹的面积表示这部分横坐标对应的偶然误差出现的概率，正态分布曲线与横坐标轴之间所夹总面积代表所有横坐标偶然误差出现的概率的总和，所有偶然误差出现的概率为100%。（$x_1 \sim x_2$）范围内偶然误差出现的概率等于积分该区间内曲线下的面积，该面积（即概率）将小于100%。

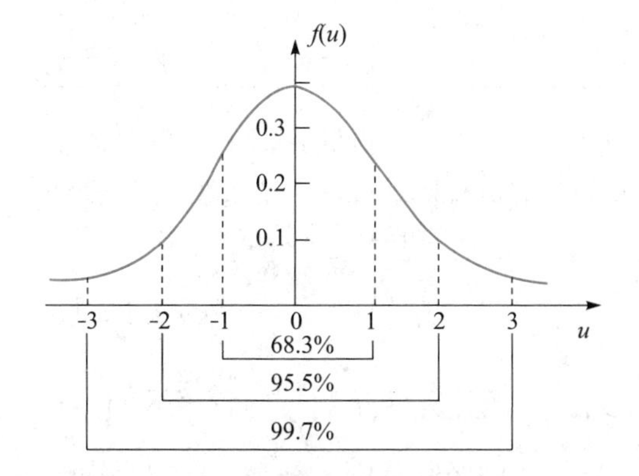

图1-3　无限次测量偶然误差标准正态分布曲线

（二）无限次测量偶然误差的标准正态分布

偶然误差的正态分布曲线随着各组测量值的 σ 不同而不同，应用不太方便，常将横坐标改为 u 来表示，$u = \frac{x-\mu}{\sigma}$，u 是以标准偏差 σ 为单位的偶然误差（$x-\mu$）值，经过这样横坐标变换后，σ 大小不同的各种正态分布曲线都变成形状相同的标准正态分布曲线，见图1-3。

曲线上两个拐点横坐标值分别为 -1 和 +1，该曲线和横坐标区间所夹的面积表示这部分横坐标对应的偶然误差或测量值出现的概率，此概率又称为置信水平或置信度 P。图 1-3 表明偶然误差 $x-\mu$ 或测量值 x 落在对应区间内的相应的概率关系为：

偶然误差出现的区间	测量值出现的区间	概率
$-\sigma \sim +\sigma$	$x=\mu \pm \sigma$	68.3%
$-2\sigma \sim +2\sigma$	$x=\mu \pm 2\sigma$	95.5%
$-3\sigma \sim +3\sigma$	$x=\mu \pm 3\sigma$	97.7%

（三）有限次测量偶然误差的 t 分布

分析工作中通常只能作有限次测量，即 n（$n<30$）次测量，得到样本标准差 S，有限次测量值的偶然误差服从 t 分布。$t=\dfrac{x-\mu}{S}$，t 与 u 值相似，是以样本标准差 S 为单位的偶然误差值。有限次测量偶然误差的 t 分布曲线见图 1-4。

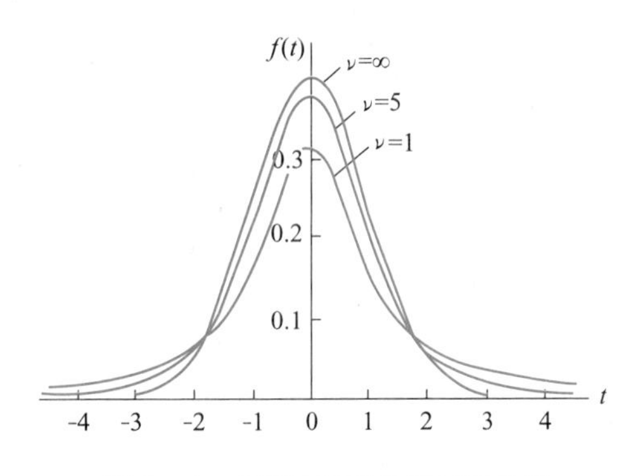

图 1-4 有限次测量的偶然误差的 t 分布曲线

曲线随自由度 ν（$\nu=n-1$）改变，当 ν 趋近∞时，t 分布就趋近标准正态分布（u 分布）曲线。与正态分布曲线相似，t 分布曲线下一定横坐标范围内面积，就是对应区间 $\pm tS$ 范围内的测定值 x 或其偶然误差 $x-\mu$ 出现的概率（置信度 P）。由此可见，有限次测量时，t 值与置信度 P 和自由度 ν 有关，这些统计量间的关系见表 1-2。

表 1-2 $t_{p,\nu}$ 值表（双侧）

自由度 $\nu=n-1$	1	2	3	4	5	6	7	8	9	10	20	∞
置信水平 P						$t_{p,\nu}$						
0.90	6.31	2.92	2.35	2.13	2.02	1.94	1.90	1.86	1.83	1.81	1.72	1.64
0.95	12.71	4.30	3.18	2.78	2.57	2.45	2.36	2.31	2.26	2.23	2.09	1.96
0.99	63.66	9.92	5.84	4.60	4.03	3.71	3.50	3.36	3.25	3.17	2.84	2.58

在实际工作中，只能从有限（统计学中称为样本或抽样）测量数据来推断总体平均值 μ 和总体标准差 σ，统计学理论已证明样本平均值 $\bar{x}$ 和样本标准差 S 是总体的最佳估计值。总体平均值 μ 与样本平均值 $\bar{x}$、样本标准差 S 间的关系的数学表达式为：

$$\mu = \bar{x} \pm t_{p,\nu}\frac{S}{\sqrt{n}} \qquad (1-9)$$

不同概率水平下 t 值，可以从表 1-2 中查到，从而计算测量数据的置信区间 $\bar{x} \pm t_{p,\nu}\dfrac{S}{\sqrt{n}}$，该区间表明在置信水平 P 下包含总体平均值 μ 的区间范围，是基于样本平均值 $\bar{x}$ 和样本标准差 S 对总体平均值的具有统计意义的区间估计。

知识链接

平均值的置信区间和置信限及其与置信水平间的关系：

$\bar{x} \pm t_{p,\nu}\dfrac{S}{\sqrt{n}}$称为平均值的置信区间，$t_{p,\nu}\dfrac{S}{\sqrt{n}}$是其置信限。对于同一组测量值（$n=5$），当置信水平由 $P=0.95$ 增大到 $P=0.99$ 时，根据表1－2，t 值由2.57增大至4.03，置信区间 $\bar{x} \pm 2.57 \times \dfrac{S}{\sqrt{5}}$扩大至 $\bar{x} \pm 4.03 \times \dfrac{S}{\sqrt{5}}$，表明 $\bar{x} \pm 2.57 \times \dfrac{S}{\sqrt{5}}$包含总体均值$\mu$的概率为95%，$\bar{x} \pm 4.03 \times \dfrac{S}{\sqrt{5}}$包含总体均值$\mu$的概率为99%。由此可见，增加了置信水平则扩大了置信区间。

二、可疑值的取舍

在多次的重复测量中，常存在某一数据与平均值的偏差大于其他所有数据，这在统计学上称为可疑值或离群值。该可疑值可能是过失或偶然误差引起的，因此该值不能任意取舍，需借用统计学的方法进行科学地判断。若是由过失引起，应舍弃，否则应该保留。当测量数据不多（n 为3～10）时，统计学中常用 Q 检验法来判断可疑值产生的原因并决定其取舍。

$$Q_{计算} = \frac{|x_{可疑} - x_{邻近}|}{x_{max} - x_{min}} \qquad (1-10)$$

具体步骤为：将数据按照递增顺序排列，计算最大值与最小值之差、可疑值与相邻值之差，从而计算 $Q_{计算}$值，根据测定次数和所要求的置信度查表1－3，得到 $Q_{表}$值。若 $Q_{计算} > Q_{表}$，则该可疑值应予以舍弃，否则应保留。

表1－3　不同置信度下 Q 值表

测定次数 n	3	4	5	6	7	8	9	10
Q（0.90）	0.94	0.76	0.64	0.56	0.51	0.47	0.44	0.41
Q（0.95）	0.97	0.84	0.73	0.64	0.59	0.54	0.51	0.49
Q（0.99）	0.99	0.93	0.82	0.74	0.68	0.63	0.60	0.57

例1－3　用两种方法测量药物中Fe%，每种方法测量6次，两组平行测量值如下：

方法一：7.49　7.38　7.57　7.38　7.49　7.58

方法二：7.33　7.47　7.53　7.46　7.46　7.52

判断方法一中可疑值7.38及方法二可疑值7.33的取舍。

解：第一组数据：

① 按照大小排序，7.58，7.57，7.49，7.49，7.38，7.38，可疑值7.38。

② 计算 $Q_{计算} = \dfrac{|x_{可疑} - x_{邻近}|}{x_{max} - x_{min}} = \dfrac{|7.38 - 7.49|}{7.58 - 7.38} = 0.55$

③ 查表，$n=6$ 时，$Q_{95\%}=0.64$，$Q_{计算}<Q_{表}$。

可疑值7.38应该保留。

第二组数据：

① 按照大小排序，7.53，7.52，7.47，7.46，7.46，7.33，可疑值7.33。

② 计算 $Q_{计算}=\frac{|x_{可疑}-x_{邻近}|}{x_{max}-x_{min}}=\frac{|7.33-7.46|}{7.53-7.33}=0.65$

③ 查表1-3，$n=6$ 时，$Q_{95\%}=0.64$，则 $Q_{计算}>Q_{表}$。

可疑值7.33应该舍弃。

三、分析结果的显著性检验

在定量分析中，常需要对样品的两份分析结果或两种分析方法的分析结果是否存在显著性差异作出判断，这在统计学上称为显著性检验或差别检验。显著性检验的方法很多，在定量分析中最常用的是 F 检验和 t 检验，分别用于检验两个分析结果是否存在显著性偶然误差和系统误差等。

（一）F 检验

F 检验为精密度检验，是通过比较两组数据的方差（S），来确定他们的精密度是否存在显著性差异。F 检验先计算出两组数据的方差，然后计算方差比 F 值。

$$F=\frac{S_{大}^2}{S_{小}^2} \tag{1-11}$$

与表1-4中单侧临界值（F_{P,ν_1,ν_2}）比较，若 $F>F_{P,\nu_1,\nu_2}$，说明两组数据的精密度存在显著性差异，否则两组数据不存在显著性差异。

表1-4 95%置信度时的 F 值（单侧）

$\nu_{大}$ \ $\nu_{小}$	2	3	4	5	6	7	8	9	10	∞
2	19.00	19.16	19.25	19.30	19.33	19.36	19.37	19.38	19.39	19.50
3	9.55	9.28	9.12	9.01	8.94	8.88	8.84	8.81	8.79	8.53
4	6.94	6.59	6.39	6.26	6.16	6.09	6.04	6.00	5.96	5.63
5	5.79	5.41	5.19	5.05	4.95	4.88	4.82	4.78	4.74	4.36
6	5.14	4.76	4.53	4.39	4.28	4.21	4.15	4.10	4.06	3.67
7	4.74	4.35	4.12	3.97	3.87	3.79	3.73	3.68	3.63	3.23
8	4.46	4.07	3.84	3.69	3.58	3.50	3.44	3.39	3.34	2.93
9	4.26	3.86	3.63	3.48	3.37	3.29	3.23	3.18	3.13	2.71
10	4.10	3.71	3.48	3.33	3.22	3.14	3.07	3.02	2.97	2.54
∞	3.00	2.60	2.37	2.21	2.10	2.01	1.94	1.88	1.83	1.00

（二）t 检验

t 检验主要用于样本均值与标准值以及两组样本均值的比较，判断样本均值与标准值间以及两组样本均值间是否存在显著性差异（统计学上的差异），可用于检查某一方法或操作过程是否存在较大的系统误差。

1. 样本均值与标准值的 t 检验　当用已知含量的标准试样或标准物质作对照试验时，对标准试样作 n 次测定，然后用 t 检验法检验测定结果的平均值 $\bar{x}$ 与标准试样的标准值 μ 之间是否存在显著性差异，从而判断样本均值是否准确，故又称准确度显著性检验。

t 检验时，先计算出 t 值，$t_{计} = \frac{|\bar{x}-\mu|}{S}\sqrt{n}$，根据置信度（通常取 0.95）和自由度，从表 1－2 中查出 $t_{表}$ 值。若 $t_{计} > t_{表}$，说明 $\bar{x}$ 与 μ 之间有显著性差异，表示该方法或该操作过程存在显著的系统误差；否则，则表示不存在显著性的系统误差。

2. 两组样本均值的 t 检验　t 检验可用于两种分析方法、两个分析人员或两个实验室分析结果的比较。在对两组数据作统计处理时，首先进行异常值的取舍，然后进行 F 检验确认两组数据的精密度无显著性差异后，再用 t 检验比较两组数据的均值，从而判断两组数据平均值之间是否存在显著性差异，即两个分析结果是否存在系统误差。

在这种情况下应按照下式计算 $t_{计}$：

$$t_{计} = \frac{|\bar{x}_1 - \bar{x}_2|}{S_R}\sqrt{\frac{n_1 n_2}{n_1 + n_2}} \tag{1-12}$$

$$S_R = \sqrt{\frac{(n_1-1)S_1^2 + (n_2-1)S_2^2}{n_1+n_2-2}} \tag{1-13}$$

式中，$\bar{x}_1$ 和 $\bar{x}_2$ 分别为两组数据的平均值，S_1 和 S_2 分别为两组数据的标准偏差，n_1 和 n_2 分别为两组数据的测量次数，S_R 为合并的标准偏差。计算出的 $t_{计}$ 与表 1－2 中 $t_{0.95,n_1+n_2-2}$ 值比较，若 $t_{计} > t_{表}$，说明 $\bar{x}_1$ 与 $\bar{x}_2$ 之间有显著性差异，存在系统误差。

例 1－4　判断例题 1－3 中两方法测得的数据是否存在显著性差异？

解：（1）F 检验：$\bar{x}_1 = 7.48\%$，$\bar{x}_2 = 7.49\%$

根据式 1－6 计算得：

$$S_1 = 0.09\%$$
$$S_2 = 0.04\%$$

$$F = \frac{S_{大}^2}{S_{小}^2} = \frac{(0.09\%)^2}{(0.04\%)^2} = 5.06,\quad F_{0.95,5,4} = 6.26,\quad F < F_{0.95,5,4}$$

两组测量值精密度不存在显著性差异，该判断可靠性为 95%。

（2）t 检验

$$S_R = \sqrt{\frac{(n_1-1)S_1^2 + (n_2-1)S_2^2}{n_1+n_2-2}} = 0.08\%$$

$$t_{计算} = \frac{|\bar{x}_1 - \bar{x}_2|}{S_R}\sqrt{\frac{n_1 n_2}{n_1+n_2}} = \frac{|7.48\% - 7.49\%|}{0.08\%} \times \sqrt{\frac{5\times 6}{5+6}} = 0.21$$

$t_{0.95, n_1+n_2-2} = t_{0.95,9} = 2.26$，则 $t_{计} < t_{表}$。

可疑值去除后，两组测量值不存在显著性差异，该判断的可靠性为95%，两方法可以相互代替。

四、分析结果的表示方法

在分析工作中，必须重复多次测量获得足够的数据（精密度符合要求），经过统计处理后发出报告。报告内容应该包括具体样品名称、分析次数（n）、数据的平均值（$\bar{x}$）和标准偏差（S）等数值。

在例1-4中，两种方法下的平行测量值，经过 Q 检验舍弃过失造成的离群值后，两组测量值无显著性差异，不存在系统误差，因此可以用任意一组平行测量值来进行数据处理，并将所得结果表示如下：

① 若以第一组数据来估计真值的可信范围（置信度95%）：

$$\bar{x}_1 = 7.48\%,\quad S_1 = 0.09\%,\quad t_{0.95,6} = 2.57,\quad n_1 = 6$$

$$\mu = \bar{x}_1 \pm \frac{tS_1}{\sqrt{n}} = \left(7.48 \pm \frac{2.57 \times 0.09}{\sqrt{6}}\right)\% = (7.48 \pm 0.09)\%$$

② 若以第二组数据来估计真值的可信范围（置信度95%）：

$$\bar{x}_2 = 7.49\%,\quad S_2 = 0.04\%,\quad t_{0.95,4} = 2.78,\quad n_2 = 5$$

$$\mu = \bar{x}_2 \pm \frac{tS_2}{\sqrt{n}} = \left(7.49 \pm \frac{2.78 \times 0.04}{\sqrt{5}}\right)\% = (7.49 \pm 0.05)\%$$

知识拓展

如何比较符合要求（误差在规定范围内）的多个分析结果

分析结果的表达常利用平均值置信区间来估计真值的可信范围。当多组误差符合要求的平行测量值存在时，能得到多个平均值置信区间。其中，好的分析结果应有足够高的置信度（分析化学常用95%）和较小的置信区间，也就是利用精密度高的测量值来估计真值，得到真值的可信范围更精确，例如例1-4中，利用第二组5个平行测量值得到的可信范围更精确。

本章小结

定量分析结果从精密度和准确度两个方面来评价。

1. 平行测量值的精密度用相对标准偏差来衡量，偏差有单个偏差、平均偏差、标准偏差、相对平均偏差和相对标准偏差五种表示方法。测量结果的准确度用测量平均值的相对误差来衡量，误差分为绝对误差和相对误差。测量值的精密度是准确度的前提条件，准确的结果一定来源于精密的测量数据，精密的测量数据不一定是准确的。

2. 误差来源于系统误差和偶然误差。提高分析结果准确度的方法有：①选择合适的分析方法。②减少测量相对误差。③多次测量求平均值来减小偶然误差。④设计空白试验、对照试验和回收试验以消除系统误差。

3. 实验中要正确记录实验数据并对数据进行修约、取舍和统计处理。

4. 有限次测量值的偶然误差呈 t 分布，采用平均值的置信区间来估计真值 μ 统计意义。通常采用 Q 检验对测量值进行可疑值取舍。

5. 显著性检验：F 检验和 t 检验。用于判断测量数据的偶然误差和系统误差是否存在显著差异的检验方法。

能 力 检 测

一、选择题

1. 分析测定中的偶然误差，从统计规律来讲，以下不正确的是（　　）

A. 数值固定不变

B. 大误差出现的概率小，小误差出现的概率大

C. 数值具有随机性

D. 数值相等的正负误差出现的概率均等

2. 不能减免或消除系统误差的方法是（　　）

A. 对照试验　B. 空白试验　C. 增加测定次数　D. 校准仪器误差

3. 对某试样进行 3 次平行测定，测得 CaO 的平均含量为 30.6%，而真实含量为 30.3%，则 30.6% −30.3% =0.3% 为（　　）

A. 相对误差　B. 绝对误差　C. 相对偏差　D. 绝对偏差

4. 关于准确度与精密度叙述错误的是（　　）

A. 准确度用误差衡量　B. 精密度用偏差衡量

C. 精密度是保证准确度的先决条件　D. 精密的实验一定准确

5. 32.645 −1.5 正确的答案是（　　）

A. 31.14　B. 31.1　C. 31　D. 31.140

6. 分析化学中分析误差应该控制在（　　）以内

A. 0.10mL　B. 0.1%　C. 20.00mL　D. 0.1 mL

7. 已知乙酸的 $pK_a=4.75$，该值的有效数字的位数是（　　）

A. 一位　B. 二位　C. 三位　D. 四位

8. 某标准溶液的浓度，其三次平行测量值分别为 0.1023、0.1020 和 0.1024mol/L。如果第四次测量值不被 Q 检验法（$n=4$ 时，$Q_{0.90}=0.76$）所弃去，则最低值应为（　　）

A. 0.1017　B. 0.1012　C. 0.1008　D. 0.1015

9. 统计检验的顺序是（　　）

A. Q 检验、F 检验、t 检验　B. F 检验、Q 检验、t 检验

C. t 检验、F 检验、Q 检验　D. F 检验、t 检验、Q 检验

二、填空题

1. 已知微量分析天平可称准至0.0001g，要使天平称量误差不大于0.1%，至少应称取试样量________。

2. 滴定管的读数误差为0.02mL，滴定体积为20.00mL的相对误差为________。

3. 在实际应用中，常用________误差来衡量测量结果的准确度。

4. 在实际应用中，常用________偏差来衡量平行测量值精密度的高低。

5. 移液管、容量瓶相对体积未校准，由此对分析结果引起的误差属于________误差。

6. 在分析化学中，用“多次测量求平均值”的方法，可以减少________误差。

三、判断题

1. 准确的测量结果一定来源于精密的测量数据。

2. 误差有绝对误差和相对误差，绝对误差有正有负，相对误差均为正值。

3. 有效数字的取舍不会影响分析结果的准确度。

4. 测量的偶然误差是由不确定的偶然因素引起的。

四、简答题

1. 判断下列各种情况属于系统误差还是偶然误差？如果是系统误差，请区别是方法误差、仪器误差、试剂误差还是操作误差。

（1）砝码受腐蚀。

（2）容量瓶与移液管不准确。

（3）重量分析中样品中非待测组分被共沉淀。

（4）试剂含被测组分。

（5）样品在称量过程中吸湿。

（6）读取滴定管时，最后一位数字估计不准。

2. 说明误差与偏差、准确度与精密度的区别。

五、计算题

1. 某试样N含量的一组平行测量值：20.48%、20.55%、20.60%、20.53%、20.50%。

（1）计算该组测量值的算术平均值、平均偏差、标准偏差、相对标准偏差。

（2）若N含量的真值为20.51%，计算测量结果的相对误差。

2. 有一试样，测得Fe含量的分析结果为35.10%、34.86%、34.92%、35.36%、35.11%、34.77%、35.19%、34.00%、34.98%。

（1）Q检验法检验可疑数据。

（2）计算检验后的平均值、标准偏差和真值的置信范围（置信度95%）。

第二章　重量分析法

【项目任务】　测定板蓝根颗粒的水分

板蓝根颗粒为浅棕黄色至棕褐色的颗粒。味甜、苦，具有清热解毒、凉血利咽的功能，是临床上常用的感冒类非处方药品，为保证药品质量，需要控制其水分含量，如何测定板蓝根颗粒的水分？可采用本章介绍的挥发重量法。

第一节　重量分析法概述

重量分析法简称重量法，是将待测组分从样品中分离出来，然后通过准确称量，测定待测组分含量的一种定量分析方法。重量分析法主要包括分离和称量两个过程。

根据分离待测组分的方法不同，重量分析法可分为挥发法、萃取法和沉淀法等。重量分析法适用于常量组分的含量测定，分析过程中直接用分析天平称量而获得结果，不需要与基准物质进行比较，也没有容量器皿引起的误差，其分析结果准确度较高，相对误差一般不超过 ±0.2%。但是重量分析法操作繁琐费时，灵敏度低，测定微量组分时误差较大。重量分析法目前常用于某些药品的含量测定、干燥失重检查、炽灼残渣检查、水分测定、中药材或中药饮片的灰分测定等，如西瓜霜润喉片中西瓜霜的含量测定、板蓝根颗粒的水分测定、葡萄糖的干燥失重等；此外，常量的硅、磷、钨、稀土元素的精确测定也用重量分析法。

第二节　沉淀重量法

一、沉淀重量法基本原理

沉淀重量法简称沉淀法，是利用沉淀反应将待测组分定量转化为难溶化合物，以沉淀形式从溶液中分离出来，沉淀经过过滤、洗涤、干燥或炽灼后转化为称量形式，称其重量，根据其重量计算待测组分含量的方法。沉淀重量法的基本操作程序如下：

取样→制备供试品溶液→沉淀→过滤→洗涤→干燥或炽灼→称量→计算。

在沉淀法中，试液中加入适当的沉淀剂将待测组分沉淀出来，由此获得的沉淀称为沉淀形式。沉淀形式再经过滤、洗涤、干燥或炽灼后得到供最后称量的化学组成，称为称量形式。沉淀形式和称量形式可以相同，也可以不同。例如，用重量法测定 Ca^{2+} 时，用 $(NH_4)_2C_2O_4$ 作沉淀剂，其沉淀形式为 $CaC_2O_4 \cdot H_2O$，而称量形式却为 CaO；而测定 SO_4^{2-} 的含量时，加入沉淀剂 $BaCl_2$ 所得的沉淀形式和经处理后所得的称量形式相同，均为 $BaSO_4$。

为确保分析结果的准确性，沉淀重量法对称量形式和沉淀形式有一定的要求。

沉淀形式需要满足下列要求：①沉淀的溶解度必须很小，确保待测组分沉淀完全；②沉淀纯度要高，尽量避免沾污杂质；③沉淀应便于过滤和洗涤；④沉淀应易于转化为称量形式。

称量形式需要满足下列要求：①称量形式的化学组成必须确定；②称量形式的化学稳定性要高，不易受空气中水分、CO_2 和 O_2 等影响；③称量形式的分子量要大，可以减少称量的相对误差，提高分析结果的准确度。

二、沉淀的类型和沉淀的形成

（一）沉淀的类型

沉淀按照物理性质不同，可粗略分为晶形沉淀和非晶形沉淀两大类。

1. 晶形沉淀 晶形沉淀的颗粒大，直径约为 0.1 ~ 1μm，体积较小，内部排列较规则，结构紧密，易于过滤和洗涤，如 $BaSO_4$ 为典型的晶形沉淀。

2. 非晶形沉淀（又称无定形沉淀或胶状沉淀） 非晶形沉淀颗粒小，直径一般小于 0.02μm，是由很多疏松微小沉淀颗粒聚集而成的，体积大，这些沉淀颗粒排列杂乱，结构疏松，含水量大，容易吸附杂质，不易于过滤和洗涤，如 $Fe_2O_3 \cdot xH_2O$ 为典型的非晶形沉淀。

在沉淀法中，能获得晶形沉淀是最佳的，这样有利于沉淀的过滤和洗涤，而且沉淀的纯度也高；若是非晶形沉淀，则应注意掌握沉淀条件，以改善沉淀的性质。因此，了解沉淀的形成及控制沉淀形成的条件是非常有必要的。

（二）沉淀的形成

沉淀的形成一般要经过晶核形成和晶核长大两个过程。

1. 晶核的形成 晶核的形成可分为均相成核作用和异相成核作用两种情况。均相成核作用是指组成沉淀物质的离子（构晶离子）在过饱和溶液中，通过离子的缔合作用，自发地形成晶核。如 $BaSO_4$ 的均相成核，在饱和溶液中 SO_4^{2-} 和 Ba^{2+} 因静电作用缔合为离子对（$Ba^{2+}SO_4^{2-}$），离子对进一步结合 SO_4^{2-} 和 Ba^{2+} 形成离子群，长到一定大小的离子群就成为晶核。异相成核作用是指在沉淀过程中，溶液中混有的固体微粒也起着晶种的作用，诱导沉淀的形成。

2. 晶核的长大 晶核形成后，溶液中的构晶离子向晶核表面扩散，并沉积在晶核上，使晶核逐渐长大成为沉淀微粒。把构晶离子形成晶核再进一步聚集成沉淀微粒的速度称为聚集速度。在聚集的同时，构晶离子在自己的晶核中定向排列的速度则称为定向速度。沉淀颗粒的大小由聚集速度和定向速度的相对大小决定。沉淀过程中，若聚集速度大，而定向速度小，则离子就快速聚集成沉淀微粒，来不及进行晶格排列，从而形成非晶形沉淀；反之，若定向速度大，聚集速度小，则构晶离子在晶核上有充足的时间进行晶格排列，从而得到晶形沉淀。

聚集速度主要与溶液中生成沉淀物质的相对过饱和度有关，即聚集速度与溶液的相对过饱和度成正比，而与形成沉淀的溶解度成反比。其经验公式为：

$$V = K \times \frac{(Q - S)}{S} \tag{2-1}$$

式中：V 为聚集速度（形成沉淀的初始速度）；Q 为加入沉淀剂的瞬间生成沉淀物质的浓度；S 为沉淀的溶解度；$(Q-S)$ 为沉淀物质的过饱和度；$(Q-S)/S$ 为相对过饱和度；K 为比例常数，它与沉淀的性质、温度和介质等因素有关。

由式2－1可知，如果沉淀的溶解度较大，瞬间生成沉淀物质的浓度较低，则溶液的相对过饱和度较小，其聚集速度较小，有利于获得晶形沉淀。如果沉淀的溶解度很小，而瞬间相对过饱和度较大，则容易形成非晶形沉淀。

定向速度主要由沉淀物质的本性决定。极性强的盐类，如 CaC_2O_4、$BaSO_4$、$MgNH_4PO_4$ 等，一般具有较大的定向速度，容易形成晶形沉淀。金属氢氧化物沉淀的定向速度与金属离子的化合价有关。高价金属氢氧化物沉淀结合的 OH^- 越多，定向排列越困难，定向排列速度越小，如 $Fe(OH)_3$、$Al(OH)_3$ 等。此类沉淀溶解度很小，加入沉淀剂的瞬间生成沉淀物质的浓度较大，故聚集速度很大，所以容易形成体积庞大而疏松的非晶形沉淀。二价金属离子的氢氧化物沉淀结合的 OH^- 较少，在适当条件下，其定向速度大于聚集速度，从而形成晶形沉淀，如 $Zn(OH)_2$、$Mg(OH)_2$ 等。金属离子的硫化物溶解度一般比其氢氧化物的溶解度小，故其定向速度很小，而聚集速度很大，易于形成非晶形沉淀。

三、影响沉淀纯度的因素

沉淀的纯度是影响分析结果准确性的重要因素之一，了解影响沉淀纯度的因素，有助于通过控制沉淀形成条件提高沉淀的纯度，进而提高分析结果的准确度。影响沉淀纯度的主要因素是共沉淀和后沉淀现象。

（一）共沉淀

当难溶化合物从溶液中沉淀析出时，溶液中某些可溶性杂质混杂于沉淀中一起沉淀下来的现象称为共沉淀。产生共沉淀有以下原因：

1. 表面吸附　在沉淀的晶格中，构晶离子按照一定的规律排列，在晶体内部的离子周围被异电荷包围，处于电荷平衡状态；而处于晶体表面上的离子，至少有一个面未被带异电荷的离子包围，离子的电荷不完全平衡，因此导致其表面具有吸附溶液中异电荷离子的能力。

沉淀表面的吸附作用是可逆过程，可通过洗涤使其吸附的杂质进入溶液来净化沉淀，要注意所选用的洗涤剂必须是能在烘干或灼烧时易挥发除去的物质。

2. 形成混晶　溶液中与沉淀具有相同晶格的杂质离子，或与构晶离子具有相同电荷和相近离子半径的杂质离子，可以取代构晶离子进入晶格排列中，形成混合晶体，导致沉淀被玷污。如 Pb^{2+} 和 Ba^{2+} 所带电荷相同，离子半径相近，$BaSO_4$ 与 $PbSO_4$ 的晶体结构也相同，Pb^{2+} 就可能混入 $BaSO_4$ 的晶格中，与 $BaSO_4$ 形成混晶而共沉淀下来。由混晶引起的共沉淀要纯化比较困难，需要经过一系列重结晶逐步除去，采用适宜的方法将此类杂质分离除去是最佳的选择。

3. 吸留或包藏　吸留是指沉淀表面的杂质离子机械地嵌入沉淀内部；包藏指母液机械地嵌入沉淀内部。产生吸留或包藏现象的原因是：沉淀析出太快，沉淀表面最初吸附的杂质来不及离开表面而被随后生成的沉淀所覆盖，使杂质离子或母液被吸留或包藏在沉淀内部。因吸留或包藏引起的共沉淀，可以通过改变沉淀条件、重结晶或陈化等方法加以消除。

（二）后沉淀（继沉淀）

后沉淀是指溶液中某一组分的沉淀析出后，在与母液共存的过程中，溶液中另一种原本难以析出沉淀的组分，也在沉淀表面逐渐沉积下来的现象。产生后沉淀现象的原因是由于沉淀表面的吸附作用。沉淀表面被吸附的第一层离子吸附带相反电荷的离子，当两种离子的离子积大于或等于其溶度积时，就在原来沉淀的表面沉积下来。例如，在 Mg^{2+} 存在下用 $C_2O_4^{2-}$ 沉淀 Ca^{2+} 时，溶液中草酸钙沉淀表面因吸附而有较高浓度的 $C_2O_4^{2-}$，草酸钙在与母液共置时，溶液中的 Mg^{2+} 就可形成草酸镁沉淀，在草酸钙的表面产生后沉淀。沉淀在母液中放置时间愈长，后沉淀现象就愈明显，故减少后沉淀现象的有效方法是尽量缩短沉淀与溶液共置的时间。

（三）提高沉淀纯度的措施

1. 选择适宜的分析步骤　若溶液中存在含量不同的组分，需要测定少量组分的含量时，应先沉淀被测组分，避免先沉淀主要组分，否则就会因大量沉淀的析出，使少量被测组分共沉淀而引起测定误差。

2. 降低易被吸附的杂质离子的浓度　通常在稀溶液中进行沉淀反应，以此来降低杂质离子的浓度，必要时，应先分离除去易被吸附离子或对其加以掩蔽。例如，沉淀 $BaSO_4$ 时，将溶液中存在的 Fe^{3+} 还原为 Fe^{2+}，或加掩蔽剂（如 EDTA）将其掩蔽，以减少 Fe^{3+} 的共沉淀。

3. 选择适宜的沉淀剂和洗涤剂　如选用有机沉淀剂，可减少共沉淀的现象。

4. 选择合适的沉淀条件　如沉淀剂的浓度、加入速度、温度以及搅拌情况等。

5. 必要时进行二次沉淀　沉淀经过滤、洗涤、重新溶解后，再进行第二次沉淀。二次沉淀时，杂质离子浓度大幅降低，可减少共沉淀或后沉淀现象。

四、沉淀的条件

沉淀的类型受聚集速度和定向速度的影响，聚集速度主要由沉淀时的条件决定，聚集速度小，有利于得到易于分离和洗涤的晶形沉淀。因此选择不同的沉淀条件，以期获得符合重量分析要求的沉淀。

（一）晶形沉淀的沉淀条件

1. 在适宜的稀溶液中进行沉淀，可以降低溶液的相对过饱和度，有利于得到大颗粒的晶形沉淀，易于过滤和洗涤；晶粒大，比表面积小，则表面吸附作用小；稀溶液中杂质浓度低，共沉淀现象减少，有利于得到纯净的沉淀。但应注意溶解度较大的沉淀的溶解损失。

2. 在热溶液中进行沉淀，可以使难溶化合物的溶解度略有增加，降低溶液的相对过饱和度；同时，升高温度，也可降低杂质的吸附，提高沉淀的纯度。但应注意防止因溶解度增大而导致的溶解损失，可采取沉淀放冷后再行过滤的措施。

3. 在不断搅拌下缓慢滴加沉淀剂，防止局部相对过饱和度过大。

4. 在沉淀定量析出后，将初生的沉淀与母液共同放置一段时间，这一过程称为陈化。陈化可提高沉淀的纯度，加热和搅拌能缩短陈化时间。

综上所述，晶形沉淀的沉淀条件可总结为“稀、热、慢、搅、陈”。

（二）非晶形沉淀的沉淀条件

非晶形沉淀的溶解度一般都较小，因此难以通过减少溶液的相对过饱和度来改变沉淀的物理性质。针对非晶形沉淀的结构疏松，比表面积大，吸附杂质多，含水量大，又易胶溶，且难以过滤和洗涤的特点，可以通过防止胶溶、加速沉淀微粒的凝聚等方法来制备符合重量分析法要求的沉淀。

1. 在较浓的热溶液中进行沉淀，可以降低沉淀的水化程度，减少沉淀的含水量，也有利于沉淀的凝聚和获得紧密的沉淀。热溶液还可减少表面吸附，提高沉淀的纯度。

2. 可适当加快沉淀剂加入的速度，并不断进行搅拌。

3. 溶液中加入适宜的电解质，电解质能防止胶体的生成，降低沉淀的水化程度，使沉淀凝集。

4. 沉淀完毕，立即趁热进行过滤和洗涤，不必陈化。

非晶形沉淀的沉淀条件可概括为“浓、热、快、电、热滤”。

五、沉淀的过滤、洗涤、干燥或炽灼

1. 过滤 沉淀的过滤通常在滤纸或玻璃砂芯滤器上进行。滤纸适用于需要灼烧的沉淀的过滤。无灰滤纸是重量分析中常用的滤纸。过滤时，可根据沉淀的性质选择不同种类的滤纸，其原则是：沉淀颗粒既不能穿过滤纸进入滤液，又能保持尽可能快的过滤速度。一般非晶形沉淀宜选用疏松的快速滤纸过滤；粗颗粒的晶形沉淀可选用较紧密的

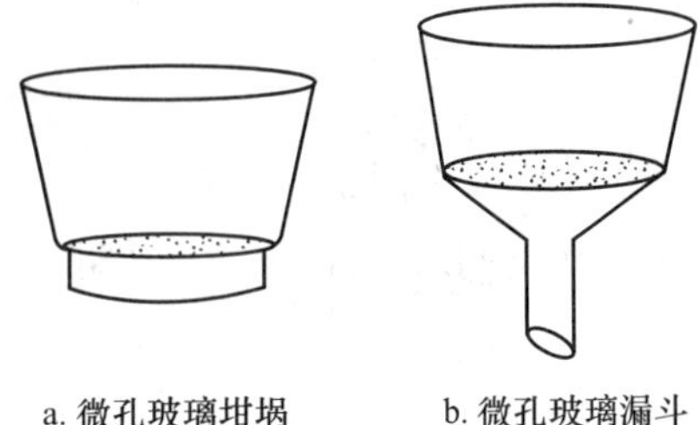

图 2-1　玻璃砂芯滤器

中速滤纸；较细粒的晶形沉淀应选用最致密的慢速滤纸。玻璃砂芯滤器（图 2-1）常用于减压抽滤在 180℃以下干燥而不需要灼烧的沉淀，包括玻璃砂芯坩埚和玻璃砂芯漏斗。玻璃滤器在使用前应干燥至恒重，温度与干燥沉淀的温度相同。

过滤通常采用倾注法，即先将沉淀倾斜静置至溶液分层，然后将上清溶液沿玻璃棒分次倾倒在滤纸上，尽可能将沉淀留在烧杯内。

知识链接

滤纸分为定量滤纸和定性滤纸两种。定性滤纸用于定性化学分析和相应的过滤分离；定量滤纸用于定量分析中重量法分析和相应的分析。无灰滤纸属于定量滤纸的一种，其灼烧后所余灰分不超过 0.1mg，对分析结果几乎不产生影响。目前国产的定量分析滤纸，分快速、中速、慢速三类，在滤纸盒上分别用蓝色带（快速）、白色带（中速）、红带（慢速）为标志分类。

2. 洗涤和转移　沉淀经洗涤可除去混杂的母液及沉淀表面吸附的杂质。洗涤沉淀时，应根据沉淀的类型和性质，选择适宜的洗涤剂。常用洗涤剂有以下类型：蒸馏水、沉淀剂的稀溶液和挥发性电解质的稀溶液等。其中，蒸馏水可用于洗涤溶解度小且不易生成胶体的沉淀，沉淀剂（可通过烘干或灼灼除去）的稀溶液多用于洗涤溶解度较大的沉淀，而挥发性电解质的稀溶液则常用于洗涤溶解度小的非晶形沉淀。

洗涤开始时仍用倾注法，即烧杯内沉淀的上清液倾注完毕，向沉淀中加入适量（以淹没沉淀为度）洗涤剂，充分搅拌沉淀，待静置分层后，再将上清液过滤。经过多次倾注洗涤后，再将沉淀全部转移到滤纸上，并在滤纸上进行最后的洗涤，如图 2-2 所示。

3. 干燥或灼灼　干燥或灼灼可以除去沉淀中的水分和挥发性物质，并将沉淀转化为固定的称量形式。沉淀性质不同，处理的方式是不同的，若沉淀只需除去水分或一些挥发性物质，选择干燥方式处理即可，一般是在 110℃ ~ 120℃下烘干 40 ~ 60 分钟，有机沉淀的干燥温度可视具体情况低些。若沉淀形式与称量形式不同或需要在较高温度下才能除去水分的，则要选择灼灼方式处理，将沉淀与无灰滤纸转移至恒重的坩埚中，先进行干燥，再进行炭化和

图 2-2　在滤纸上洗涤沉淀

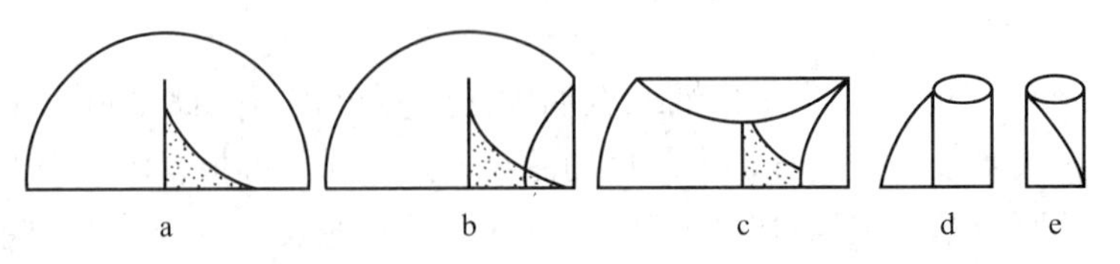

图 2-3　包裹晶形沉淀的方法

灰化直至恒重（恒重是指供试品连续两次干燥或炽灼后称重的差异在0.3mg以下）。注意沉淀在干燥或炽灼前需要进行包裹，见图2-3，以防损失。

六、称量形式和结果的计算

在重量分析法中，多数情况下称量形式与待测组分的形式不同，这就需要将称量形式的质量换算成待测组分的质量，公式如下：

$$\text{待测组分的质量} = \text{称量形式的质量} \times F \tag{2-2}$$

式中，F 为换算因数或化学因数，表示1g称量形式相当于待测组分的克数。F 等于待测组分的摩尔质量与称量形式的摩尔质量的比值（换算因数与沉淀形式无关），即：

$$\text{换算因数 } F = \frac{x \times \text{待测组分的摩尔质量}}{y \times \text{称量形式的摩尔质量}} \tag{2-3}$$

式中 x、y 是使分子和分母中所含待测组分的原子数或分子数相等而乘的系数。

表2-1　称量形式与待测组分换算因数计算示例

待测组分	沉淀形式	称量形式	换算因数 F
Fe	$Fe(OH)_3 \cdot nH_2O$	Fe_2O_3	$2Fe/Fe_2O_3$
Cl^-	$AgCl$	$AgCl$	$Cl^-/AgCl$
Na_2SO_4	$BaSO_4$	$BaSO_4$	$Na_2SO_4/BaSO_4$
MgO	$MgNH_4PO_4$	$Mg_2P_2O_7$	$2MgO/Mg_2P_2O_7$
P_2O_5	$MgNH_4PO_4$	$Mg_2P_2O_7$	$P_2O_5/Mg_2P_2O_7$

在实际工作中，有时换算因数并不需要计算，而是由药品标准或分析手册直接给出。如《中华人民共和国药典》（简称《中国药典》）一部玄明粉中 Na_2SO_4 的含量测定项下，直接给出 $BaSO_4$ 与 Na_2SO_4 的换算因数为0.6086。

根据沉淀的称量形式与待测组分的形式是否相同，可以按下列公式计算待测组分的百分含量。

1. 沉淀的称量形式与待测组分的表示形式相同

$$\text{待测组分的百分含量} = \frac{\text{称量形式的质量}}{\text{样品的质量}} \times 100\%$$

例2-1　用重量法测定岩石中的 SiO_2 含量时，称取样品0.3260g，经处理后得称量形式 SiO_2 的质量为0.2088g，试计算矿样中 SiO_2 的百分含量。

解：

$$SiO_2\text{ 的百分含量} = \frac{0.2088}{0.3260} \times 100\% = 64.05\%$$

2. 沉淀的称量形式与待测组分的表示形式不相同

$$\text{待测组分的百分含量} = \frac{\text{称量形式的质量} \times F}{\text{样品的质量}} \times 100\%$$

例2-2　称取含 Mg^{2+} 的样品0.2024g，经处理后得到称量形式 $Mg_2P_2O_7$ 的质量为0.3506g，计算此样品中 Mg^{2+} 的百分含量。

解： $$Mg^{2+}\text{的百分含量} = \frac{0.3506 \times \frac{2 \times 24.32}{222.6}}{0.2024} \times 100\% = 37.85\%$$

七、应用示例

西瓜霜润喉片中西瓜霜的含量测定

本品为西瓜霜、冰片、薄荷素油、薄荷脑四味药加工制成的片剂。取本品 60 片，精密称定，研细，混匀，取约 18g，精密称定，加水 150mL，振摇 10 分钟，离心，滤过，沉淀物用水 50mL 分 3 次洗涤，离心，滤过，合并滤液，加盐酸 1mL，煮沸，不断搅拌，并缓缓加入热氯化钡试液使沉淀完全，置水浴上加热 30 分钟，静置 1 小时，用无灰滤纸或已炽灼至恒重的古氏坩埚滤过，沉淀用水分次洗涤，至洗液不再显氯化物的反应，干燥，并炽灼至恒重，精密称定，与 0.6086 相乘，计算即得（每片含西瓜霜以硫酸钠计）。

第三节　挥发重量法

挥发重量法简称挥发法，是利用样品中组分具有挥发性或将其转化为挥发性物质，通过加热等方法使其逸出，根据样品减轻的重量或者遗留残渣的质量，计算样品组分的含量；或者选择适宜的吸收剂吸收挥发性成分，根据吸收剂增加的质量计算该组分的含量。挥发重量法分为直接挥发法和间接挥发法。挥发重量法的基本操作程序为：

取样→称重→加热/加试剂→挥发→试样/吸收剂称重→计算。

一、直接挥发法

直接挥发法是指样品中的挥发性组分逸出后，根据吸收剂增加的质量或者遗留残渣的质量来计算组分的含量。

例如，测定碳酸盐含量时，用石棉与烧碱的混合物吸收碳酸盐与盐酸反应放出的 CO_2 气体，石棉与烧碱的混合物所增加的质量就是 CO_2 的质量，由此重量求得碳酸盐的含量。

中药材及其制剂的炽灼残渣检查、灰分测定也属于直接法。炽灼残渣检查则是在炽灼样品前要用硫酸处理，使灰分转化成硫酸盐的形式再进行测定。灰分测定包括总灰分和酸不溶性灰分测定，灰分中所含的都是无机物，通常为金属的氧化物、氯化物、碳酸盐、硫酸盐等。根据灰分的量可以判断样品中无机杂质是否超标。下面简单说明总灰分测定操作步骤。

1. 空坩埚恒重（W_0） 取洁净坩埚在高温炉于 500℃～600℃炽灼后，冷却，精密称定坩埚质量。再以同样条件重复操作，直至恒重，备用。

2. 样品预处理和称重（W_1） 取样品适量，用适宜的方法粉碎，过筛。取混合均匀的样品粉末适量置恒重的坩埚中，称定质量。

3. 炭化、灰化与恒重（W_2） 将盛有样品的坩埚置电炉上缓缓灼烧，至样品全部炭化，然后将坩埚转移至高温炉内，在500℃～600℃炽灼至样品完全灰化，精密称定冷却后的坩埚的质量，再以同样条件重复灰化和称重的操作，直至恒重。

4. 计算总灰分含量

$$总灰分=\frac{W_2-W_0}{W_1-W_0}\times 100\% \quad (2-4)$$

式中：W_0 为恒重的空坩埚的质量（g）；W_1 为（样品＋恒重坩埚）的质量（g）；W_2 为（残渣＋恒重坩埚）的质量（g）。

二、间接挥发法

间接挥发法是指挥发性成分逸出后，根据样品减失的质量计算待测组分的含量。《中国药典》中收载的水分测定法——烘干法及干燥失重法测定均属于间接挥发法。

（一）烘干法

烘干法适用于不含或含少量挥发性成分的药品。取样品于干燥至恒重的扁形称量瓶中，在100℃～105℃干燥5小时，将瓶盖盖好，移置干燥器中，冷却30分钟，精密称定质量，再在上述温度干燥1小时，冷却，至恒重。根据减失的质量，计算样品中含水量（%）。

（二）干燥失重测定法

干燥失重，系指药品在规定条件下干燥后所减失重量的百分率。减失的重量主要包括水分、结晶水和挥发性物质（如乙醇）等。干燥失重常用的测定方法有：

1. 常压恒温干燥法 将样品置于电热干燥箱中，在常压（100kPa）、温度105℃～110℃的条件下，加热干燥至恒重。本法适用于对热稳定的样品的测定。如《中国药典》贝诺酯的干燥失重用此方法。

2. 减压干燥法 将样品置于恒温减压干燥箱中，在减压条件下加热干燥。本法适用于熔点低，受热不稳定及水分较难挥发的样品。如《中国药典》木糖醇的干燥失重用此方法。

3. 干燥剂干燥 将样品置于干燥器内，利用干燥器内贮放的干燥剂，吸收样品中的水分，干燥至恒重的方法。此法适用于受热易分解或挥发的样品的测定。

常用的干燥剂有硅胶、五氧化二磷、无水氯化钙、浓 H_2SO_4 等，其中，硅胶为最常用的干燥剂，其价格便宜，使用方便，且可重复使用，而五氧化二磷的吸水效力、吸水容量和吸水速度均较好，但价格较贵，不适于普遍使用。四种干燥剂的吸水能力为：五氧化二磷＞浓 H_2SO_4＞硅胶＞无水氯化钙。

【完成项目任务】 测定板蓝根颗粒的水分

板蓝根颗粒为不含挥发性成分的中成药，其水分测定可采用烘干法，操作步骤如下：

1. 将洁净的称量瓶置于100℃～105℃干燥箱内干燥数小时，取出冷却后精密称定质量，再干燥、冷却、称量，至连续两次干燥后称重的差异在0.3mg以下为止，称量瓶质量为 m_0。

2. 用此称量瓶精密称量板蓝根颗粒质量为 m_1。

3. 将盛有板蓝根颗粒的称量瓶置干燥箱内，在100℃～105℃干燥5小时，冷却，精密称定质量。再干燥、冷却、称重，至连续两次称重的差异不超过5mg为止。干燥后（称量瓶＋样品）的质量为 m_2。

4. 计算水分含量：$水分含量 = \frac{m_1 + m_0 - m_2}{m_1} \times 100\%$

第四节 萃取重量法

萃取法是利用待测组分在两种互不相溶的溶剂中溶解度（分配系数）的不同，用适宜的溶剂萃取样品中的待测组分，蒸去溶剂，称取干燥物的重量，计算待测组分含量的方法。萃取法包括液－固萃取法和液－液萃取法。液－固萃取法是用溶剂直接从固体样品中萃取成分的方法；液－液萃取法是用液体溶剂将组分从样品溶液中萃取出来的方法。本节重点介绍液－液萃取法。

一、萃取法原理

萃取法的原理是利用物质在不同溶剂中的溶解度不同来进行分离的。

1. 分配系数 在一定温度下，将溶质W溶于溶剂A中形成溶液，在溶液中加入另一溶剂B（B对W的溶解度极好，且不与A混溶和发生反应），当W在两种溶剂中分配达到平衡时，W在两种溶剂中浓度的比值为常数，称为分配系数（K）。

$$K = \frac{[W]_B}{[W]_A} \qquad (2-5)$$

$[W]_A$ 和 $[W]_B$ 分别代表溶质W在溶剂A和B中的浓度。分配系数 K 与溶质、溶剂的性质以及温度有关，在低浓度下 K 是常数。K 大的物质，绝大部分进入溶剂B中，容易被溶剂B萃取；反之，K 小的物质，主要留在溶剂A中，不易被萃取。上式称为分配定律，它是溶剂萃取法的基本原理。

2. 分配比 分配定律只适用于溶质在两种溶剂中分子形式固定不变的情况。实际上萃取是非常复杂的过程，溶质在两种溶剂中常会离解、聚合或与其他组分发生化学反应，因此，溶质在两相中以多种形体存在。为准确说明整个萃取过程的平衡问题，又引入参数——分配比 D，分配比是存在于两种溶剂中的以各种形体存在的溶质的总浓度之比，即：

$$D = \frac{c_B}{c_A} \quad (2-6)$$

式中 c_B 和 c_A 分别代表溶剂 B 和溶剂 A 中溶质的总浓度。

在简单的萃取体系中，当溶质在两相中的存在形式完全相同时，$D=K$；在实际情况中 $D \neq K$。

分配比通常不是常数，但分配比易于测得，在一定条件下用分配比来估计萃取的效率是有实际意义的。若 $D>1$，则表示溶质经萃取后，大部分进入溶剂 B 中。但在实际工作中，要求 $D>10$ 才可取得较好的萃取效率。

3. 萃取效率 萃取的完全程度可用萃取效率（E）来表示：

$$E = \frac{\text{被萃取物在溶剂 B 中的总量}}{\text{被萃取物的总量}} \times 100\% \quad (2-7)$$

$$E = \frac{c_B V_B}{c_B V_B + c_A V_A} \times 100\% \quad (2-8)$$

式中，c_B 与 c_A 分别代表被萃取物在溶剂 B 和溶剂 A 中的浓度，V_B 与 V_A 分别代表溶剂 B 相和溶剂 A 相的体积。将式 2－8 分子分母同除以 $c_A V_B$，则：

$$E = \frac{D}{D + V_A/V_B} \times 100\% \quad (2-9)$$

上式表明：萃取效率由分配比 D 和两相的体积比 V_A/V_B 决定。D 愈大，体积比越小，则萃取效率就越高。当 $V_A=V_B$ 时，则上式简化为：

$$E = \frac{D}{D+1} \times 100\%$$

此时，萃取效率仅取决于分配比 D，由上式可计算不同 D 值的 $E\%$ 值，见表 2－2。

表 2－2 不同 D 值对应的萃取效率（两相体积相同）

名 称	对应数值			
分配比（D）	1	10	100	1000
萃取效率（$E\%$）	50	91	99	99.9

由表 2－2 可见，分配比小的系统，萃取效率低。实际工作中，一般要求 $D>10$。若一次萃取不能满足分离要求的，可采用少量多次萃取法提高萃取效率。

例如，90mL 含碘 10mg 的水溶液，用 90mL 的 CCl_4 一次全量萃取，$E=98.84\%$。若用 90mL 溶剂分三次萃取，每次 30mL 溶剂，$E=99.99\%$。

二、萃取法的基本操作

萃取法的基本操作步骤主要如下：

分液漏斗检漏→加料→振荡与放气→静置分层→分离与合并萃取液→除溶剂→干燥→称重→计算含量。

1. 分液漏斗检漏 选择适宜的分液漏斗（容积比萃取剂和被萃取溶液总体积大 1

倍以上），检查分液漏斗的盖子和旋塞是否严密。

2. 加料　依次从漏斗上口倒入适量的需萃取的溶液和定量有机溶剂，塞好并旋紧玻璃塞。

3. 振荡与放气　振荡操作一般是把分液漏斗倾斜，使漏斗的上口略朝下，如图2－4（b）所示。若液体混为乳浊液振荡时用力要大，同时要绝对防止液体泄漏。

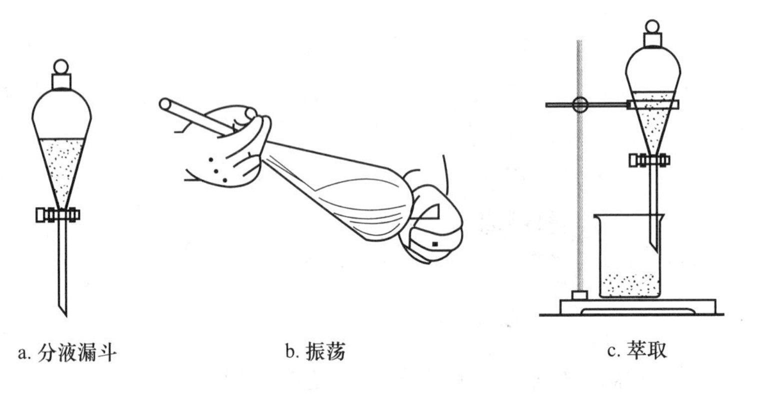

图2－4　分液漏斗的使用方法

振荡后，保持分液漏斗的倾斜状态，旋开旋塞，放出蒸气或产生的气体，使内外压力平衡。

4. 静置分层　将分液漏斗放在铁圈中，使液体分为清晰的两层。

5. 分离与合并萃取液　液体分成清晰的两层后，打开玻璃塞，旋开活塞，放出下层，待分离完毕，立即关闭活塞，把上层从分液漏斗上口倒出。分离出的被萃取溶液再按上述方法进行萃取，一般为3～5次，将所有萃取液合并。

6. 除溶剂　将萃取液置于干燥至恒重的蒸发皿中，水浴加热除去萃取液中的溶剂。

7. 干燥、称重、计算　萃取待测组分的溶剂除去后，将蒸发皿在适宜温度下干燥至恒重，精密称重，计算待测组分的含量即可。

课堂互动

如何采用适宜的方法，判断分液漏斗中哪一相是水相?

项目设计

现有一个0.48g的工业纯碱样品（含少量不与酸反应的杂质），需测定样品中Na_2CO_3的百分含量，请设计方案。

本章小结

1. 重量分析法是采用适当的方法将待测组分从样品中分离出来并转化为称量形式，

根据称量形式的质量，计算待测组分含量的方法。包括分离和称量两个过程。分离方法有挥发法、萃取法和沉淀法。

2. 挥发法是利用样品组分的挥发性进行分离。挥发法包括直接挥发法和间接挥发法。

3. 萃取法是利用组分在两种互不相溶的溶剂中的溶解度不同而分离。分配比 D 是存在于两种溶剂中的以各种形体存在的溶质的总浓度之比。分配比大的系统，萃取效率高。

4. 沉淀法是利用待测组分可发生沉淀反应进行分离。

沉淀形式是加入沉淀剂将待测组分转化为沉淀的化学组成。称量形式是沉淀经滤过、洗涤、干燥或炽灼后，得到称量的化学组成。沉淀形式和称量形式可以相同，也可以不同。

沉淀可分为晶形沉淀和非晶形沉淀。晶形沉淀的沉淀条件为“稀、热、慢、搅、陈”；非晶形沉淀的条件为“浓、热、快、电、热滤”。

能力检测

一、选择题

1.《中国药典》规定：烘干法测定供试品的水分时，测定温度应该是（　　）

A. 60℃ ~80℃　　B. 100℃ ~105℃　　C. 500℃ ~600℃　　D. 110℃ ~120℃

2. 用沉淀重量法测定 Na_2SO_4 的含量，称量形式为 $BaSO_4$，其换算因数是（　　）

A. 0.6378　　B. 141.94　　C. 222.55　　D. 0.6086

3. 下列待测组分的沉淀形式和称量形式相同的是（　　）

A. P_2O_5　　B. $BaSO_4$　　C. MgO　　D. Fe_3O_4

4. 被测组分为 Fe_3O_4，沉淀形式为 $Fe(OH)_3 \cdot yH_2O$，称量形式为 Fe_2O_3，换算因数的表示式应为（　　）

A. $2Fe_3O_4/3Fe_2O_3$　　B. $Fe_2O_3/2Fe(OH)_3 \cdot yH_2O$

C. $3Fe_2O_3/2Fe_3O_4$　　D. $Fe_3O_4/3Fe(OH)_3 \cdot xH_2O$

5. 一般粗颗粒的晶形沉淀采用（　　）过滤

A. 快速滤纸　　B. 中速滤纸　　C. 慢速滤纸　　D. 微孔滤膜

6.《中国药典》规定，恒重是指样品连续两次干燥或炽灼后称得的重量之差不超过（　　）

A. ±0.1mg　　B. ±0.2mg　　C. ±0.4mg　　D. ±0.3mg

7. 下列条件不利于形成晶形沉淀的是（　　）

A. 加热　　B. 陈化　　C. 迅速加入沉淀剂　　D. 搅拌

二、填空题

1. 根据待测组分被分离的方法不同，重量分析法可分为________、________和

________。

2. 挥发法分为________和________两种。

3. 影响沉淀纯度的主要因素________和________现象，其中产生共沉淀的原因有________、________和________三种。

4. 沉淀按照物理性质不同，可粗略分为________和________两大类。

5. 沉淀的形成一般要经过________和________两个过程，晶核长大过程中，沉淀颗粒的大小由________和________的相对大小决定。

6. 晶形沉淀的沉淀条件可总结为“________、________、________、________、________”；制备非晶形沉淀的条件可概括为“________、________、________、________、________”。

三、判断题

1. 在沉淀重量法中，称量形式和沉淀形式一定是相同。

2. 定向速度主要由沉淀物质的本性决定。极性强的盐类，如 CaC_2O_4、$BaSO_4$，一般具有较大的定向速度，容易形成晶形沉淀。

3. 过滤沉淀时，要选择适宜的滤纸，一般非晶形沉淀宜选用疏松的快速滤纸过滤。

4. 蒸馏水可用于洗涤溶解度大且不易生成胶体的沉淀。

5. 水分测定和灰分测定均属于直接挥发法。

6. 沉淀进行干燥与炽灼的温度基本差不多。

7. 分配系数 K 与溶质、溶剂的性质以及温度有关。

8. 分配定律只适用于溶质在两种溶剂中的分子形式固定不变的情况。

四、计算题

称取磁铁矿样品 0.2624g，经沉淀、干燥、炽灼处理后得到称量形式 Fe_2O_3 的重量为 0.1486g，试计算矿样中 Fe_3O_4 的百分含量。

实训一 电子天平的使用、保养及水分的测定

一、实训目的

1. 掌握烘干法测水分的原理和方法。

2. 学会电子天平的使用与保养。

二、实训原理

烘干法测定样品中的水分，是利用水分具有挥发性，在 100℃ ~105℃ 下连续干燥，使水分全部挥发，再根据样品减失的重量计算其含水量。

三、仪器与试剂

电热恒温干燥箱、扁形称量瓶、电子天平（感量 0.1mg）、干燥器、变色硅胶、益母草颗粒等。

四、操作步骤

（一）电子天平的使用与保养

1. 调水平　开机前，观察天平水平仪内的平衡水泡是否位于圆环的中央，否则应调节天平的水平调节螺丝。

2. 预热　接通电源，打开电源开关和天平开关，预热至少 30 分钟以上。为保证称量的准确度，天平可保持在待机状态，不要时刻拔断电源。

3. 校准　使用天平前必须校准，电子天平的校准一般分为内校与外校两种。电子天平一般有自动内校功能，应按仪器使用说明书进行操作。若为外校准，应根据天平显示的砝码重量，添加相应的标准砝码，待稳定后，天平显示读数为标准砝码的重量；移走砝码，显示数值应为 0.0000g。若显示数值不为零，则再清零，再重复以上校准操作。具体校准操作，必须按照仪器使用说明书进行。

4. 称量　称量有如下方法：

（1）减量法　开启天平后，显示 0.0000 时，将盛有样品的称量瓶放在秤盘上，记录质量 W_1，取下称量瓶，取出所需样品量后，再放入秤盘，记录质量 W_2，（W_1-W_2）即为称得样品的质量。

（2）增量法　将称量纸或称量容器放在天平内的秤盘中央，待读数稳定后，记录质量 M_1；如需除去称量瓶或称量纸的质量，按去皮键去皮，显示器显示零。然后在称量纸或称量瓶中加上样品，记录数值 M_2，若未按去皮键去皮，（M_2-M_1）为称取的样品的质量；若已经去皮，则 M_2 即为称取的样品质量。

5. 保养与维护　①电子天平应定期由计量部门检定，并有专人保管，负责维护保养；②经常保持天平内部清洁，必要时要用软毛刷或绸布抹净或用无水乙醇擦净；③称量的重量不得超过天平的最大载荷。

（二）益母草颗粒的水分测定

1. 扁形称量瓶恒重（m_0）　取洁净的称量瓶 2 个，置 100℃ ~105℃ 干燥箱内干燥 2 小时，取出，置干燥器中冷却 30 分钟，精密称定质量，再在相同条件下干燥 1 小时，取出，同法冷却，精密称定质量，至连续两次干燥后称量的差异在 0.3mg 以下为止。

2. 样品称重（m_1）　取 2 ~5g 益母草颗粒 2 份，分别平铺于恒重的称量瓶中，精密称重。

3. 干燥、冷却、称重　将盛有益母草颗粒的称量瓶置干燥箱内，取下瓶盖，置称量瓶旁，或将瓶盖半开，在 100℃ ~105℃ 干燥 5 小时，盖好瓶盖，取出，移置干燥器中，冷却30分钟，精密称定质量。

4. 再干燥、冷却、称重（m_2） 再在100℃～105℃干燥1小时，同法冷却，精密称定质量，至连续两次称重的差异不超过5mg为止。

实训提示：①测定前，称量瓶应清洗干净，干燥至恒重；②移动称量瓶时，不可裸手操作，可戴手套或用厚纸条；③样品应平铺于扁形称量瓶内，厚度不超过5mm，疏松样品不超过10mm；④干燥器内的干燥剂应保持在有效状态；⑤观察干燥箱内情况时，只能打开外层箱门，不得打开内层玻璃门。

五、数据处理

$$\text{水分含量}=\frac{m_1+m_0-m_2}{m_1}\times 100\%$$

式中：m_0 为恒重的扁形称量瓶的质量（g）；m_1 为干燥前供试品的质量（g）；m_2 为干燥后（称量瓶+样品）的质量（g）。

六、检测题

1. 试分析若扁形称量瓶未达到恒重，会对实验结果造成什么影响？
2. 说出恒重含义？

第三章 滴定分析法概论

【项目任务】 配制 1L 浓度为 0.1mol/L 的 NaOH 标准溶液

标准溶液是滴定分析中不可缺少的溶液，其浓度的准确与否，将直接影响到对被测组分的测定结果。如何配制 1L 浓度为 0.1mol/L 的 NaOH 标准溶液？可采用本章介绍的间接配制法。

第一节 滴定分析法概述

一、滴定分析法的基本术语

滴定分析法又称容量分析法，是将一种已知准确浓度的试剂溶液（即标准溶液）滴加到待测组分的溶液中，直至标准溶液与待测组分按照确定的化学计量关系恰好完全反应，根据标准溶液的浓度和体积，计算待测组分含量的一种化学分析方法。

通过滴定管滴加标准溶液到待测组分溶液的操作过程称为滴定。滴定分析中所使用的标准溶液称为滴定剂。当滴入的标准溶液与待测组分恰好按照化学反应式所表示的化学计量关系反应完全时，称反应到达了化学计量点。化学计量点时，绝大多数反应并没有显著的外部特征变化。为了能比较准确地掌握化学计量点的到达，在实际滴定操作时，常在待滴定的溶液中加入一种辅助试剂，借助于它明显的外观变化（主要指颜色）作为化学计量点到达的信号，这种辅助试剂称为指示剂。滴定过程中，指示剂颜色发生突变之点称为滴定终点。实际的滴定分析中，滴定终点与化学计量点不一定能完全吻合，由此造成的误差称为滴定误差或终点误差。

二、滴定分析法的分类

滴定分析法测定结果准确度高，仪器设备简单、操作简便、测定快速且准确、应用广泛，可适用于各种化学反应类型的测定。根据化学反应类型的不同，滴定分析法通常分为四类，即酸碱滴定法、配位滴定法、氧化还原滴定法和沉淀滴定法，后面章节逐一介绍这些滴定分析法。

三、滴定分析法对化学反应的要求与滴定方式

（一）滴定分析法对化学反应的要求

虽然滴定分析法适用于各种类型的化学反应，但并不是每一个反应都能用于滴定分析。能用于滴定分析的化学反应必须符合以下三个基本要求：

1. 反应必须定量进行完全　要求待测组分与滴定剂之间的反应，必须按照一定的化学计量关系定量进行，并且没有副反应发生。反应完全程度应达到99.9%以上，这是定量分析的基础。

2. 反应要快速　要求待测组分与滴定剂之间的反应在瞬间完成。对于速度较慢的反应，要采取加热、加入催化剂等措施提高反应速度。

3. 有适宜或简便可靠的方法指示滴定终点　要有适宜或简便可靠的方法指示终点，以便于准确测定。

（二）滴定方式

滴定分析法的滴定方式主要包括直接滴定法、返滴定法、置换滴定法和间接滴定法。

1. 直接滴定法　凡是能满足上述三个基本要求的反应，可直接用标准溶液滴定待测组分，这种方法称为直接滴定法。直接滴定法是最常用、最基本的滴定方式。例如，用NaOH标准溶液滴定醋酸溶液，用EDTA标准溶液滴定未知含量的Zn^{2+}溶液。

2. 返滴定法　也称回滴定法或剩余滴定法。先在待测组分溶液中准确加入定量且过量的标准溶液，待反应完全后，再用另一种标准溶液返滴剩余的第一种标准溶液。返滴定法适用于滴定剂与待测组分反应速度较慢，或试样是固体，加入滴定剂后不能立即定量反应，或没有适当指示剂的滴定反应。例如，碳酸钙的含量测定，由于试样是固体且不溶于水，可先准确加入定量过量的HCl标准溶液，反应完全后，再用NaOH标准溶液滴定剩余的HCl。

3. 置换滴定法　对于滴定剂与待测组分不按确定的反应式进行（如伴有副反应）的化学反应，可先加入适当的试剂与待测组分反应，定量置换出另一种可被直接滴定的物质，再用标准溶液滴定，此法称为置换滴定法。例如，硫代硫酸钠不能直接滴定重铬酸钾，因为无确定的化学计量关系，可先将$K_2Cr_2O_7$与过量的KI发生氧化还原反应，定量置换出I_2，再用$Na_2S_2O_3$标准溶液直接滴定。

4. 间接滴定法　待测组分不能与标准溶液直接反应时，可以通过其他的化学反应，用滴定分析法间接测定，称为间接滴定法。例如，Ca^{2+}的含量测定，由于Ca^{2+}没有还原性，不能直接用氧化还原滴定法，若将Ca^{2+}沉淀为CaC_2O_4，过滤洗涤后溶于H_2SO_4中，用$KMnO_4$标准溶液滴定与Ca^{2+}定量结合的$H_2C_2O_4$，则可间接测定Ca^{2+}的含量。

第二节　基准物质与标准溶液

在滴定分析中，不论采用何种滴定方式，都需要标准溶液，否则无法计算分析结

果。基准物质可以直接配制标准溶液或标定其他溶液。

一、基准物质

（一）基准物质的要求

能用于直接配制标准溶液或标定标准溶液的物质称为基准物质。基准物质应符合以下要求：

1. 纯度高，试剂的纯度一般应在99.9%以上，杂质总含量应小于0.1%。
2. 试剂组成和化学式完全相符，若含结晶水，其含量也应与化学式相符。
3. 性质稳定，加热干燥时不发生分解，称量时不吸收水分、CO_2，不与空气中的氧气反应。
4. 试剂最好有较大的摩尔质量，可减少称量误差。

（二）常用的基准物质

表3－1列出了滴定分析中常用的基准物质及其干燥条件、应用范围。

表3－1　常用的基准物质

基准物质	化学式	干燥条件	标定对象
无水碳酸钠	Na_2CO_3	270℃～300℃	盐酸
硼砂	$Na_2B_4O_7 \cdot 10H_2O$	置于NaCl－蔗糖饱和溶液的干燥器中	盐酸
邻苯二甲酸氢钾（KHP）	$KHC_8H_4O_4$	105℃～110℃	氢氧化钠
二水合草酸	$H_2C_2O_4 \cdot 2H_2O$	室温下干燥	氢氧化钠
氧化锌	ZnO	800℃	EDTA
锌	Zn	室温干燥器中保存	EDTA
重铬酸钾	$K_2Cr_2O_7$	140℃～150℃	硫代硫酸钠
碘酸钾	KIO_3	130℃	硫代硫酸钠
草酸钠	$Na_2C_2O_4$	130℃	高锰酸钾
氯化钠	NaCl	500℃～600℃	硝酸银

二、标准溶液的配制

（一）直接配制法

准确称取一定量的基准物质，溶于适量溶剂后，定量转移至容量瓶中，以溶剂稀释至刻度，根据称取基准物质的质量和容量瓶的体积，即可计算出该标准溶液的准确浓度。

（二）间接配制法

间接配制法又称标定法。有许多物质不符合基准物质的要求，只能采用间接法配制其标准溶液。通常是先按所需浓度将试剂配制成近似浓度的溶液，再用基准物质或另一种已知准确浓度的标准溶液测定该溶液的准确浓度。这种利用基准物质或其他标准溶液来测定待测标准溶液浓度的操作过程，称为标定。标定方法通常有以下两种：

1. 基准物质标定法 准确称取一定量的基准物质，溶解后，用待标定溶液滴定，根据所称取的基准物质的质量和待标定溶液所消耗的体积，即可计算出待标定溶液的准确浓度。大多数标准溶液是用基准物质标定的。

2. 比较标定法 用待标定溶液与另外一种已知准确浓度的标准溶液相互滴定，根据两溶液消耗的体积和标准溶液的浓度，计算出待标定溶液的准确浓度。这种用已知准确浓度的标准溶液来测定待标定溶液准确浓度的操作过程，称为比较标定法。

三、标准溶液浓度的表示方法

（一）物质的量浓度

物质的量浓度是指单位体积溶液中所含溶质的物质的量，用符号 c 表示，即：

$$c = \frac{n}{V} \tag{3-1}$$

式 3-1 中，n 是溶质的物质的量，单位为 mol；V 是溶液的体积，单位为 L；c 是溶质的物质的量浓度，简称浓度，单位为 mol/L。

因
$$n = \frac{m}{M} \tag{3-2}$$

故
$$c = \frac{m}{MV} \tag{3-3}$$

式 3-3 中，m 是溶质的质量，常用单位为 g；M 是溶质的摩尔质量，常用单位为 g/mol。

例 3-1 准确称取基准物质 $K_2Cr_2O_7$ 1.4580g，溶解后定量转移至 250.0mL 容量瓶中，定容后摇匀，试计算此标准溶液的浓度。（$M_{K_2Cr_2O_7} = 294.2 g/mol$）

解： 根据式 3-3 得：

$$c_{K_2Cr_2O_7} = \frac{m}{VM} = \frac{1.4580 \times 1000}{250.0 \times 294.2} = 0.01982(mol/L)$$

（二）滴定度

在生产单位的例行分析中，由于测定对象比较固定，常使用同一标准溶液测定同种物质，因此采用滴定度表示标准溶液的浓度。滴定度是指每毫升标准溶液相当于被测组分的质量，用 $T_{T/A}$ 表示，常用单位为 g/mL、mg/mL。

$$T_{T/A} = \frac{m_A}{V_T} \tag{3-4}$$

式中，下标 T、A 分别表示标准溶液中的溶质、被测组分的化学式。例如，$T_{HCl/Na_2CO_3} = 0.005000 g/mL$，表示每毫升该 HCl 溶液相当于 0.005000g Na_2CO_3。

以滴定度计算被测组分的质量非常简单，即 $m_A = T_{T/A} V_T$。例如，用上述滴定度的

HCl 测定试样中碳酸钠含量，如果消耗 HCl 25.00mL，则试样中碳酸钠的质量为

$$0.005000 \times 25.00 = 0.1250\ (g)$$

课堂互动

《中国药典》规定，每 1mL 氢氧化钠滴定液（0.1mol/L）相当于 0.01802g 阿司匹林，用 0.1000mol/L 氢氧化钠滴定液滴定阿司匹林，至终点时用去 20.05mL，则该阿司匹林的质量为多少克？

四、化学试剂的级别

化学实验中使用的试剂，其等级与规格常根据试剂本身的纯度及试剂中杂质的允许含量进行划分。基准试剂是按照基准物质的条件制备的，专门作为基准物用，可直接配制标准溶液。对于放置时间较长的基准试剂在使用前则必须进行处理，如灼烧或加热干燥等。某些优级纯和分析纯试剂按照一定的方法提纯或经过干燥等处理，达到基准物质的要求后，也可以作为基准物质使用。

表 3-2 化学试剂的级别

级 别	中文名称	英文名称	纯 度	适用范围
一级	优级纯	G. R. Guarantee Reagent	≥99.8%	适用于精密的科学研究和分析实验
二级	分析纯	A. R. Analytical Reagent	≥99.7%	适用于一般科学研究和分析实验
三级	化学纯	C. P. Chemical Pure	≥99.5%	适用于工矿、学校一般分析工作
四级	实验纯	L. R. Laboratory Reagent	≥99%	适用于一般化学实验和合成制备

第三节 滴定分析法的计算

一、滴定分析计算依据

在滴定分析中，反应物之间都存在确定的化学计量关系，这是滴定分析定量计算的依据。标准溶液 T 与被测组分 A 之间的化学反应可表示为：

$$tT + aA \rightleftharpoons cC + dD$$

反应到达化学计量点时，标准溶液 T 与被测组分 A 之间的摩尔数之比，符合其化学反应式所示的化学计量系数之比，即：

$$n_T : n_A = t : a$$

亦可变换成：

$$n_T = \frac{t}{a} n_A \quad 或 \quad n_A = \frac{a}{t} n_T \qquad (3-5)$$

式 3-5 是滴定剂与待测物质之间化学计量的基本关系式，根据实际情况，可衍生为不同的计算表达式。

二、滴定分析计算示例

（一）标准溶液浓度的有关计算

1. 基准物质标定法 用基准物质A标定标准溶液T，设称取基准物质的质量为m_A，溶解后用标准溶液滴定。由于基准物质的摩尔质量为M_A，由式3-5可推导出：

$$c_T = \frac{t}{a}\frac{m_A}{M_A V_T} \quad (3-6a)$$

式3-6a中，c_T的单位为mol/L，m_A的单位为g，M_A的单位为g/mol，V_T的单位为L。由于滴定剂的消耗体积常以mL计量，因此式3-6a可写为：

$$c_T = \frac{t}{a}\frac{m_A \times 1000}{M_A V_T} \quad (3-6b)$$

例3-2 用基准物质邻苯二甲酸氢钾（KHP）标定NaOH溶液的浓度，称取基准KHP 0.4867g，用NaOH溶液滴定至终点时，消耗NaOH溶液23.50mL，试计算NaOH溶液的浓度。（M_{KHP}=204.2g/mol）

解：KHP与NaOH的滴定反应为：

$$C_6H_4(COOH)(COOK) + NaOH \rightleftharpoons C_6H_4(COONa)(COOK) + H_2O$$

根据式3-6b得：

$$c_{NaOH} = \frac{m_{KHP} \times 1000}{M_{KHP} V_{NaOH}} = \frac{0.4867 \times 1000}{204.2 \times 23.50} = 0.1014(mol/L)$$

课堂互动

假如用于标定标准溶液的基准物质受潮，则对标定所得的标准溶液浓度有何影响？浓度是偏高还是偏低？

2. 比较标定法 用浓度为c_T的标准溶液标定物质A的溶液，假设量取待测溶液V_A（mL），滴至终点消耗标准溶液V_T（mL），由式3-5可推导出：

$$c_A = \frac{a}{t}\frac{c_T V_T}{V_A} \quad (3-7)$$

例3-3 取浓度约为0.1mol/L的HCl溶液25.00mL，用0.1000mol/L NaOH标准溶液滴定至终点，消耗NaOH标准溶液24.75mL，计算该HCl溶液的浓度。

解：HCl与NaOH的滴定反应为：

$$HCl + NaOH \rightleftharpoons NaCl + H_2O$$

根据式3-7得：

$$c_{HCl} = \frac{c_{NaOH} V_{NaOH}}{V_{HCl}} = \frac{0.1000 \times 24.75}{25.00} = 0.09900(mol/L)$$

上式也可用于溶液稀释或增浓后浓度的计算（此时$a/t=1$）。

例 3-4　浓 H_2SO_4 的浓度约为 18mol/L，若取 5mL 浓硫酸稀释至 1000mL，则配制所得的 H_2SO_4 溶液的浓度为多少？

解： 溶液稀释时，溶液中溶质的物质的量没有改变，根据式 3-7 得：

$$c_{稀} = \frac{c_{浓}V_{浓}}{V_{稀}} = \frac{18 \times 5}{1000} = 0.09(\text{mol/L})$$

3. 物质的量浓度与滴定度之间的换算　根据滴定度的定义和式 3-4，当 $V_T = 1\text{mL}$，$T_{T/A} = m_A$，将此代入式 3-6b 即可得

$$c_T = \frac{t}{a}\frac{T_{T/A} \times 1000}{M_A} \quad 或 \quad T_{T/A} = \frac{a}{t}\frac{c_T M_A}{1000} \tag{3-8}$$

例 3-5　试计算 0.1000mol/L NaOH 标准溶液对草酸（$H_2C_2O_4 \cdot 2H_2O$）的滴定度。（$M_{H_2C_2O_4 \cdot 2H_2O} = 126.07\text{g/mol}$）

解： NaOH 与草酸的滴定反应为：

$$2NaOH + H_2C_2O_4 \rightleftharpoons Na_2C_2O_4 + 2H_2O$$

根据式 3-8 得：

$$T_{NaOH/H_2C_2O_4 \cdot 2H_2O} = \frac{1}{2}\frac{c_{NaOH}M_{H_2C_2O_4 \cdot 2H_2O}}{1000} = \frac{1}{2} \times \frac{0.1000 \times 126.07}{1000} = 6.304 \times 10^{-3}(\text{g/mL})$$

课堂互动

上述浓度的 NaOH 标准溶液对盐酸、硫酸的滴定度是否不变？

（二）滴定剂浓度与被滴定物质质量的关系

若被滴定物质 A 是固体，溶解后用浓度为 c_T（mol/L）的滴定剂滴定，滴至终点消耗标准溶液 V_T（mL），则由式 3-5 可推导出：

$$m_A = \frac{a}{t}\frac{c_T V_T M_A}{1000} \tag{3-9}$$

上式可用于计算待测组分的质量，也可用于估计试样称量范围。

例 3-6　用硼砂（$Na_2B_4O_7 \cdot 10H_2O$）标定浓度约为 0.1mol/L 的 HCl 溶液，欲消耗 HCl 溶液的体积为 20～25mL，应称取基准物质硼砂多少克？（$M_{Na_2B_4O_7 \cdot 10H_2O} = 381.4\text{g/mol}$）

解： HCl 与硼砂的滴定反应为：

$$2HCl + Na_2B_4O_7 + 5H_2O \rightleftharpoons 2NaCl + 4H_3BO_3$$

根据式 3-9 得：

$$m_{Na_2B_4O_7 \cdot 10H_2O} = \frac{1}{2}\frac{c_{HCl}V_{HCl}M_{Na_2B_4O_7 \cdot 10H_2O}}{1000}$$

$$m_{Na_2B_4O_7 \cdot 10H_2O} = \frac{1}{2} \times \frac{0.1 \times 20 \times 381.4}{1000} = 0.38(\text{g})$$

$$m_{Na_2B_4O_7 \cdot 10H_2O} = \frac{1}{2} \times \frac{0.1 \times 25 \times 381.4}{1000} = 0.48(\text{g})$$

应称取硼砂0.38~0.48g。

（三）被测组分含量的计算

假设称取试样的质量为m_S，测得被测组分的质量为m_A，则被测组分的百分含量为：

$$\omega_A = \frac{m_A}{m_S} \times 100\%$$

由式3－9推导可得： $$\omega_A = \frac{a}{t}\frac{c_T V_T M_A}{m_S \times 1000} \times 100\% \quad (3-10)$$

亦可由式3－4得： $$\omega_A = \frac{T_{T/A} V_T}{m_S} \times 100\% \quad (3-11)$$

上述两式为滴定分析中计算被测组分百分含量的通式。

若采用返滴定法，被测组分的百分含量可按下式计算：

$$\omega_A = \frac{a}{t_1}\frac{\left(c_{T_1} V_{T_1} - \frac{t_1}{t_2} c_{T_2} V_{T_2}\right) \times M_A}{m_S \times 1000} \times 100\% \quad (3-12)$$

T_1为第一种标准溶液，T_2为回滴所用的标准溶液。

知识链接

《中国药典》标明的滴定度，均是指标准溶液物质的量浓度在规定值的前提下对某药品的滴定度。如《中国药典》规定，每1mL氢氧化钠滴定液（0.1mol/L）相当于0.01802 g阿司匹林，其中0.1mol/L称为规定浓度。而在实际工作中所配制的标准溶液不可能与规定浓度完全一致，所以在应用时必须用校正因子f进行校正。

$$f = \frac{实际浓度}{规定浓度} = \frac{c_{实际}}{c_{规定}}$$

式3－11可改写成： $$\omega_A = \frac{T_{T/A} V_T f}{m_S} \times 100\%$$

在药物分析中常用上式进行药物含量的计算。

例3－7 测定药用Na_2CO_3的含量，称取试样0.2800g，用0.2000mol/L的HCl标准溶液滴定，耗去HCl标准溶液25.50mL，计算该药品中Na_2CO_3的百分含量。（$M_{Na_2CO_3}$ = 106.0g/mol）

解：HCl与Na_2CO_3的滴定反应为：

$$2HCl + Na_2CO_3 \rightleftharpoons 2NaCl + H_2CO_3$$

根据式3－10得：

$$\omega_{Na_2CO_3} = \frac{1}{2} \times \frac{c_{HCl} V_{HCl} M_{Na_2CO_3}}{m_S \times 1000} \times 100\%$$

$$= \frac{1}{2} \times \frac{0.1000 \times 25.50 \times 106.0}{0.2800 \times 1000} \times 100\% = 96.54\%$$

上例中如先求得 HCl 标准溶液对 Na_2CO_3 的滴定度：

$$T_{HCl/Na_2CO_3} = \frac{1}{2}\frac{c_{HCl}M_{Na_2CO_3}}{1000} = \frac{1}{2} \times \frac{0.2000 \times 106.0}{1000} = 1.060 \times 10^{-2}(g/mL)$$

则根据式 3－11 得：

$$\omega_{Na_2CO_3} = \frac{T_{HCl/Na_2CO_3}V_{HCl}}{m_S} \times 100\% = \frac{1.060 \times 10^{-2} \times 25.50}{0.2800} \times 100\% = 96.54\%$$

例 3－8　精密称取明矾样品 0.2050g，加入 0.01000mol/L 的 EDTA 标液 25.00mL，加 25mL 水稀释，沸水浴 10 分钟，使之反应完全。冷却至室温后，用浓度为 0.01000mol/L 的 $ZnSO_4$ 标准溶液回滴，滴至终点时消耗 7.55mL，求试样中 $KAl(SO_4)_2 \cdot 12H_2O$ 的百分含量。（$M_{KAl(SO_4)_2 \cdot 12H_2O}$ =474.39g/mol）

解：EDTA 与 Al、Zn 的反应式为：

$$Al + Y \rightleftharpoons AlY$$

$$Zn + Y \rightleftharpoons ZnY$$

根据式 3－12 得：

$$\omega_{KAl(SO_4)_2\cdot 12H_2O} = \frac{(c_Y V_Y - c_{ZnSO_4}V_{ZnSO_4})M_{KAl(SO_4)_2\cdot 12H_2O}}{m_S \times 1000} \times 100\%$$

$$= \frac{(0.01000 \times 25.00 - 0.01000 \times 7.55) \times 474.39}{0.2050 \times 1000} \times 100\%$$

$$= 40.38\%$$

课堂互动

上例中，若在回滴时滴定过量，将对测定结果产生怎样的影响？

【完成项目任务】　配制 1L 浓度为 0.1 mol/L 的 NaOH 标准溶液

由于 NaOH 不符合基准物质的条件，因此必须采用间接配制法。

1. 取 NaOH 适量，加蒸馏水振摇使溶解成饱和溶液，冷却后，置于聚乙烯塑料瓶中，静置数日，澄清后备用。取澄清的 NaOH 饱和溶液 5.6mL，加新沸过的冷水使成 1000mL，摇匀。

2. 准确称取 105℃干燥至恒重的基准邻苯二甲酸氢钾（KHP）0.4～0.5g，置于 250mL 锥形瓶中，加 50mL 新沸过的冷水溶解，滴入 2～3 滴酚酞试液。

3. 将 NaOH 溶液装入 50mL 滴定管，调至零刻度，滴定至 KHP 溶液从无色至浅红色且 30 秒内不褪色即为终点。

4. 平行测定三次，计算 NaOH 溶液的平均浓度。

项目设计

请设计 HCl 标准溶液配制与标定的方案。

本章小结

1. 滴定分析法中的基本术语：化学计量点，滴定终点，指示剂，滴定误差，基准物质。

2. 滴定分析法包括酸碱滴定法、配位滴定法、氧化还原滴定法和沉淀滴定法四类。

3. 滴定方式包括直接滴定法和间接滴定法，广义的间接滴定法是指返滴定法、置换滴定法和间接滴定法。

4. 标准溶液的配制方法：直接配制法和间接配制法（标定法）；标准溶液浓度可用物质的量浓度和滴定度表示。

5. 滴定分析的有关计算

（1）滴定分析的化学计量关系：$t\mathrm{T} + a\mathrm{A} \rightleftharpoons c\mathrm{C} + d\mathrm{D}$，$n_\mathrm{T} : n_\mathrm{A} = t : a$

（2）标准溶液的浓度：$c = m/(VM)$；$T_{\mathrm{T/A}} = m_\mathrm{A}/V_\mathrm{T}$；$T_{\mathrm{T/A}} = \frac{a}{t}\frac{c_\mathrm{T}M_\mathrm{A}}{1000}$

（3）标准溶液的标定：$c_\mathrm{T} = \frac{t}{a}\frac{m_\mathrm{A} \times 1000}{M_\mathrm{A}V_\mathrm{T}}$（基准物质标定）

$$c_\mathrm{A} = \frac{a}{t}\frac{c_\mathrm{T}V_\mathrm{T}}{V_\mathrm{A}}$$（标准溶液比较标定）

（4）待测物质的测定：$m_\mathrm{A} = \frac{a}{t}\frac{c_\mathrm{T} \cdot V_\mathrm{T}M_\mathrm{A}}{1000}$

$$\omega_\mathrm{A} = \frac{a}{t}\frac{c_\mathrm{T} \cdot V_\mathrm{T}M_\mathrm{A}}{m_\mathrm{S} \times 1000} \times 100\%$$

$$\omega_\mathrm{A} = \frac{T_{\mathrm{T/A}}V_\mathrm{T}}{m_\mathrm{S}} \times 100\%$$

能力检测

一、单项选择题

1. 滴定分析法属于（　　）

A. 化学分析法　　B. 仪器分析法　　C. 重量分析法　　D. 色谱分析法

2. 下列各项中，属于滴定分析法对化学反应基本要求的是（　　）

A. 反应必须有气体生成　　B. 反应必须定量进行完全

C. 反应必须有颜色的变化　　D. 反应必须按 1 ∶ 1 的比例进行

3. 测定氯离子，首先向氯离子试液中定量加入过量硝酸银标准溶液，反应完全后，用硫氰酸铵标准溶液滴定试液中的硝酸银，从而求得氯离子含量的方法属于（　　）

A. 直接滴定法　　B. 间接滴定法　　C. 返滴定法　　D. 置换滴定法

4. 下列物质能用直接配制法配制成标准溶液的是（　　）

A. 氢氧化钠　　B. 盐酸　　C. 高锰酸钾　　D. 重铬酸钾

5. 滴定度是指每毫升滴定液相当于（　　）

A. 被测物质的体积　　B. 被测物质的质量

C. 滴定液的克数　　D. 溶质的质量

6. 用直接配制法配制标准溶液所必须使用的仪器是（　　）

A. 台秤　　B. 量筒　　C. 滴定管　　D. 容量瓶

7. 为减少称量误差，对基准物质提出的要求是（　　）

A. 纯度高　　B. 组成与化学式相符

C. 性质稳定　　D. 具有较大的摩尔质量

8. 用已知准确浓度的盐酸溶液与待标定的氢氧化钠溶液相互滴定，从而确定氢氧化钠溶液准确浓度的方法称为（　　）

A. 直接配制法　　B. 比较标定法　　C. 移液管法　　D. 多次称量法

二、计算题

1. 称取 1.4580g 基准 $H_2C_2O_4 \cdot 2H_2O$，溶解后定量转移至 250.0mL 容量瓶中，定容后摇匀。计算此标准溶液的浓度。（$M_{H_2C_2O_4 \cdot 2H_2O} = 126.07g/mol$）

2. 称取基准硼砂（$Na_2B_4O_7 \cdot 10H_2O$）0.4527g，标定浓度近似为 0.1mol/L 的 HCl 溶液，滴至终点时消耗盐酸 23.45mL，计算 HCl 溶液的浓度。（$M_{Na_2B_4O_7 \cdot 10H_2O} = 381.4 g/mol$）

3. 用浓度为 0.1055 mol/L 的 HCl 标准溶液滴定 20.00mL 的 NaOH 溶液，滴定到达终点时，消耗 HCl 标准溶液 20.80mL，计算 NaOH 溶液的浓度。

4. 现有浓度为 0.4000mol/L 的 HCl 溶液，如何配置 100mL 浓度为 0.1000mol/L 的 HCl 溶液？

5. 计算：①0.1000 mol/L 的盐酸溶液对 CaO 的滴定度 $T_{HCl/CaO}$（$M_{CaO} = 56.08 g/mol$）。②0.2000mol/L 的 NaOH 溶液对 H_2SO_4 的滴定度 T_{NaOH/H_2SO_4}（$M_{H_2SO_4} = 98.07 g/mol$）。

6. 用基准邻苯二甲酸氢钾（KHP）标定近似浓度为 0.1mol/L 的 NaOH 溶液，标定时消耗 NaOH 溶液的体积为 20～25mL，问应称取基准 KHP 的质量范围是多少？（$M_{KHP} = 204.2g/mol$）

7. 准确称取草酸（$H_2C_2O_4 \cdot 2H_2O$）试样 1.5230g，加水溶解后，转移入 250.0mL 容量瓶中，加水稀释至刻度，用移液管准确移取 25.00mL 置 250mL 锥形瓶中，加入 25mL 蒸馏水，用 0.1025mol/L 的 NaOH 标准溶液滴定至终点，消耗 21.36mL，计算该试样中草酸的含量。（$M_{H_2C_2O_4 \cdot 2H_2O} = 126.07g/mol$）

8. 测定试样中碳酸钙的含量，称取试样0.2472g，溶于50.00mL浓度为0.1200mol/L的HCl溶液中，反应完全后，过量的HCl用0.1000mol/L的NaOH溶液回滴，滴至终点时消耗NaOH溶液15.25mL，计算试样中碳酸钙的含量。（$M_{CaCO_3}=100.09g/mol$）

实训二 滴定分析的基本操作

一、实验目的

1. 掌握滴定分析的基本操作。
2. 熟悉甲基橙及酚酞指示剂的使用和终点的正确判断。
3. 学会分析数据的正确记录和计算方法。

二、实验原理

滴定分析法是将一种标准溶液滴加到待测组分的溶液中，直至标准溶液与被测组分按照确定的化学计量关系恰好完全反应，根据标准溶液的浓度和体积，计算待测组分含量的一种化学分析方法。

$$NaOH + HCl \rightleftharpoons NaCl + H_2O$$

0.1mol/L的HCl溶液与0.1mol/L NaOH溶液相互滴定时，计量点pH=7.0，滴定突跃的pH范围为4.3~9.7。当用NaOH滴定HCl时可用酚酞作指示剂，终点由无色变为浅红色。用HCl滴定NaOH时可用甲基橙作指示剂，终点由黄色变为橙色。在指示剂不变的情况下，一定浓度的HCl溶液和NaOH溶液相互滴定时，所消耗的体积之比值V_{HCl}/V_{NaOH}应是一定的，借此可以检验滴定操作技术和判断终点的能力。

三、仪器与试剂

托盘天平，50mL碱式滴定管，50mL酸式滴定管，250mL锥形瓶，25mL移液管，量筒，烧杯。

NaOH(s)，浓盐酸，酚酞（0.2%乙醇溶液），甲基橙（0.1%水溶液）。

四、操作步骤

（一）溶液的配制

1. 0.1mol/L HCl溶液的配制 用量筒量取浓盐酸2.1mL，倒入烧杯中，加蒸馏水稀释至250mL，摇匀，转移至试剂瓶中。

2. 0.1mol/L NaOH溶液的配制 称取1g固体NaOH，置于烧杯中，加250mL蒸馏水使之完全溶解，转入带橡皮塞的试剂瓶中，贴上标签。

（二）滴定管的准备

1. 酸式滴定管的准备 对酸式滴定管检漏、清洗，并用0.1mol/L HCl溶液润洗酸式滴定管2～3次，每次5～10mL。将HCl溶液装入酸式滴定管中，排气泡，液面调节至0.00刻度。

2. 碱式滴定管的准备 对碱式滴定管检漏、清洗，并用0.1mol/L NaOH溶液润洗2～3次，装入NaOH溶液后排气泡，液面调节至0.00刻度。

（三）酸碱溶液的相互滴定练习

1. 用HCl溶液滴定NaOH溶液 由碱式滴定管中放出25.00mL NaOH溶液于250mL锥形瓶中，加入1～2滴甲基橙指示剂，用0.1mol/L HCl溶液滴定至溶液由黄色变成橙色，即为终点。记录读数，并求出滴定时两溶液的体积比V_{HCl}/V_{NaOH}。平行测定三次，计算相对平均偏差，要求不大于0.2%。

2. 用NaOH溶液滴定HCl溶液 用移液管准确移取25.00mL HCl溶液置于250mL锥形瓶中，加入2～3滴酚酞指示剂，用0.1mol/L NaOH溶液滴定至溶液呈微红色，并保持30秒不褪色，即为终点。平行测定三次，记录读数，要求三次V_{NaOH}的最大绝对差值不超过±0.04mL。

五、数据处理

1. HCl溶液滴定NaOH溶液记录及处理

项　目	1	2	3
V_{NaOH}（mL）			
HCl开始读数（mL）			
HCl最终读数（mL）			
V_{HCl}（mL）			
V_{HCl}/V_{NaOH}			
平均值（V_{HCl}/V_{NaOH}）			
相对平均偏差（%）			

2. NaOH溶液滴定HCl溶液记录及处理

项　目	1	2	3
V_{HCl}（mL）			
NaOH开始读数（mL）			
NaOH最终读数（mL）			
V_{NaOH}（mL）			
最大绝对差值（mL）			

六、检测题

1. HCl溶液和NaOH溶液能直接配制准确浓度吗？为什么？

2. 在滴定分析实验中，滴定管、移液管为何需要用操作溶液润洗？滴定中使用的锥形瓶是否也要用操作溶液润洗？为什么？

3. 移液管残余的少量溶液，最后是否应该吹出？

4. 滴定管的一次读数误差为 ±0.01mL，在一次滴定中，需要读两次。为使滴定时相对误差小于0.1%，消耗的体积至少应为多少？

附：滴定分析中常用仪器的使用方法

一、容量瓶

（一）检漏

容量瓶使用前，应该先检查容量瓶瓶塞是否密合。在瓶内加水至标线，塞紧瓶塞，左手托稳瓶底，右手按住瓶塞，将容量瓶倒立2分钟（如实训图2-1a），观察瓶口是否有水渗出。如果不漏，把瓶塞旋转180°，塞紧，倒置，再次观察瓶口是否有渗漏。容量瓶与瓶塞应一一对应，瓶塞可用塑料细绳将其拴在瓶颈上。

（二）洗涤

先用自来水洗，再用蒸馏水润洗2~3次。如果较脏，可用铬酸洗液洗涤。洗毕，先用自来水将铬酸洗净，再用蒸馏水润洗。洗完后倒置，自然晾干备用。

（三）溶液的配制

1. 溶解 配制溶液时，一般将准确称取的物质置于小烧杯中，加少量溶剂（一般为蒸馏水），搅拌使其溶解。

2. 转移 将溶解好的溶液定量转移到容量瓶里。转移时，可用玻璃棒插入容量瓶内刻度线以下，将烧杯嘴靠近玻璃棒，使溶液沿玻璃棒慢慢流入（如实训图2-1b）。残留在玻璃棒上的少量溶液，应用少量蒸馏水冲洗。残留在烧杯中的溶液，可用蒸馏水洗涤3~4次，洗涤液按以上方法转移到容量瓶中。

3. 定容 溶液转入容量瓶后，加蒸馏水，加至约2/3时，将容量瓶水平方向摇转几次（不可倒转）作初步混匀。加至近刻度线时应改用滴管逐滴加入，直至液面最凹处与刻度线相切。

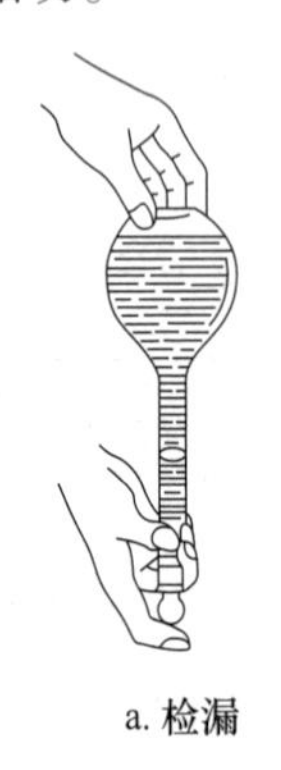

a. 检漏

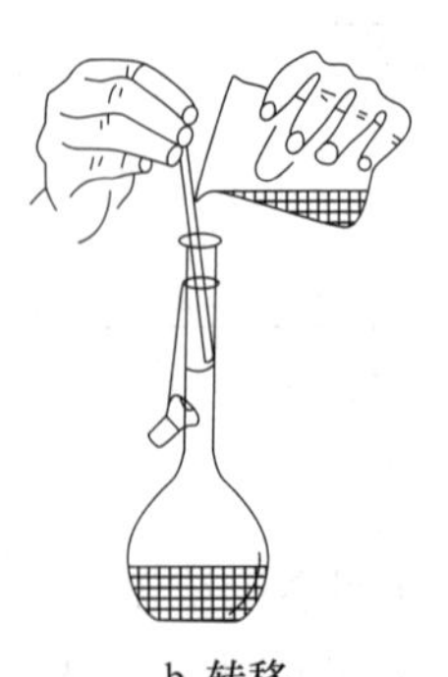

b. 转移

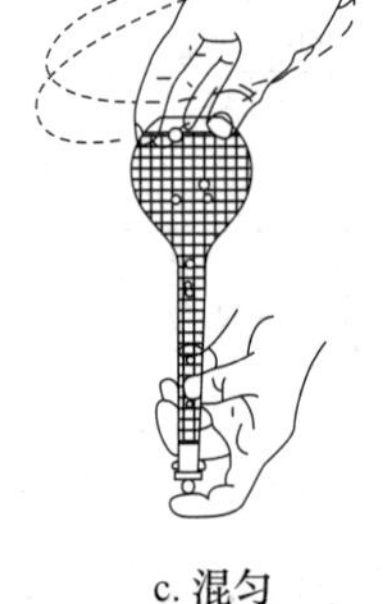

c. 混匀

实训图2-1 容量瓶的使用

4. 摇匀　一手按住塞子，另一手顶住底部，将容量瓶倒转并振摇（见实训图2－1c），再倒转。如此反复10次以上，即可混匀。

二、移液管

移液管是用于准确量取一定体积溶液的量出式玻璃量器，全称“单标线吸量管”，习惯称为移液管。管颈上部刻有一标线，此标线的位置是由放出纯水的体积所决定的。

另有一种吸量管，全称是“分度吸量管”，是具有分度线的量出式玻璃量器，可以移取不同体积的溶液。

（一）洗涤

使用前用铬酸洗液浸泡，将其洗干净，使其内壁及下端的外壁不挂水珠。自来水冲净洗液，蒸馏水润洗。移取溶液前，用待移取溶液润洗3次。

（二）移液

1. 吸取溶液　移取溶液时，右手拇指和中指握住移液管标线以上的部位，将移液管插入液面以下1～2cm，左手拿洗耳球，挤压球部排出空气后，将洗耳球的尖端紧贴管口，慢慢松开洗耳球使液面上升至标线以上约2cm（如实训图2－2a）。

2. 调节液面　移去洗耳球，右手食指迅速按紧管口，把移液管提出液面。左手持盛液容器（如烧杯）并使其倾斜45°，将移液管管尖紧靠其内壁，稍松食指并用拇指及中指缓缓转动管身，使溶液缓缓下降至液面最凹处与刻度线相切，食指迅速按紧（如实训图2－2b）。

3. 放出溶液　左手持一洁净的接收容器并使其倾斜45°，移液管保持垂直插入并使管尖紧贴内壁，松开食指，让溶液自由流出（如实训图2－2c）。待溶液不再流出后，等待15秒，拿出移液管。

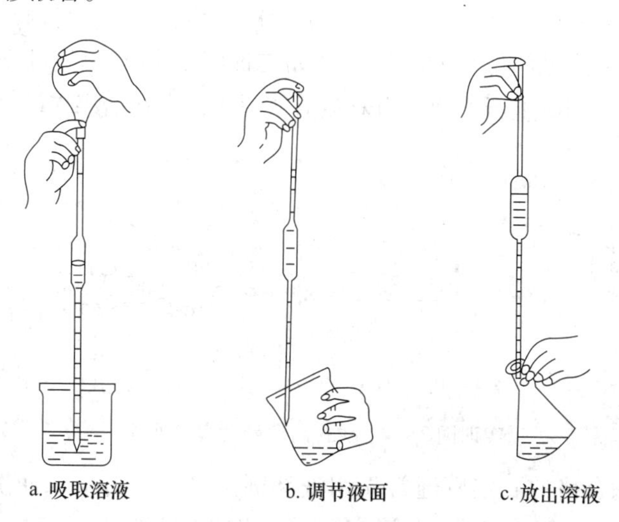

实训图2－2　移液管的使用

三、滴定管

滴定管是滴定时可以准确测量滴定剂消耗体积的玻璃仪器，它是一根具有精密刻度，内径均匀的细长玻璃管，刻度由上而下数值增大。滴定管的容量规格常用的为50mL和25mL，最小刻度为0.1mL，读数可估计到0.01mL。

（一）滴定管的分类

1. 酸式滴定管　又称具塞滴定管，它的下端有玻璃活塞作开关，旋转玻璃活塞控制溶液的流速（如实训图2－3a）。酸式滴定管用于盛放酸性、中性与氧化性溶液，不能装碱性溶液。

2. 碱式滴定管　又称无塞滴定管，它的下端用橡胶管连接一支带有尖嘴的小玻璃管，橡胶管内装一玻璃珠，挤压玻璃珠两侧的橡胶管使形成一条狭缝，控制溶液的流速（如实训图2－3b）。碱式滴定管主要用于盛放碱性溶液。

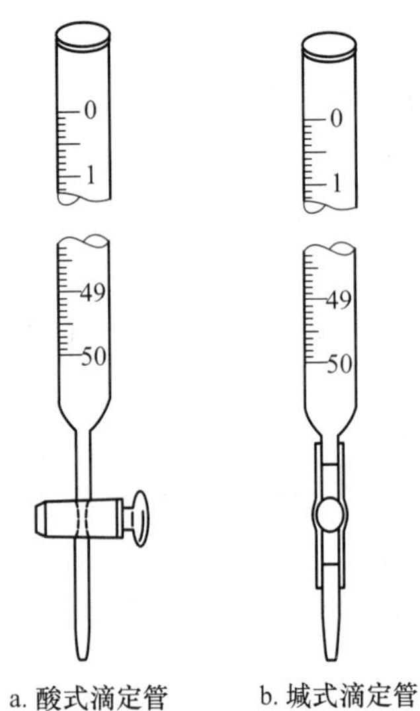

实训图2－3　滴定管

（二）酸式滴定管的使用

1. 检漏　主要检查密合性以及活塞是否能灵活转动。在滴定管内装水至最高标线，垂直置于滴定管架上，静置2分钟，观察活塞两端及滴定管口是否有水渗出。转动活塞180°，再次观察，直至不漏水为准。

假如检漏不合格，玻璃活塞处需要涂凡士林，起到密封和润滑作用。将滴定管内的水倒掉，平放在实验台上，抽出玻璃活塞，用滤纸擦干活塞和活塞套。蘸取少许凡士林，往活塞粗端和活塞套细端均匀地涂上薄薄一层（如实训图2－4a）。将活塞插入活塞套内，向一个方向旋转活塞直至活塞与塞槽接触部位呈透明状态（如实训图2－4b）。涂凡士林后的活塞应转动自如且不漏液，否则应重新处理。为避免活塞脱落，应在活塞末端套上小橡皮圈。

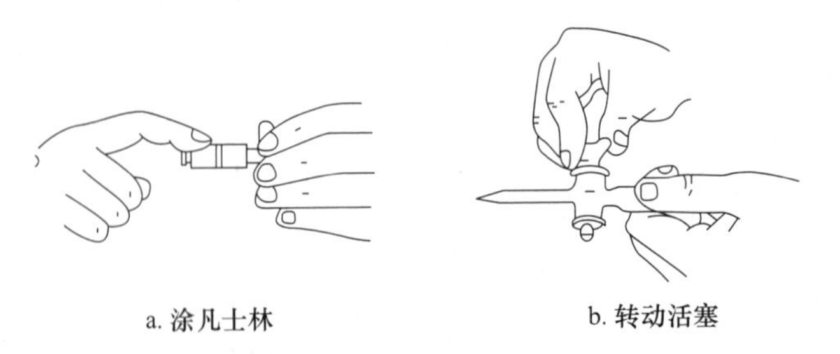

实训图2－4　酸式滴定管活塞的处理

2. 洗涤　检漏合格的滴定管通常先用洗涤剂洗涤，用自来水冲洗干净，再用5～10mL蒸馏水润洗2～3次；有油污的滴定管要用铬酸洗液洗涤。

3. 装液　装液前用5～10mL滴定液润洗2～3次，以免滴定液被稀释。将滴定液装入滴定管，通常加至零刻度线以上。快速打开滴定管的活塞，排出管内空气（如实训图 2－5a），并调定零点。

4. 滴定　用左手控制活塞，大拇指在前，食指和中指在后，在转动活塞的同时，中指和食指应稍微弯曲，轻轻向内扣住活塞，手心空握以防止顶出活塞，造成漏液。

滴定通常在锥形瓶中进行，滴定管要垂直，操作者要坐正或站正。滴定时，使锥形瓶瓶底离滴定台高约 2～3cm，滴定管下端伸入瓶口内约 1cm。左手旋转活塞控制流速，右手持锥形瓶，边滴加边旋摇锥形瓶（如实训图 2－5b）。

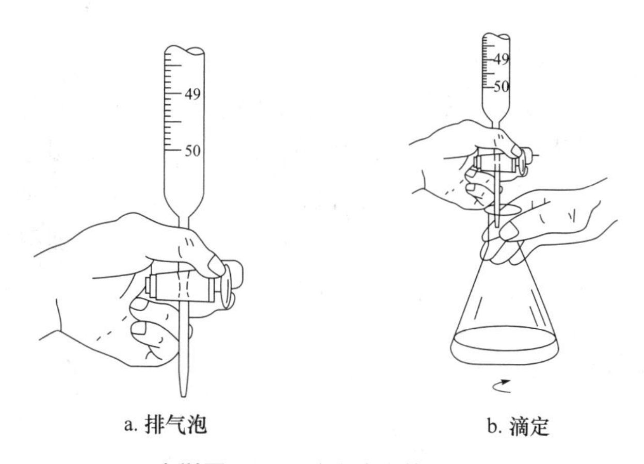

a. 排气泡　　b. 滴定

实训图 2－5　酸式滴定管的操作

（三）碱式滴定管的使用

1. 检漏　主要检查橡胶管是否老化以及玻璃珠与橡胶管是否匹配。在滴定管内装满水，垂直置于滴定管架上，静置 2 分钟，观察滴定管口是否有水渗出。若漏液，更换橡胶管或玻璃珠。

2. 洗涤　碱式滴定管的洗涤程序与酸式滴定管相同，只是当用洗液洗涤时，需将橡胶管取下，换上不用的橡胶管，等用自来水冲净后再换回。

3. 装液　装液前用 5～10mL 滴定液润洗 2～3 次，将滴定液加至零刻度线以上。将橡胶管向上弯曲，同时两个手指挤压玻璃珠两侧的橡胶管，使溶液从管尖喷出，排出气泡（如实训图 2－6a）。

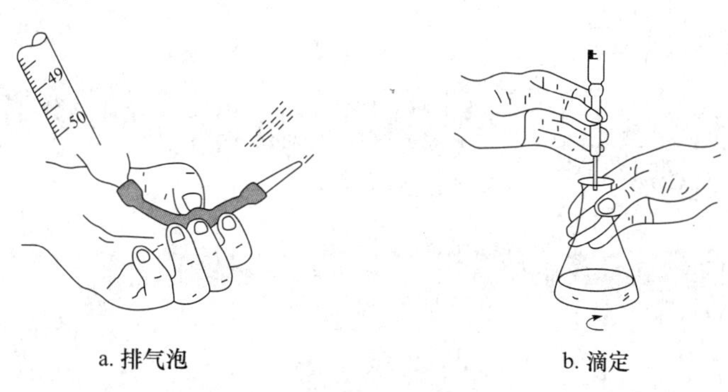

a. 排气泡　　b. 滴定

实训图 2－6　碱式滴定管的操作

4. 滴定 用左手控制玻璃珠，拇指在前，食指在后，捏住玻璃珠中部偏上方的橡胶管，无名指及小指夹住尖嘴玻璃管，向一侧推橡胶管，使其与玻璃珠之间形成一条缝隙，溶液即可流出。注意不要捏玻璃珠下方的橡胶管，也不能使玻璃珠上下移动，否则空气进入形成气泡。

与酸式滴定管相似，滴定时左手通过控制手指力度大小控制流速，右手持锥形瓶，边滴加边旋摇锥形瓶（如实训图 2－6b）。

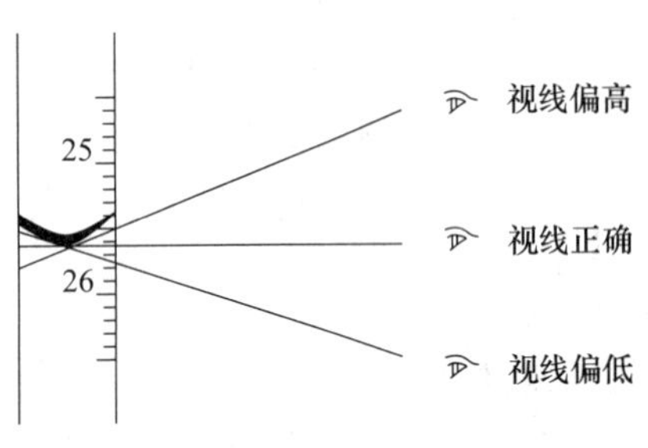

实训图 2－7 滴定管的读数

（四）滴定管的读数

滴定结束读数时，应将滴定管取下，用右手拇指和食指捏住滴定管无刻度处，保持滴定管垂直。等液面稳定后，保持视线、刻度线和溶液凹液面最低处成一线，再读数（如实训图 2－7）。

第四章　酸碱滴定法

【项目任务】 采用滴定分析法测定乙酰水杨酸的含量

乙酰水杨酸即阿司匹林，为白色针状或片状晶体，具有退热止痛作用。乙酰水杨酸能溶解于中性乙醇溶液中，分子中的羧基可离解出 H^+，其 pK_a 为 3.49，与 NaOH 反应式为：

$$C_6H_4(COOH)(OCOCH_3) + NaOH \rightleftharpoons C_6H_4(COONa)(OCOCH_3) + H_2O$$

可以利用本章介绍的酸碱滴定法准确测定乙酰水杨酸的含量。

酸碱滴定法是以酸碱反应为基础的滴定分析方法。一般的酸、碱以及能与酸、碱直接或间接发生质子传递的物质，都可用此法测定。酸碱滴定法具有快速、准确、无需特殊设备等优点。酸碱反应一般没有明显的外观变化，通常需要借助指示剂的颜色变化来指示滴定终点。选择合适的指示剂可减小滴定误差。

第一节　酸碱指示剂

一、酸碱指示剂的变色原理和变色范围

（一）酸碱指示剂的变色原理

酸碱指示剂是一类在特定 pH 范围内，由于自身结构改变而显示不同颜色的有机物。通常是结构比较复杂的有机弱酸（如酚酞）或有机弱碱（如甲基橙），它们的共轭酸式与共轭碱式由于结构的不同而呈现不同的颜色。当溶液的 pH 发生变化时，指示剂失去质子转变为碱式，或得到质子转变为酸式，从而引起溶液颜色的变化。

例如，常用的指示剂酚酞（PP）是一种单色指示剂，其结构为有机弱酸。在溶液中解离平衡如下：

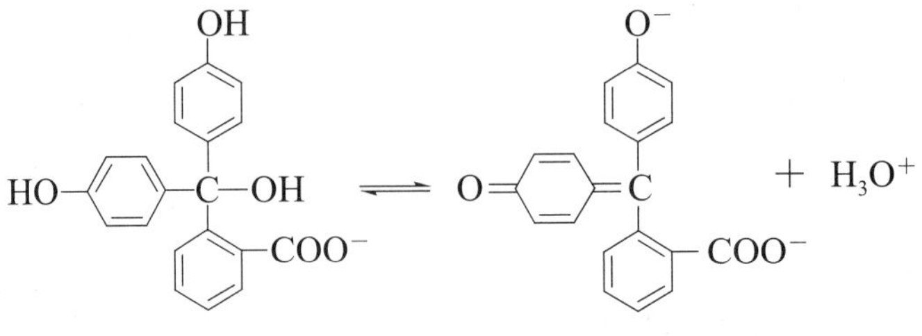

无色（酸式）　　　　红色（碱式）

由上式可以看出，在酸性溶液中，酚酞以无色形式存在；在碱性溶液中，以红色醌式结构存在。

又例如，甲基橙（MO）是一种双色指示剂，其结构为有机弱碱。在溶液中的平衡及相应颜色的变化如下：

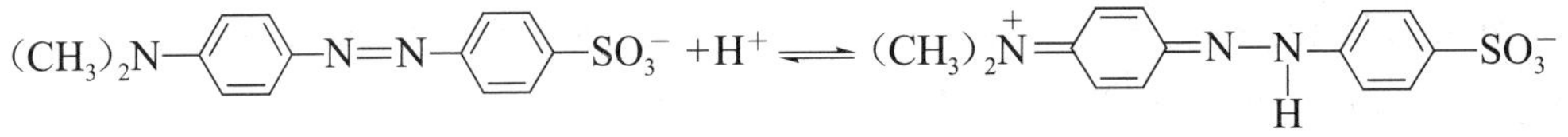

黄色（碱式）　　　　红色（酸式）

当溶液酸度增大时，甲基橙主要以酸式结构（醌式）存在，溶液显红色；当溶液酸度减小时，甲基橙转变为碱式结构（偶氮式），溶液显黄色。

综上所述，酸碱指示剂的变色原理是基于溶液 pH 值的变化，导致指示剂的结构变化，从而引起溶液颜色的变化。

（二）酸碱指示剂的变色范围

指示剂由一种型体颜色转变为另一型体颜色的溶液参数变化的范围称为指示剂的变色范围。对于酸碱指示剂而言，其所呈现的颜色与溶液的 pH 值有关。以弱酸型指示剂 HIn 为例，HIn 为指示剂的酸式型体，呈现酸式色；In^- 表示指示剂的碱式，其颜色为碱式色。HIn 在溶液中存在如下的解离平衡：

$$\underset{\text{酸式色}}{HIn} \rightleftharpoons H^+ + \underset{\text{碱式色}}{In^-}$$

其解离常数 K_{HIn} 又称为指示剂常数：$K_{HIn} = \frac{[H^+][In^-]}{[HIn]}$

上式也可写为：

$$\frac{[In^-]}{[HIn]} = \frac{K_{HIn}}{[H^+]} \qquad (4-1)$$

酸碱指示剂的颜色由 $[In^-]/[HIn]$ 比值决定。对于某种指示剂来说，在一定的实验条件下，K_{HIn} 是常数，因此溶液的颜色变化仅由溶液的 $[H^+]$ 决定。即在不同 pH 的溶液中，指示剂呈现不同的颜色。由于人眼分辨能力有限，一般只有当一种颜色的浓度是另一种颜色浓度的 10 倍或 10 倍以上时，人们才能观察到它“单独存在”的颜色。

当 $\frac{[In^-]}{[HIn]} \geqslant 10$ 时，观察到的是 In^- 的颜色，此时溶液 $pH \geqslant pK_{HIn}+1$。

当$\frac{[HIn]}{[In^-]}$≥10 时，观察到的是 HIn 的颜色，此时溶液 pH≤pK_{HIn} -1。

当$\frac{[In^-]}{[HIn]}$=1 时，溶液呈现指示剂的过渡颜色，此时 pH = pK_{HIn}，称为指示剂的理论变色点。

当［In^-］/［HIn］在 10 ~ 1/10 之间，即 pH 由 pK_{HIn} +1 变化到 pK_{HIn} -1 时，人眼才可以明显看到酸碱指示剂由碱式色变到酸式色的这一过程。因此，pH = pK_{HIn} ±1，称为指示剂的理论变色范围。

不同指示剂的 pK_{HIn}不同，其变色范围也各不相同。由于人眼对各种颜色的敏感程度不同，加上两种颜色互相影响，所以实际观察结果与理论变色范围常有不同。常见的酸碱指示剂变色范围见表 4 -1。

表 4 -1　常用酸碱指示剂 pK_{HIn}及变色范围

指示剂	变色范围 pH	颜色			pK_{HIn}	浓度
		酸色	过渡色	碱色		
百里酚蓝	1.2 ~ 2.8	红	橙	黄	1.65	0.1% 的 20% 乙醇溶液
甲基橙	3.1 ~ 4.4	红	橙	黄	3.45	0.05% 的水溶液
溴酚蓝	3.0 ~ 4.6	黄	蓝紫	紫	4.1	0.1% 的 20% 乙醇溶液或其钠盐的水溶液
甲基红	4.2 ~ 6.3	红	橙	黄	5.1	0.1% 的 60% 乙醇溶液或其钠盐的水溶液
溴百里酚蓝	6.2 ~ 7.6	黄	绿	蓝	7.3	0.1% 的 20% 乙醇溶液或其钠盐的水溶液
酚酞	8.0 ~ 10.0	无	粉红	红	9.1	0.5% 的 90% 乙醇溶液
百里酚酞	9.4 ~ 10.6	无	淡黄	蓝	10.0	0.1% 的 90% 乙醇溶液

二、影响指示剂变色范围的因素

在酸碱滴定化学计量点时，希望 pH 稍有改变，便引起指示剂灵敏变色，因此指示剂的变色范围越窄越好，以下几个因素影响指示剂的变色范围。

1. 温度　指示剂的解离常数 K_{HIn}会随着温度的改变而发生变化，因而指示剂的变色范围也随之改变。例如酚酞，18℃ 时变色范围 pH 为 8.0 ~ 10.0，而 100℃ 时，则为 8.0 ~ 9.2。

2. 指示剂的用量　指示剂本身是弱酸或弱碱，在滴定过程中会消耗一定量的滴定剂，因而指示剂的用量一定要适量。指示剂浓度过大将导致终点颜色变化不敏锐；指示剂用量太少，则颜色太浅，不易观察到颜色变化。

3. 电解质　溶液中电解质的存在和变化会影响溶液的离子强度，使指示剂的解离常数发生变化，从而影响指示剂的变色范围；某些电解质具有吸收不同波长光波的性质，也会因此改变指示剂的变色范围、指示剂颜色的深度和色调，所以在滴定过程中，不宜有大量盐类存在。

4. 溶剂　指示剂在不同溶剂中的 pK_{HIn}不同，指示剂变色范围就不同。例如，甲基橙在水溶液中的 pK_{HIn} =3.4，而在甲醇中 pK_{HIn} =3.8。

三、混合指示剂

有些酸碱滴定的 pH 突跃范围很窄，需要采用变色范围更窄、颜色变化明显的混合指示剂才能准确地确定终点。

混合指示剂可分为两类，一类是以不随 $[H^+]$ 变化而改变颜色的惰性染料作底色，与一种指示剂混合而成，利用颜色的互补作用提高变色的敏锐度。如 0.1% 甲基橙溶液与等体积 0.25% 酸性靛蓝溶液的混合指示剂，靛蓝中的蓝色在滴定过程中不变色，只作为甲基橙变色的背景，该混合指示剂随溶液 pH 改变颜色变化如下：

$pH \leqslant 3.1$ 呈紫色（红 + 蓝）；$pH = 4.1$ 呈灰色（橙 + 蓝）；$pH \geqslant 4.4$ 呈绿色（黄 + 蓝）。

此类混合指示剂能使颜色变化敏锐，但变色范围不变。

另一类混合指示剂，是用两种或两种以上指示剂混合而成，利用颜色互补作用使变色敏锐。如甲基红（$pK_{HIn} = 5.1$，红→黄）和溴甲酚绿（$pK_{HIn} = 4.9$，黄→蓝）组成的混合指示剂，当溶液 $pH < 4.9$ 时，显酒红色；当溶液 $pH > 5.1$ 时，显绿色；在 $pH = 5.$ 时，两种颜色互补，溶液显灰色。即溶液 pH 由 4.9 变为 5.1 时，溶液由酒红色变为绿色，颜色变化非常敏锐。

此类混合指示剂能使颜色变化敏锐，变色范围变窄。常用的混合指示剂见表 4-2。

表 4-2 常用混合指示剂

混合指示剂的组合	变色点 pH	变色情况		备注
		酸色	碱色	
一份 0.1% 甲基黄乙醇溶液 一份 0.1% 亚甲基蓝乙醇溶液	3.25	蓝紫	绿	pH 3.4 绿色 pH 3.2 蓝紫色
一份 0.1% 甲基橙水溶液 一份 0.25% 靛蓝二磺酸钠水溶液	4.1	紫	黄绿	pH 4.1 灰色
三份 0.1% 溴甲酚绿乙醇溶液 一份 0.2% 甲基红乙醇溶液	5.1	酒红	绿	颜色变化显著
一份 0.1% 溴甲酚绿钠盐水溶液 一份 0.1% 氯酚红钠盐水溶液	6.1	黄绿	蓝紫	pH 5.4 蓝绿色，pH 5.8 蓝色 pH 6.0 蓝带紫，pH 6.2 蓝紫
一份 0.1% 中性红乙醇溶液 一份 0.1% 亚甲基蓝乙醇溶液	7.0	蓝紫	绿	pH 7.0 紫蓝
一份 0.1% 甲酚红钠盐水溶液 三份 0.1% 百里酚蓝钠盐水溶液	8.3	黄	紫	pH 8.2 玫瑰色 pH 8.4 紫色
一份 0.1% 百里酚蓝 50% 乙醇溶液 三份 0.1% 酚酞 50% 乙醇溶液	9.0	黄	紫	从黄到绿再到紫
二份 0.1% 百里酚酞乙醇溶液 一份 0.1% 茜素黄乙醇溶液	10.2	黄	紫	

第二节 酸碱滴定曲线及指示剂的选择

酸碱滴定的关键是滴定终点的确定。酸碱滴定的终点误差一般控制在 ±0.1% 以内，为了减小滴定误差，必须了解滴定过程中溶液 pH 的变化，尤其是化学计量点前后 ±0.1% 以内溶液 pH 的变化情况，是选择指示剂的依据。在酸碱滴定过程中，以加入滴定剂的体积为横坐标，以溶液的 pH 为纵坐标而绘制的曲线称为酸碱滴定曲线，它能很好地描述滴定过程中溶液 pH 的变化情况。下面按照不同类型的酸碱滴定反应分别进行讨论。

一、强酸强碱的滴定

强酸、强碱在溶液中完全解离，是水溶液中反应程度最完全的酸碱滴定，滴定反应为：

$$H^+ + OH^- \rightleftharpoons H_2O$$

（一）滴定曲线

现以 0.1000mol/L NaOH 滴定 20.00mL 0.1000mol/L HCl 为例，讨论滴定过程中溶液 pH 的变化。整个滴定过程可分为四个阶段：

1. 滴定开始前　溶液组成为 HCl（0.1000mol/L，20.00mL），因 HCl 是强酸，在水溶液中全部解离，即溶液 pH 取决于 HCl 的浓度。

$$[H^+] = c_{HCl} = 0.1000\text{mol/L}, \quad pH = 1.00$$

2. 滴定开始至化学计量点前　随着 NaOH 溶液的加入，溶液中 H^+ 逐渐减少，溶液组成为 HCl + NaCl，溶液 pH 取决于剩余 HCl，即：

$$[H^+] = \frac{V_{HCl}c_{HCl} - V_{NaOH}c_{NaOH}}{V_{HCl} + V_{NaOH}}$$

例如，当滴入 NaOH 溶液 19.98mL 时，即化学计量点前 0.1% 时，溶液中只剩下 0.1% HCl 未被中和，此时：

$$[H^+] = \frac{20.00 \times 0.1000 - 19.98 \times 0.1000}{20.00 + 19.98} = 5.00 \times 10^{-5}\ (\text{mol/L})$$

$$pH = 4.30$$

3. 化学计量点时　溶液中 HCl 恰好被完全中和，溶液组成为 NaCl，溶液呈中性。

$$[H^+] = [OH^-] = 1.00 \times 10^{-7}\text{mol/L} \quad pH = 7.00$$

4. 化学计量点后　溶液组成为 NaCl + NaOH，溶液 pH 取决于过量 NaOH。

$$[OH^-] = \frac{V_{NaOH}c_{NaOH} - V_{HCl}c_{HCl}}{V_{HCl} + V_{NaOH}}$$

例如，当滴入 NaOH 溶液 20.02mL 时，即化学计量点后 0.1% 时，溶液中 NaOH 标准溶液过量 0.02mL，此时：

$$[OH^-] = \frac{20.02 \times 0.1000 - 20.00 \times 0.1000}{20.00 + 20.02} = 5.00 \times 10^{-5}\ (\text{mol/L})$$

$$pH = 9.70$$

如此逐一计算滴定过程中各点的 pH，将计算结果列于表 4-3。

表 4－3 1000mol/L NaOH 滴定 20.00mL HCl（0.1000mol/L）溶液的 pH 变化

加入 NaOH（mL）	HCl 被滴定%	剩余的 HCl %	过量 NaOH %	[H^+] mol/L	pH
0.00	0	100		1.00×10^{-1}	1.00
18.00	90.0	10		5.00×10^{-3}	2.30
19.80	99.0	1		5.00×10^{-4}	3.30
19.98	99.9	0.1		5.00×10^{-5}	4.30
20.00	100.0	0		1.00×10^{-7}	7.00
20.02	100.1		0.1	2.00×10^{-10}	9.70
20.20	101.0		1	2.00×10^{-11}	10.70

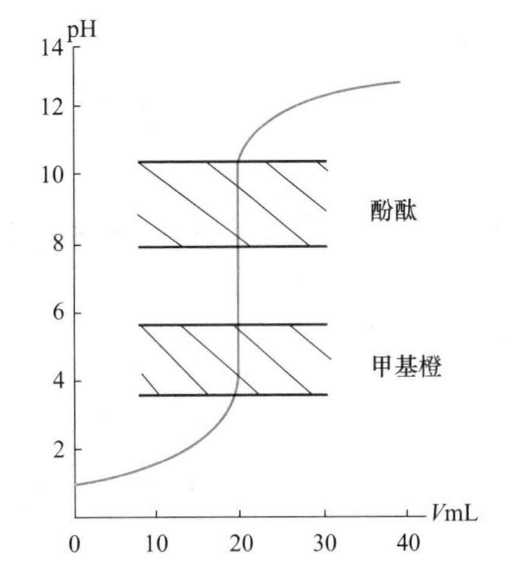

图 4－1 0.1000mol/L NaOH 溶液滴定 20.00mL 0.1000mol/L HCl 溶液的滴定曲线

若以滴加的 NaOH 溶液体积（mL）为横坐标，以 pH 为纵坐标绘制关系曲线，可得强碱滴定强酸的滴定曲线，如图 4－1 所示。

由表 4－3 及图 4－1 可以看出：

① 在滴定开始时，pH 变化较小，至加入 NaOH 标准溶液 19.98mL 时，溶液的 pH 仅改变了 3.30 个 pH 单位，曲线比较平坦。这是由于溶液中存在着较多的 HCl，酸度较大，因此 pH 变化缓慢。

② 随着滴定的不断进行，溶液中 HCl 不断减少，pH 的升高逐渐加快。当滴入 NaOH 从 19.98mL 至 20.02mL，即化学计量点前后 ±0.1% 范围内，pH 由 4.30 变为 9.70，改变了 5.40 个 pH 单位，溶液由酸性突变碱性。从图 4－1 可看出，在化学计量点前后 ±0.1%，滴定曲线上出现了一段垂直线，这称为滴定突跃，突跃所在的 pH 范围称为滴定突跃范围。

③ 化学计量点时 pH＝7.00。强酸强碱滴定的化学计量点溶液呈中性。

④ 滴定突跃后继续滴加 NaOH，pH 变化缓慢，曲线趋于平坦。

滴定突跃有重要的实际意义，它是选择指示剂的依据。理想的指示剂应恰好在化学计量点变色，但实际上这样的指示剂很难找到。因此凡是变色范围全部或部分落在滴定突跃范围内的指示剂，都可用来指示滴定的终点。如上例中，pH 突跃范围是 4.30～9.70，甲基橙、酚酞、甲基红等均可作为此滴定的指示剂。

（二）影响滴定突跃范围的因素

对于强酸强碱滴定，滴定突跃范围大小取决于酸、碱的浓度。溶液浓度越大，滴定突跃范围越大，可供选择的指示剂越多；浓度越小，滴定突跃范围越小。如图 4－2 所示，当 NaOH 和 HCl 的浓度都是 0.0100mol/L 时，滴定突跃范围为 5.30～8.70，此时就不能选择甲基橙作指示剂了。

当溶液浓度低于 10^{-4}mol/L 时，无明显的滴定突跃，无法选择适当的指示剂。如果溶液浓度太高，虽然滴定突跃大，但引起的滴定误差也较大。故在酸碱滴定中一般采用浓度为 0.01mol/L ~ 1mol/L 的溶液。

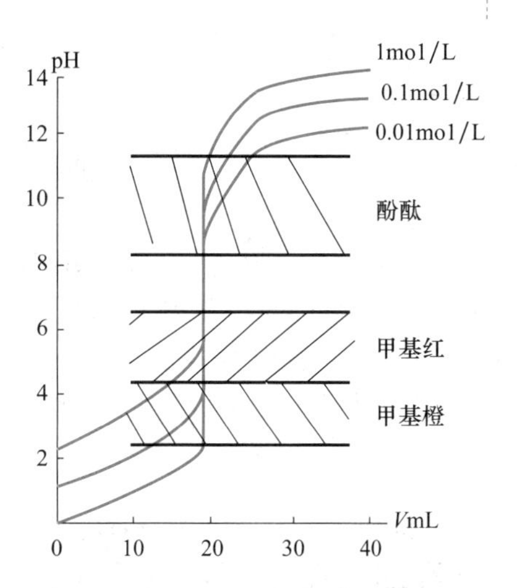

图 4-2 不同浓度 NaOH 溶液滴定不同浓度 HCl 溶液的滴定曲线

课堂互动

请讨论 0.1000mol/L HCl 滴定 20.00mL 0.1000mol/L NaOH 的滴定曲线。

二、一元弱酸（弱碱）的滴定

弱酸、弱碱的滴定反应为：

$$OH^- + HA \rightleftharpoons A^- + H_2O$$

$$H^+ + B \rightleftharpoons HB^+$$

酸（或碱）越强，反应越完全；酸（或碱）越弱，则滴定反应越不完全，到一定限度时，就无法被准确滴定了。

（一）滴定曲线

1. 强碱滴定弱酸 以 NaOH（0.1000mol/L）滴定 20.00mL HAc（0.1000mol/L）溶液为例，说明强碱滴定弱酸过程中溶液 pH 的变化情况，滴定反应为：

$$OH^- + HAc \rightleftharpoons Ac^- + H_2O$$

整个滴定过程可分为四个阶段：

（1）滴定开始前 溶液组成为 HAc，溶液的 $[H^+]$ 主要来自于 HAc 的解离。弱酸溶液中 $[H^+]$ 计算公式：

$$[H^+] = \sqrt{cK_a} \tag{4-2}$$

$$[H^+] = \sqrt{0.1 \times 1.76 \times 10^{-5}} = 1.33 \times 10^{-3}(mol/L)$$

$$pH = 2.88$$

（2）滴定开始至化学计量点前 随着 NaOH 的加入，溶液的组成为 HAc－NaAc 缓冲体系，pH 按缓冲溶液计算：

$$pH = pK_a + \lg\frac{c_{NaAc}}{c_{HAc}} \tag{4-3}$$

当加入 NaOH 溶液 19.98mL（化学计量点前 0.1%）时，生成 1.998mmoL NaAc，剩余 0.002mmoL HAc，此时溶液 pH = 7.76。

（3）化学计量点时 NaOH 与 HAc 全部反应，溶液组成为 NaAc。由于 Ac^- 为弱碱，因此溶液 pH 按一元弱碱溶液 pH 的最简式进行计算：

$$[OH^-] = \sqrt{cK_b} \qquad (4-4)$$

$$[OH^-] = \sqrt{cK_b} = \sqrt{c\frac{K_w}{K_a}} = \sqrt{0.05 \times 5.68 \times 10^{-10}} = 5.33 \times 10^{-6}(mol/L)$$

$$pH = 8.73$$

（4）化学计量点后　溶液组成为 NaAc + NaOH，由于 NaOH 过量，抑制了 Ac^- 的水解，应根据过量的 NaOH 计算溶液的 pH。

当加入 NaOH 溶液 20.02mL（化学计量点后 0.1%）时，此时 pH = 9.70。

如此逐一计算滴定过程中各点的 pH，将计算结果列于表 4 - 4。绘制滴定曲线如图 4 - 3。

表 4 - 4　用 NaOH（0.1000mol/L）滴定 20.00mL HAc（0.1000mol/L）溶液的 pH 变化

加入 NaOH（mL）	HAc 被滴定%	剩余 HAc %	过量 NaOH %	计算式	pH
0	0	100		$[H^+] = \sqrt{cK_a}$	2.88
10.00	50.0	50.0			4.75
18.00	90.0	100		$pH = pK_a + \lg\frac{c_{NaAc}}{c_{HAc}}$	5.71
19.80	99.0	1.0			6.75
19.98	99.9	0.1			7.76
20.00	100.0	0			8.73
20.02	100.1		0.02	$[OH^-] = \sqrt{cK_b}$	9.70
20.20	101.0		0.20		10.70

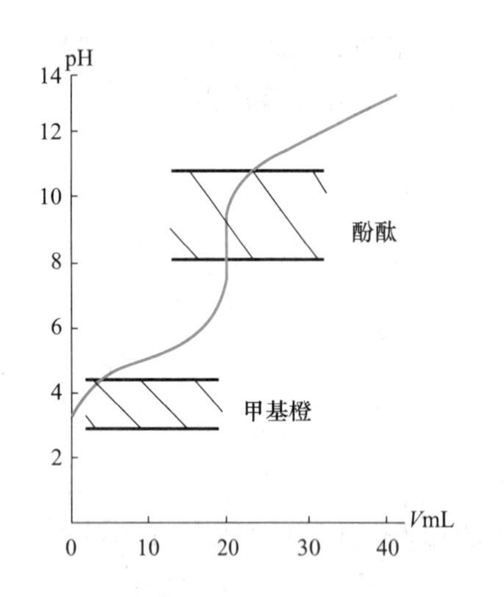

图 4 - 3　0.1000mol/L NaOH 溶液滴定 20.00mL 0.1000mol/L HAc 溶液的滴定曲线

比较图 4 - 1 和图 4 - 3，可以看出强碱滴定弱酸有如下特点：

① 滴定曲线起点 pH 高。因为 HAc 是弱酸，溶液中部分解离，因此 $[H^+]$ 低，pH 高。

② 滴定开始至化学计量点前的曲线变化复杂。化学计量点前，由于 NaAc 的不断生成，在溶液中形成了 HAc - NaAc 的缓冲体系，pH 增加较慢，曲线较为平坦。当接近化学计量点时，溶液中剩余的 HAc 已很少，溶液缓冲能力减弱，pH 增加变快。

③ 化学计量点时 pH = 8.73，溶液呈碱性。化学计量点时溶液组成为 NaAc，它是弱酸强碱盐，使溶液呈碱性。

④ 滴定突跃范围小。滴定突跃范 pH 为 7.76 ~ 9.70，比强碱强酸滴定突跃小很多。根据选择指示剂的原则，只能选用碱性区域内变色的指示剂，如酚酞或百里酚酞。

2. 强酸滴定弱碱　以 HCl（0.1000mol/L）滴定 20.00mL $NH_3 \cdot H_2O$（0.1000mol/L）为例，讨论强酸滴定一元弱碱溶液的 pH 变化。滴定反应：

$$HCl + NH_3 \rightleftharpoons NH_4^+ + Cl^-$$

该 pH 的变化与强碱滴定弱酸比较，仅 pH 的变化方向相反。由于滴定产物是 NH_4Cl，化学计量点与突跃范围都在酸性区域内（pH6.24～4.30），故应选用酸性区域变色的指示剂，如甲基橙、甲基红等。

课堂互动

请绘制强酸滴定一元弱碱的滴定曲线。

（二）影响滴定突跃范围的因素

一元弱酸（弱碱）的滴定突跃大小，取决于弱酸（碱）的强度和溶液的浓度两个因素。

1. 弱酸（碱）的强度　用0.1000mol/L 的 NaOH 滴定不同强度的0.1000mol/L 的一元酸，绘制滴定曲线如图 4－4 所示。当弱酸浓度一定时，K_a 越大，滴定突跃范围越大，反之越小。当 $K_a < 10^{-9}$ 时，即使弱酸浓度为 1mol/L，也无明显的突跃。

2. 溶液的浓度　当 K_a 一定时，弱酸浓度越大，突跃范围越大。

综上所述，用强碱滴定弱酸是有条件的，当弱酸的 $cK_a \geqslant 1.0 \times 10^{-8}$ 时，才能用强碱准确滴定弱酸。同理，用强酸滴定弱碱时，只有当弱碱的 $cK_b \geqslant 1.0 \times 10^{-8}$ 时，才能准确滴定。

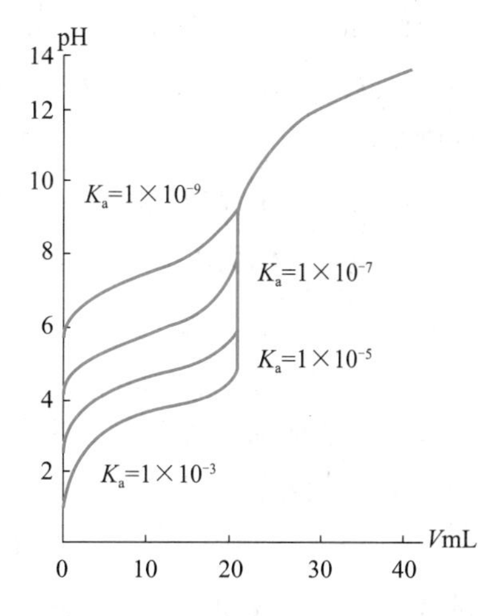

图 4－4　0.1000mol/L NaOH 溶液滴定不同强度一元弱酸的滴定曲线

三、多元酸碱的滴定

多元弱酸和多元弱碱的滴定，情况较为复杂。主要解决能否分步滴定的问题。

（一）多元酸的滴定

常见的多元酸多数是弱酸，在水溶液中是分步解离的。以二元弱酸为例进行说明。

1. 若 $cK_{a_1} \geqslant 10^{-8}$，$cK_{a_2} \geqslant 10^{-8}$，$K_{a_1}/K_{a_2} \geqslant 10^4$，则两级解离的 H^+ 均可被准确滴定，而且可以分步滴定，即可形成两个突跃。

2. 若 $cK_{a_1} \geqslant 10^{-8}$，$cK_{a_2} \geqslant 10^{-8}$，$K_{a_1}/K_{a_2} < 10^4$，则两级解离的 H^+ 均可被准确滴定，但不可以分步滴定。即第一级解离的 H^+ 还未滴定完全，第二级解离的 H^+ 已开始和碱作用。

3. 若 $cK_{a_1} \geqslant 10^{-8}$，$cK_{a_2} < 10^{-8}$，则只能准确滴定第一级解离的 H^+，形成一个突跃，次一级解离的 H^+ 不能准确滴定。

例如，用 NaOH（0.1000mol/L）滴定草酸（0.1000mol/L）。草酸的 $K_{a_1}=5.6\times10^{-2}$，$K_{a_2}=1.5\times10^{-4}$。因 $cK_{a_1}>10^{-8}$，$cK_{a_2}>10^{-8}$，$K_{a_1}/K_{a_2}<10^4$，因此第一级解离的 H^+ 还未滴定完全，第二级解离的 H^+ 已开始和碱作用，即 $H_2C_2O_4$ 能被一步滴定到 $C_2O_4^{2-}$，可选酚酞作指示剂。

（二）多元碱的滴定

多元弱碱的滴定与多元弱酸的滴定情况相似。以二元弱碱的滴定为例：

1. 若 $cK_{b_1}\geqslant10^{-8}$，$cK_{b_2}\geqslant10^{-8}$，$K_{b_1}/K_{b_2}\geqslant10^4$，则二元弱碱的两级解离可被准确、分步滴定。

2. 若 $cK_{b_1}\geqslant10^{-8}$，$cK_{b_2}\geqslant10^{-8}$，$K_{b_1}/K_{b_2}<10^4$，则二元弱碱的两级解离可被准确滴定，但不能分步滴定。

3. 若 $cK_{b_1}\geqslant10^{-8}$，$cK_{b_2}<10^{-8}$，则二元弱碱只有一级解离能被准确滴定，而第二级解离不能被准确滴定。

以 HCl 溶液滴定 Na_2CO_3 溶液为例。Na_2CO_3 为二元碱，$K_{b_1}=2.1\times10^{-4}$，$K_{b_2}=2.2\times10^{-8}$，$cK_{b_1}>10^{-8}$，$cK_{b_2}\approx10^{-8}$，$K_{b_1}/K_{b_2}\approx10^{-4}$，两步滴定反应有交叉，分步滴定的准确度不高。

第一步滴定反应：　　$H^+ + CO_3^{2-} \rightleftharpoons HCO_3^-$

计量点产物为 HCO_3^-，是两性物质，溶液［H^+］计算公式为：

$$[H^+]=\sqrt{K_{a_1}K_{a_2}} \qquad (4-5)$$

$$pH=8.34$$

可选用酚酞指示剂或混合指示剂。

第二步滴定反应：　　$H^+ + HCO_3^- \rightleftharpoons H_2CO_3$

$$[H^+]=\sqrt{cK_{a_1}},\quad pH=3.87$$

可选用甲基橙或溴甲酚绿＋甲基橙混合指示剂。

第三节　酸碱标准溶液的配制与标定

酸碱滴定法测定某种物质的含量，必须配制酸或碱的标准溶液。最常用的标准溶液是 HCl 和 NaOH，浓度一般在 0.01～1mol/L 之间，最常用的浓度是 0.1000mol/L。

一、碱标准溶液的配制与标定

碱标准溶液通常用 KOH、NaOH 配制。由于 KOH 价格贵，实际应用以 NaOH 为主。NaOH 易吸潮，也易吸收空气中的 CO_2，生成 Na_2CO_3，故用间接法配制。为配制不含 CO_3^{2-} 的碱标准溶液，常采用浓碱法，即先配成 NaOH 饱和溶液，在此溶液中 Na_2CO_3 溶解度很小，待沉淀后，取上清液稀释至所需浓度，然后用邻苯二甲酸氢钾、草酸等基准物质标定。

1. 邻苯二甲酸氢钾 邻苯二甲酸氢钾易获得纯品，不吸潮，摩尔质量大，易保存，因此是最常用的标定碱溶液的基准物质。邻苯二甲酸氢钾标定的反应式为：

$$KHC_8H_4O_4 + NaOH \rightleftharpoons KNaC_8H_4O_4 + H_2O$$

设邻苯二甲酸氢钾溶液起始浓度为0.1000mol/L，到达化学计量点时，体积增加一倍，此时pH应按下式计算：

$$[OH^-] = \sqrt{cK_b} = \sqrt{\frac{cK_w}{K_a}} = \sqrt{\frac{0.05 \times 10^{-14}}{3.9 \times 10^{-6}}} = 1.3 \times 10^{-5}(mol/L)$$

$$pOH = 4.88, \quad pH = 9.12$$

此时溶液呈碱性，可用酚酞作指示剂。

2. 草酸（$H_2C_2O_4 \cdot 2H_2O$） 草酸稳定，相对湿度在5%～95%时不会风化失水，可保存在密闭容器中备用。草酸虽然是二元酸，但由于两个酸解离常数K_{a_1}、K_{a_2}相差不大，因此用它来标定NaOH时只有一个突跃，其反应式为：

$$H_2C_2O_4 + 2NaOH \rightleftharpoons Na_2C_2O_4 + 2H_2O$$

化学计量点时，溶液的pH约为8.4，可用酚酞作指示剂。

二、酸标准溶液的配制与标定

用来配制酸滴定液的强酸有HCl和H_2SO_4。HCl酸性强，无氧化性，最为常用。但市售的浓盐酸中HCl含量不稳定，且常含有杂质，因此需用间接法配制标准溶液。用来标定HCl溶液的基准物质有无水碳酸钠、硼砂等。

1. 无水碳酸钠 无水碳酸钠易制得纯品，价格便宜，但有强烈的吸湿性，能吸收CO_2，使用前应在270℃～300℃干燥至恒重，置于干燥器中保存备用。用Na_2CO_3标定HCl溶液时，其滴定反应为：

$$Na_2CO_3 + 2HCl \rightleftharpoons 2NaCl + H_2CO_3$$

化学计量点pH值为3.89，可选甲基橙作指示剂，溶液由黄色变为橙色。

2. 硼砂（$Na_2B_4O_7 \cdot 10H_2O$） 硼砂易制得纯品，摩尔质量大，无吸湿性，比较稳定。但硼砂在干燥的空气中易风化失去部分结晶水，因此应保存在相对湿度为60%的密闭容器中。硼砂标定HCl的反应式为：

$$Na_2B_4O_7 + 2HCl + 5H_2O \rightleftharpoons 4H_3BO_3 + 2NaCl$$

$$c_{HCl} = \frac{2 \times m_{Na_2B_4O_7 \cdot 10H_2O}}{M_{Na_2B_4O_7 \cdot 10H_2O} V_{HCl}}$$

到达化学计量点时溶液pH=5.27，可选甲基红作指示剂。

第四节 应用与示例

酸碱滴定法是滴定分析中应用最广的方法，许多药品如阿司匹林、硼酸、药用NaOH的含量都可用此法测定。按滴定方式的不同，酸碱滴定法可分为直接滴定法和间接滴定法。

一、直接滴定法

凡能溶于水的酸性或碱性物质，若其 $cK_a \geq 10^{-8}$ 或 $cK_b \geq 10^{-8}$，可用酸碱滴定法直接测定。

（一）总酸度和总碱度的测定

总酸度是指溶液中能与强碱反应的所有酸性物质的浓度；总碱度是指溶液中能与强酸反应的所有碱性物质的浓度。总酸度的测定用 NaOH 标准溶液滴定待测溶液，以酚酞作指示剂，按下式计算溶液的总酸度：

$$\text{总酸度(mmol/L)} = \frac{c_{NaOH}V_{NaOH}}{V} \times 1000$$

式中：V_{NaOH} 为滴定中 NaOH 标准溶液消耗的体积，V 是待测溶液的体积。

总碱度的测定则是用 HCl 标准溶液滴定待测溶液，用甲基橙为指示剂。

例如，食醋总酸度的测定。食醋是混合酸，其主要成分是 HAc，此外还含有少量的其他有机弱酸，如乳酸，因此食醋中总酸度用 HAc 的含量来表示。用 NaOH 标准溶液滴定，在化学计量点时呈弱碱性，选用酚酞作指示剂。按下式计算食醋中总酸量：

$$\text{食醋总酸度(g/L)} = \frac{c_{NaOH}V_{NaOH}M_{HAc}}{V}$$

（二）药用氢氧化钠的测定

药用氢氧化钠易吸收空气中的 CO_2，形成 NaOH 与 Na_2CO_3 的混合物。NaOH 与 Na_2CO_3 含量的测定，可采用氯化钡法或双指示剂滴定法。

1. 双指示剂法 准确称取一定量试样，用蒸馏水溶解后，先以酚酞为指示剂，用 HCl 标准溶液滴定至粉红色消失，记录消耗 HCl 的体积 V_1mL，此时溶液中的 NaOH 全部被中和，溶液组成为 $NaCl + NaHCO_3$。再向溶液中加入甲基橙指示剂，继续滴定至显持续的橙红色，记录所用 HCl 标准溶液的体积为 V_2mL。此时，$NaHCO_3$ 被中和为 H_2CO_3，溶液组成为 $CO_2 + H_2O$。其滴定过程为：

$$\left\{\begin{matrix} NaOH \\ Na_2CO_3 \end{matrix}\right. \xrightarrow[\text{至酚酞无色}]{HCl,\ V_1} \left\{\begin{matrix} NaCl \\ NaHCO_3 \end{matrix}\right. \xrightarrow[\text{至甲基橙为橙色}]{HCl,\ V_2} \left\{\begin{matrix} NaCl \\ H_2O + CO_2 \end{matrix}\right.$$

因此，滴定 NaOH 所消耗盐酸溶液的体积为 $V_1 - V_2$，滴定 Na_2CO_3 所消耗盐酸溶液的体积为 $2V_2$。NaOH 与 Na_2CO_3 含量的计算如下：

$$\omega_{NaOH} = \frac{c_{HCl}(V_1 - V_2)M_{NaOH}}{m_S \times 1000} \times 100\%$$

$$\omega_{Na_2CO_3} = \frac{c_{HCl}V_2M_{Na_2CO_3}}{m_S \times 1000} \times 100\%$$

双指示剂法操作简便，但误差较大，若要提高准确度，可用氯化钡法。

2. 氯化钡法 准确称取一定量试样，溶解后稀释至一定体积，吸取相同两份。

第一份试液以甲基橙作指示剂，用 HCl 标准溶液滴定至橙色，所消耗 HCl 的体积记为 V_1mL，此时溶液中的 NaOH 与 Na_2CO_3 完全被中和，测得的是总碱。发生的反应为：

$$NaOH + HCl \rightleftharpoons NaCl + H_2O$$

$$Na_2CO_3 + 2HCl \rightleftharpoons 2NaCl + H_2CO_3$$

第二份试液中加入稍过量的 $BaCl_2$，全部碳酸盐转化成 $BaCO_3$ 沉淀。以酚酞作指示剂，用 HCl 标准溶液滴定至红色褪去，记录消耗的 HCl 的体积为 V_2mL，此时测得的是混合碱中的 NaOH。因此，滴定 Na_2CO_3 消耗 HCl 的体积为（$V_1 - V_2$）mL。按下式计算：

$$\omega_{NaOH} = \frac{c_{HCl}V_2M_{NaOH}}{m_S \times 1000} \times 100\%$$

$$\omega_{Na_2CO_3} = \frac{\frac{1}{2}c_{HCl}(V_1 - V_2)M_{Na_2CO_3}}{m_S \times 1000} \times 100\%$$

二、间接滴定法

有些物质的酸碱性很弱，其 $cK_a < 10^{-8}$ 或 $cK_b < 10^{-8}$ 不能用强碱、强酸直接滴定，可用间接滴定法。

（一）铵盐中氮的测定

某些有机化合物常常需要测定其氮的含量，首先将试样进行适当的处理，使试样中各种形式的氮都转换为氨态氮，然后进行测定。NH_4^+ 是弱酸，如 NH_4Cl、$(NH_4)_2SO_4$ 等不能直接用碱滴定。通常用下述三种方法进行测定。

1. 蒸馏法

① 加入过量 NaOH，加热煮沸将 NH_3 蒸出，反应为：$NH_4^+ + OH^- \rightleftharpoons NH_3 + H_2O$

② 加入 H_3BO_3 溶液吸收蒸出的 NH_3，反应为：$NH_3 + H_3BO_3 \rightleftharpoons NH_4^+ + H_2BO_3^-$

③ 以甲基红－溴甲酚绿为指示剂，用酸标准溶液滴定至无色透明为终点。滴定反应为：

$$H_2BO_3^- + H^+ \rightleftharpoons H_3BO_3$$

蒸馏法的优点是只需一种酸标准溶液。H_3BO_3 是极弱的酸，因此它的浓度和体积无须准确，但要确保过量。蒸馏法准确，但比较繁琐费时。

2. 甲醛法　铵盐与甲醛反应，生成相等物质的量的酸（六次甲基四铵离子和 H^+），其反应如下：

$$4NH_4^+ + 6HCHO \rightleftharpoons (CH_2)_6N_4H^+ + 3H^+ + 6H_2O$$

以酚酞为指示剂，用 NaOH 标准溶液滴定。甲醛中常含有游离酸，使用前应以甲基红为指示剂，用碱预先中和除去。

甲醛法准确度较差，但能够有效地避免酸性太弱不能用 NaOH 直接滴定的局限性，在生产上能够简单快速地测定氮的含量。

3. 凯氏定氮法 蛋白质、生物碱及其他有机样品中的氮常用凯氏定氮法测定。在催化剂的作用下，将样品用浓硫酸煮沸分解（称为消化），有机物中的氮转变为 NH_4^+，然后用上述蒸馏法测定氮的含量。

（二）硼酸的测定

硼酸（H_3BO_3）是极弱酸（$K_a = 5.8\times10^{-10}$），其 $cK_a<10^{-8}$，不能用 NaOH 标准溶液直接滴定。但硼酸可与多元醇如甘露醇、丙三醇、乙二醇等反应生成配位酸，增加酸的强度。如硼酸可与甘油发生如下反应：

$$2\begin{array}{c}CH_2OH\\|\\CHOH\\|\\CH_2OH\end{array} + H_3BO_3 \rightleftharpoons \left[\begin{array}{lcl}H_2C-O & & O-CH_2\\ \quad| & >B< & \quad|\\ HC-O & & O-CH\\ \quad| & & \quad|\\ H_2C-OH & & HO-CH_2\end{array}\right] + H^+ + 3H_2O$$

甘油　　　　　　　　甘油硼酸

甘油硼酸 $K_a = 8.4\times10^{-6}$，可用 NaOH 标准溶液直接滴定，以酚酞为指示剂，滴定至粉红色为终点。

第五节 非水溶液酸碱滴定法

非水滴定是指在有机溶剂或不含水的无机溶剂等非水溶剂中进行的滴定分析方法。酸碱滴定一般在水溶液中进行。但以水为介质进行滴定分析时，有一定局限性，比如一些弱酸 $cK_a<10^{-8}$ 或弱碱 $cK_b<10^{-8}$，在水中溶解度很小的物质，强度相近的多元酸、多元碱等在水溶液中都不能进行准确滴定。以非水溶剂为介质，不仅能增大有机化合物的溶解度，而且能改变物质的化学性质（例如酸碱性及其强度），使在水中不能进行完全的滴定反应能够顺利进行，并且非水滴定法同样具有准确、快速、不需要特殊设备等优点。

一、基本原理

（一）溶剂的分类

根据酸碱质子理论，非水滴定中的常用溶剂可分为以下几类：

1. 质子溶剂 质子溶剂是能给出质子或接受质子的溶剂。根据其酸碱性的大小，又可分为三类：

（1）酸性溶剂 给出质子能力较强的溶剂称为酸性溶剂，其酸性比水强。如甲酸、冰醋酸、丙酸等。酸性溶剂适于作滴定弱碱性物质的介质。

（2）碱性溶剂 接受质子能力较强的溶剂称为碱性溶剂，其碱性比水强。如乙二胺、乙醇胺等。碱性溶剂适于作滴定弱酸性物质的介质，可以增强有机弱酸的酸度。

（3）两性溶剂 既能给出质子也能接受质子的一类溶剂，其酸碱性与水相近。如甲醇、乙醇、异丙醇等均属于两性溶剂。两性溶剂常用于滴定不太弱的酸、碱。

2. 非质子性溶剂　非质子性溶剂指分子中无转移性质子的一类溶剂。可分为以下两类：

（1）惰性溶剂　这类溶剂既不接受质子，也不给出质子，自身无质子转移过程。当酸和碱在溶剂中起反应时，溶剂分子不参与反应，只起溶解、分散和稀释溶质的作用，即质子转移直接发生在被滴物和滴定剂之间，常用的有苯、氯仿、二氧六环等。惰性溶剂常与质子性溶剂混合使用，以改善样品溶解性能，增大滴定突跃。

（2）偶极亲质子性溶剂　这类溶剂分子中无质子，与水比较几乎无酸性，也无两性特征，但有较弱的接受质子倾向和程度不同的成氢键能力。酰胺类、酮类、腈类、二甲亚砜、吡啶等均属于此类溶剂。这类溶剂适用于作弱酸或某些混合物的滴定介质。

（二）溶剂的性质

1. 溶剂的离解性　除惰性溶剂外，常用的非水溶剂均有不同程度的解离，如甲醇、乙醇、冰醋酸、乙二胺等。溶剂 SH 有下列平衡存在：

$$SH \rightleftharpoons H^+ + S^- \qquad K_a^{SH} = \frac{[H^+][S^-]}{[SH]}$$

$$SH + H^+ \rightleftharpoons SH_2^+ \qquad K_b^{SH} = \frac{[SH_2^+]}{[SH][H^+]}$$

式中，K_a^{SH} 为溶剂的固有酸度常数，是溶剂给出质子能力的量度；K_b^{HS} 为溶剂的固有碱度常数，反映溶剂接受质子的能力。合并以上两式，即得溶剂自身质子转移反应（质子自递反应）：

$$SH + SH \rightleftharpoons SH_2^+ + S^-$$

$$K = \frac{[SH_2^+][S^-]}{[SH]^2} = K_a^{SH}K_b^{SH} \qquad (4-6)$$

$$K_s = [SH_2^+][S^-] = K_a^{SH}K_b^{SH}[SH]^2$$

K_s 称为溶剂的自身离解常数或离子积，K_s 在一定温度下为一常数。由上式可以看出，在质子自递反应中，一分子起酸的作用，另一分子起碱的作用。

溶剂 K_s 的大小对滴定突跃范围具有一定的影响。以水和乙醇两种溶剂进行比较。水溶液中 NaOH（0.1000mol/L）滴定 HCl（0.1000mol/L），滴定突跃范围为 pH4.3～9.7，$\Delta pH = 5.4$；若在乙醇溶液（$K_s = 1.0 \times 10^{-19}$）中，$C_2H_5ONa$（0.1000mol/L）滴定 HCl（0.1000mol/L），滴定突跃范围为 pH4.3～14.8，$\Delta pH = 10.5$。由此可见溶剂的 K_s 越小，滴定突跃范围越大，表明反应进行得更完全。因此，原来在水中不能滴定的酸碱，在乙醇中有可能被滴定。

2. 溶剂的酸碱性　物质表现出来的酸（或碱）的强度，不仅与该物质的本质有关，也与溶剂的酸碱性质有关。将酸 HA 溶于溶剂 SH 中，发生质子的转移反应为：

$$HA + SH \rightleftharpoons SH^{2+} + A^-$$

该反应的平衡常数即为溶质 HA 在溶剂 SH 中的表观解离常数：

$$K_{HA} = \frac{[SH_2^+][A^-]}{[SH][HA]} = \frac{[SH_2^+][A^-]}{[SH][HA]}\frac{[H^+]}{[H^+]} = K_a^{HA}K_b^{SH} \qquad (4-7)$$

由上式可以看出，HA 的表观酸强度取决于 HA 的固有酸度（K_a^{HA}）和溶剂 SH 的碱度（K_b^{SH}）。溶剂 SH 碱性越强，反应越完全，则 HA 的酸性越强。

同理，碱 B 溶于溶剂 SH 中，发生质子的转移反应为：

$$B + SH \rightleftharpoons BH^+ + S^-$$

该反应的平衡常数即为溶质 B 在溶剂 SH 中的表观离解常数：

$$K_B = \frac{[S^-][BH^+]}{[SH][B]} = K_b^B K_a^{SH}$$

碱 B 在溶剂 SH 中的表观碱强度决定于 B 的碱度和溶剂 SH 的酸度，即决定于碱接受质子的能力和溶剂给出质子的能力。溶剂 SH 酸性越强，B 的碱性越强。

因此弱酸溶于碱性溶剂中可以增强其酸性，弱碱溶于酸性溶剂中可以增强其碱性。

3. 均化效应和区分效应　常见无机酸的稀溶液在水中都是强酸，它们几乎全部离解，如 $HClO_4$、H_2SO_4、HCl 和 HNO_3。水的碱性相对较强，因此会发生如下的解离反应：

$$HClO_4 + H_2O \rightleftharpoons H_3O^+ + ClO_4^-$$

$$H_2SO_4 + H_2O \rightleftharpoons H_3O^+ + HSO_4^-$$

$$HCl + H_2O \rightleftharpoons H_3O^+ + Cl^-$$

$$HNO_3 + H_2O \rightleftharpoons H_3O^+ + NO_3^-$$

这四种酸在水中全部解离形成 H_3O^+，H_3O^+ 成了水溶液中能够存在的最强的酸的形式。这种将各种不同强度的酸均化到水合离子（H_3O^+）强度水平，结果使它们的酸强度水平都相等的效应称均化效应或拉平效应。具有均化效应的溶剂称均化性溶剂。溶剂合质子 SH_2^+（如 H_3O^+、NH_4^+ 等）是溶液中能够存在的最强酸，溶剂阴离子 S^-（如 OH^-、NH_2^-）是溶液中的最强碱。

如果上述四种酸在碱性比水弱的冰醋酸介质中，酸碱平衡反应为：

$$HClO_4 + HAc \rightleftharpoons H_2Ac^+ + ClO_4^-$$

$$H_2SO_4 + HAc \rightleftharpoons H_2Ac^+ + HSO_4^-$$

$$HCl + HAc \rightleftharpoons H_2Ac^+ + Cl^-$$

$$HNO_3 + HAc \rightleftharpoons H_2Ac^+ + NO_3^-$$

HAc 的酸性比 H_2O 强，即接受质子的能力比水弱，这四种酸就不能将质子全部转移给 HAc 了，酸性就有了差别。这种能区分酸碱强弱的效应称区分效应，能区分酸碱强弱的溶剂称区分性溶剂。HAc 就是上述四种酸的区分性溶剂。

均化效应和区分效应是相对的，同一种溶剂，对于某一些物质是均化性溶剂，而对另一些物质，则可能是区分性溶剂。一般来说，酸性溶剂是溶质酸的区分性溶剂，是溶质碱的均化性溶剂；碱性溶剂是溶质碱的区分性溶剂，是溶质酸的均化性溶剂。惰性溶剂本身不参与质子转移，无明显的酸碱性，无均化效应，可以保持溶质的酸碱性，所以具区分效应。

（三）对溶剂的要求

在非水酸碱滴定中，溶剂的选择十分重要。一般应考虑以下要求：

1. 所选溶剂应有利于滴定反应完全，终点明显而不引起副反应。

2. 应对样品及滴定产物具有良好的溶解能力；纯度应较高，若存在于溶剂中的水分能严重干扰滴定终点，应采用精制或加入能和水作用的试剂除去。

3. 应能增强被测酸碱的酸碱度。

二、非水溶液酸碱滴定的类型及应用

非水溶液酸碱滴定的类型通常分为两类，即碱的滴定和酸的滴定。

（一）碱的滴定

1. 溶剂　在水溶液中 $cK_b < 10^{-8}$ 的弱碱，不能用酸直接滴定，可用非水滴定法。选用酸性溶剂，以增强弱碱的强度，使滴定突跃明显。冰醋酸是最常用的酸性溶剂。

2. 标准溶液　滴定碱的标准溶液常采用高氯酸的冰醋酸溶液。这是因为在冰醋酸中，高氯酸的酸性最强，且有机碱的高氯酸盐易溶于有机溶剂。市售的高氯酸含水，水的存在会影响滴定突跃，因此需加入乙酸酐除去水分。常以邻苯二甲酸氢钾为基准物质，结晶紫为指示剂标定高氯酸标准溶液，滴定反应为：

$$C_6H_4(COOH)(COOK) + HClO_4 \longrightarrow C_6H_4(COOH)_2 + KClO_4$$

3. 应用　具有碱性基团的化合物，如胺类、氨基酸、弱酸盐及有机碱的盐等，都可用高氯酸标准溶液滴定。《中国药典》中应用高氯酸冰醋酸非水滴定法测定的有机化合物有有机碱（如胺类、生物碱等）、有机酸的碱金属盐（如邻苯二甲酸氢钾、水杨酸钠等）、有机碱的氢卤酸盐（如盐酸麻黄碱等）及有机碱的有机酸盐（如重酒石酸去甲肾上腺素等）等。

应用示例

重酒石酸去甲肾上腺素的测定

取试样约 0.2g，精密称定，加冰醋酸 10mL，振摇溶解后（必要时微温），加结晶紫指示液 1 滴，用高氯酸滴定液（0.1mol/L）滴定至溶液显蓝绿色，并将滴定的结果用空白试验校正。每 1mL 高氯酸滴定液（0.1mol/L）相当于 31.93mg 的 $C_8H_{11}NO_3 \cdot C_4H_4O_6$。

（二）酸的滴定

1. 溶剂　在水中 $cK_a < 10^{-8}$ 的弱酸，不能用碱标准溶液直接滴定。若用碱性比水强的溶剂，可增强弱酸的酸性，使滴定突跃明显。滴定不太弱的羧酸时，可用醇类作溶剂，如甲醇、乙醇等；对弱酸和极弱酸的滴定则以乙二胺或二甲基甲酰胺等碱性溶剂为均化性试剂增强酸性。

2. 标准溶液　常以甲醇钠的苯-甲醇溶液为滴定剂，以百里酚蓝、偶氮紫、溴酚蓝为指示剂指示滴定终点。由甲醇与金属钠反应得甲醇钠，反应式为：

$$2CH_3OH + 2Na \rightleftharpoons 2CH_3ONa + H_2$$

标定碱标准溶液常用的基准物质为苯甲酸。以标定甲醇钠溶液为例，其反应式为：

$$C_6H_5COOH + CH_3ONa \rightleftharpoons C_6H_5COO^- + Na^+ + CH_3OH$$

3. 应用　羧酸类、酚类、巴比妥类、氨基酸类、磺酰胺类等药物都可用非水滴定中酸的滴定。

应用示例

司可巴比妥的含量测定

精密称取试样约0.45g，加二甲基甲酰胺60mL使溶解，加麝香草酚蓝指示剂4滴，在隔绝二氧化碳的条件下，以电磁搅拌，用甲醇钠滴定液（0.1mol/L）滴定至溶液显绿色，并将滴定的结果用空白试验校正。每1mL甲醇钠滴定液（0.1mol/L）相当于23.83mg的$C_{12}H_{18}N_2O_3$。

【完成项目任务】　采用滴定法测定乙酰水杨酸的含量

乙酰水杨酸分子中的羧基显酸性，可以采用酸碱滴定法测定其含量。以酚酞作指示剂，用NaOH标准溶液直接滴定。其滴定反应为：

$$C_6H_4(COOH)(OCOCH_3) + NaOH \rightleftharpoons C_6H_4(COONa)(OCOCH_3) + H_2O$$

乙酰水杨酸含有酯结构，为了防止其水解而使结果偏高，滴定应在中性乙醇溶液中进行，并注意滴定时的温度不宜太高，在振摇下快速滴定。

1. 配制NaOH标准溶液　配制0.1 mol/L NaOH溶液，用邻苯二甲酸氢钾标定。

2. 滴定样品　精密称取试样0.4g，加中性乙醇溶液20mL，溶解后，加酚酞指示剂3滴，用NaOH标准溶液滴定至粉红色，根据消耗NaOH的体积计算乙酰水杨酸的含量。

项目设计

请设计“混合酸（盐酸和磷酸）的含量测定”方案

本章小结

1. 酸碱滴定法是以酸碱反应为基础的滴定分析方法，是“四大滴定”之一。

酸碱滴定通常需要借助指示剂的颜色变化来指示滴定终点。指示剂自身结构随pH

变化而改变，从而引起溶液颜色的改变。$pH = pK_{HIn} \pm 1$ 为指示剂的理论变色范围。

2. 在酸碱滴定过程中，以滴定剂的体积为横坐标，以溶液的 pH 为纵坐标绘制酸碱滴定曲线，它能很好地描述滴定过程中 pH 的变化情况。在化学计量点前后 0.1%，溶液 pH 的变化称为滴定突跃。凡是变色范围全部或部分落在滴定突跃范围内的指示剂，都可用来指示滴定的终点。

3. 酸碱滴定中，最常用的标准溶液是 HCl 和 NaOH。标定 NaOH 的基准物质有邻苯二甲酸氢钾（$KHC_8H_4O_4$）、草酸（$H_2C_2O_4 \cdot 2H_2O$）等。用来标定 HCl 溶液的基准物质有无水碳酸钠（Na_2CO_3）、硼砂（$Na_2B_4O_7 \cdot 10H_2O$）等。

4. 非水滴定是指在有机溶剂或不含水的无机溶剂等非水溶剂中进行的滴定分析方法，具有准确、快速、不需要特殊设备等优点。在非水溶液中碱的滴定，最常用冰醋酸作为溶剂，标准溶液常采用高氯酸的冰醋酸溶液；酸的滴定，常用碱性比水强的溶剂，以甲醇钠的苯－甲醇溶液为滴定剂。

能力检测

一、选择题

1. 在酸碱滴定中，选择指示剂不必考虑的因素是（　　）

A. pH 突跃范围　　B. 指示剂的变色范围

C. 指示剂的颜色变化　　D. 指示剂的分子结构

2. 某酸碱指示剂的 $K_{HIn} = 1 \times 10^{-5}$，则从理论上推算，其 pH 变色范围是（　　）

A. 4～5　　B. 4～6　　C. 5～7　　D. 5～6

3. 下列弱酸或弱碱能用酸碱滴定法直接准确滴定的是（　　）

A. 0.1mol/L 苯酚　$K_a = 1.1 \times 10^{-10}$　　B. 0.1mol/L H_3BO_3　$K_a = 7.3 \times 10^{-10}$

C. 0.1mol/L 羟胺　$K_b = 1.07 \times 10^{-8}$　　D. 0.1mol/L HF　$K_a = 3.5 \times 10^{-4}$

4. 用 0.1mol/L HCl 溶液滴定同浓度的 NaOH 溶液，滴定的突跃范围是（　　）

A. 6.30～10.70　　B. 10.70～6.30　　C. 5.30～8.70　　D. 9.70～4.30

5. 标定 HCl 和 NaOH 溶液常用的基准物质是（　　）

A. 硼砂和 EDTA　　B. 草酸和 $K_2Cr_2O_7$

C. $CaCO_3$ 和草酸　　D. 硼砂和邻苯二甲酸氢钾

6. 某碱样以酚酞作指示剂，用标准 HCl 溶液滴定到终点时耗去 V_1mL，继以甲基橙作指示剂又耗去 HCl 溶液 V_2mL，若 $V_2 < V_1$，则该碱样溶液是（　　）

A. Na_2CO_3　　B. NaOH　　C. $NaHCO_3$　　D. $NaOH + Na_2CO_3$

7. NaOH 滴定 H_3PO_4，以酚酞为指示剂，终点时生成物为（　　）（H_3PO_4：$K_{a_1} = 6.9 \times 10^{-3}$　$K_{a_2} = 6.2 \times 10^{-8}$　$K_{a_3} = 4.8 \times 10^{-13}$）

A. NaH_2PO_4　　B. Na_3PO_4

C. Na_2HPO_4　　D. $NaH_2PO_4 + Na_2HPO_4$

8. 为区分 HCl、$HClO_4$、H_2SO_4、HNO_3 四种酸的强度大小，可采用的溶剂是（ ）

A. 水　B. 冰醋酸　C. 液氨　D. 乙二胺

9. 可以将醋酸、苯甲酸、盐酸和高氯酸的强度均化到同一强度的均化性溶剂是（ ）

A. 纯水　B. 浓硫酸　C. 液氨　D. 甲基异丁酮

10. 在滴定分析中一般利用指示剂颜色的突变来判断化学计量点的到达，当指示剂颜色突变时停止滴定，这一点称为（ ）

A. 化学计量点　B. 滴定终点　C. 理论变色点　D. 以上说法都可

11. 用0.1 mol/L 的 HCl 滴定0.1 mol/L NaOH 的 pH 突跃范围为9.7～4.3，用0.01 mol/L 的 HCl 滴定0.01 mol/L NaOH 的 pH 突跃范围是（ ）

A. 8.7～4.3　B. 5.3～8.7　C. 4.3～8.7　D. 8.7～5.3

12. NaOH 溶液从空气中吸收了 CO_2，现以酚酞为指示剂，用 HCl 标准溶液滴定时，NaOH 的含量分析结果将（ ）

A. 无影响　B. 偏高　C. 偏低　D. 不能确定

13. 用0.1mol/L NaOH 滴定0.1mol/L 的甲酸（$pK_a = 3.74$），适用的指示剂为（ ）

A. 甲基橙（3.46）　B. 百里酚兰（1.65）

C. 甲基红（5.00）　D. 酚酞（9.1）

14. 关于酸碱指示剂，下列说法错误的是（ ）

A. 指示剂本身是有机弱酸或弱碱

B. 指示剂的变色范围越窄越好

C. 指示剂的变色范围必须全部落在滴定突跃范围之内

D. HIn 与 In 颜色差异越大越好

15. 用0.1000mol/L HCl 标准溶液滴定 NaOH 溶液，合适的指示剂是（ ）

A. 酚酞　B. 铬黑 T　C. 淀粉　D. 钙指示剂

16. 测定 $(NH_4)_2SO_4$ 中的氮时，不能用 NaOH 直接滴定，这是因为（ ）

A. NH_3 的 K_b 太小　B. $(NH_4)_2SO_4$ 不是酸

C. $(NH_4)_2SO_4$ 中含游离 H_2SO_4　D. NH_4^+ 的 K_a 太小

17. 用同一盐酸溶液分别滴定体积相等的 NaOH 溶液和 $NH_3 \cdot H_2O$ 溶液，消耗盐酸溶液的体积相等。说明两溶液（NaOH 和 $NH_3 \cdot H_2O$）中的（ ）

A. $[OH^-]$ 相等

B. NaOH 和 $NH_3 \cdot H_2O$ 的浓度（mol/L）相等

C. 两物质的 pK_b 相等

D. 两物质的电离度相等

18. 下列物质中，可以用直接法配制标准溶液的是（ ）

A. 固体 NaOH　B. 浓 HCl　C. 固体 Na_2CO_3　D. 固体 $Na_2S_2O_3$

19. 酸碱滴定中选择指示剂的原则是（ ）

A. 指示剂变色范围与化学计量点完全符合

B. 指示剂应在 pH = 7.00 时变色

C. 指示剂的变色范围应全部或部分落入滴定 pH 突跃范围之内

D. 指示剂变色范围应全部落在滴定 pH 突跃范围之内

20. 多元酸能够准确分步滴定的条件是（　　）

A. $K_{a_1} > 10^{-5}$

B. $K_{a_1}/K_{a_1} \geq 10^4$

C. $cK_{a_1} \geq 10^{-8}$

D. $cK_{a_1} \geq 10^{-8}$　$cK_{a_2} \geq 10^{-8}$　$K_{a_1}/K_{a_2} \geq 10^4$

二、填空题

1. 用强碱滴定一元弱酸时，使弱酸能被准确滴定的条件是________。

2. 酸碱指示剂（HIn）的理论变色范围是 pH = ________，选择酸碱指示剂的原则是________。

3. 标定盐酸溶液常用的基准物质有________和________，滴定时应选用在________性范围内变色的指示剂。

4. 酸碱滴定曲线描述了滴定过程中溶液 pH 变化的规律。滴定突跃的大小与________和________有关。

5. 某二元弱酸的 $K_{a_1} = 2.5 \times 10^{-2}$，$K_{a_2} = 3.6 \times 10^{-5}$。用标准碱溶液滴定时出现________个滴定突跃，其原因是________。

6. 用 0.1mol/L HCl 滴定 0.1mol/L NaA（HA 的 $K_a = 2.0 \times 10^{-11}$），化学计量点的 pH = ________，应选用________作指示剂。

7. NaOH 滴定 HCl 时，浓度增大 10 倍，则滴定曲线突跃范围增大________个 pH 单位。

8. 硼酸是________元弱酸；因其酸性太弱，在定量分析中将其与________反应，可使硼酸的酸性大为增强，此时溶液可用强酸以酚酞为指示剂进行滴定。

9. 在非水酸碱滴定中，滴定碱的标准溶液常用________的冰醋酸溶液，其中少量的水分应加入________除去。

10. 某酸碱指示剂 HIn 的变色范围为 5.8 ~ 7.8，其 pK_a = ________。

三、判断题

1. 水是硝酸和硫酸的均化性溶剂，也是醋酸和盐酸的均化性溶剂。

2. 酚酞和甲基橙都可以用于强碱滴定弱酸的指示剂。

3. H_2SO_4 是二元酸，因此用 NaOH 滴定有两个突跃。

4. 强碱滴定弱酸达到化学计量点时 pH > 7。

5. $H_2C_2O_4$ 的两步离解常数为 $K_{a_1} = 5.6 \times 10^{-2}$，$K_{a_2} = 5.1 \times 10^{-5}$，因此不能分步滴定。

四、计算题

1. 某弱酸的 $pK_a=9.21$，现有其共轭碱 NaA 溶液 20.00mL，浓度为 0.1000mol/L。用 0.1000mol/L HCl 溶液滴定时，化学计量点的 pH 为多少？滴定突跃为多少？可以选用何种指示剂指示终点？

2. 称取 $CaCO_3$ 试样 0.2501g，用 25.00mL 盐酸标准溶液（0.2600 mol/L）完全溶解，回滴过量酸用去 NaOH 标准溶液（0.2450 mol/L）16.50mL，求试样中 $CaCO_3$ 的百分含量。（$CaCO_3$ 的摩尔质量为 100.1）

3. 称取 1.250g 纯一元弱酸 HA，溶于适量水后稀释至 50.00mL，然后用 0.1000mol/L NaOH 溶液进行滴定，从滴定曲线查出滴定至化学计量点时，NaOH 溶液用量为 37.10mL。当滴入 7.42mL NaOH 溶液时，测得 pH = 4.30。计算：①一元弱酸 HA 的摩尔质量；②HA 的解离常数 K_a。

4. 有一含 NaOH 和 Na_2CO_3 的混合物，现称取 0.5895g 溶于水，用 0.3000mol/L HCl 滴定至酚酞变色时，用去 HCl 24.08mL，加甲基橙后继续用 HCl 滴定，又消耗 HCl 标准溶液 12.02mL，试计算样品中 NaOH 和 Na_2CO_3 的含量。

5. 用邻苯二甲酸氢钾基准物质 0.4563g，标定 NaOH 溶液时，消耗 NaOH 溶液 22.50mL，计算 NaOH 溶液的浓度。

6. 用 0.1000mol/L NaOH 溶液滴定 0.1000mol/L HA 溶液（$K_a=10^{-6}$），计算化学计量点时的 pH。

实训三　食醋总酸度的测定

一、实验目的

1. 掌握 NaOH 标准溶液的配制和标定方法。
2. 掌握食醋中总酸度的测定原理和方法。
3. 熟悉选择指示剂的方法。

二、实验原理

1. NaOH 标准溶液的标定　NaOH 易吸收水分及空气中的 CO_2，使得溶液中含有 Na_2CO_3，因此只能用间接法配制标准溶液，然后用基准物质标定。

邻苯二甲酸氢钾是最常用作标定碱溶液的基准物质，选用酚酞作指示剂。滴定反应为：

$$KHC_8H_4O_4 + NaOH \rightleftharpoons KNaC_8H_4O_4 + H_2O$$

2. 食醋总酸度的测定　食醋中的主要成分是醋酸，醋酸的解离常数 $K_a=1.8\times10^{-5}$。用 NaOH 标准溶液滴定，反应产物为 NaAc，测得的是总酸。滴定反应为：

$$HAc + OH^- \rightleftharpoons Ac^- + H_2O$$

计量点时，溶液 pH =8.7，其 pH 突跃范围为 7.7 ~9.7，所以选择酚酞作指示剂，终点由无色至粉红色。

三、仪器与试剂

1. 仪器 碱式滴定管（25mL），移液管（25mL，5mL），锥形瓶（250mL），量筒（100mL），容量瓶（100mL），分析天平。

2. 试剂 NaOH 饱和溶液，食醋，酚酞指示剂（0.2%乙醇溶液），邻苯二甲酸氢钾。

四、操作步骤

1. 0.1mol/L NaOH 溶液的配制和标定

（1）0.1mol/L NaOH 溶液的配制 量取饱和 NaOH 溶液 5.6mL 于烧杯中，加新煮沸放冷的蒸馏水稀释至 1000mL，储存于具橡皮塞的试剂瓶中，贴上标签。

（2）0.1mol/L NaOH 溶液的标定 精密称取在 105℃ ~110℃ 干燥至恒重的基准物邻苯二甲酸氢钾约 0.45g，置于 250mL 锥形瓶中，加新煮沸放冷的蒸馏水 50mL，小心振摇使之完全溶解，加酚酞指示剂两滴，用 NaOH 溶液（0.1mol/L）滴定至溶液呈粉红色，且 30 秒不褪色为终点。记录所消耗的体积，按下式计算：

$$c_{NaOH} = \frac{1000 \times m_{KHC_8H_4O_4}}{V_{NaOH} M_{KHC_8H_4O_4}}$$

平行操作 3 次，求出浓度的平均值。

2. 食醋总酸度的测定 准确移取 5.00mL 食醋试样于 250mL 容量瓶中，加蒸馏水稀释至刻度，摇匀。用移液管吸取上述试液 25.00mL 于锥形瓶中，加 1 ~2 滴酚酞指示剂，摇匀，用已标定的 NaOH 标准溶液滴定至溶液呈粉红色，30 秒内不褪色，即为终点。平行测定三份，同时做试剂空白，计算食醋中醋酸含量。

五、数据处理

将食醋总酸度的测定的相关数据填入表中，并按下式计算：

$$\rho_{HAc} = \frac{c_{NaOH} V_{NaOH} M_{HAc}}{25.00} \times \frac{250.0}{V_{样品}}$$

实训表 3 -1 食醋总酸度的测定

样品号	1	2	3
c_{NaOH}（mol/L）			
NaOH 标准溶液初读数（mL）			
NaOH 标准溶液终读数（mL）			
V_{NaOH}（mL）			
ρ_{HAc}			
ρ_{HAc} 平均值（g/L）			
相对平均偏差（%）			

六、检测题

1. 测定醋酸是否可以用甲基橙作指示剂？说明理由。
2. 为什么不能用含二氧化碳的蒸馏水？如果含有二氧化碳，结果会怎样？

实训四　药用 NaOH 的含量测定（双指示剂法）

一、实验目的

1. 掌握双指示剂法测定混合碱含量的原理、方法及计算。
2. 进一步巩固滴定分析法中各种仪器的使用及实验操作方法。

二、实验原理

双指示剂法是用盐酸标准溶液滴定混合碱时，有两个差别较大的化学计量点，利用两种指示剂在不同的化学计量点的颜色变化，分别指示两个滴定终点的测定方法。

NaOH 易吸收空气中的 CO_2 使一部分 NaOH 变成 Na_2CO_3，即形成 NaOH 和 Na_2CO_3 的混合物。用双指示剂法测定 NaOH 和 Na_2CO_3 的含量时，先以酚酞为指示剂，用 HCl 标准溶液滴定至溶液由红色刚好变为无色，这是第一计量点，记录消耗体积为 V_1。此时溶液中 NaOH 完全被中和，Na_2CO_3 被滴定为 $NaHCO_3$，反应式为：

$$NaOH + HCl \rightleftharpoons NaCl + H_2O$$

$$Na_2CO_3 + HCl \rightleftharpoons NaCl + NaHCO_3$$

在此溶液中再加入甲基橙指示剂，继续用 HCl 标准溶液滴定至溶液由黄色变为橙色，为第二计量点，记录消耗体积为 V_2。此时溶液中的 $NaHCO_3$ 完全被中和。反应式为：

$$NaHCO_3 + HCl \rightleftharpoons NaCl + H_2O + CO_2$$

NaOH 消耗的 HCl 体积为 $V_1 - V_2$，Na_2CO_3 消耗的 HCl 体积为 $2V_2$。

三、仪器与试剂

1. 仪器　酸式滴定管（25mL），锥形瓶（250mL），移液管（25mL），量筒（50mL），烧杯（50mL），容量瓶（100mL），分析天平。

2. 试剂　药用 NaOH 试样，HCl 标准溶液（0.1mol/L），酚酞指示剂（0.2% 乙醇溶液），0.1% 甲基橙指示剂。

四、操作步骤

1. 迅速地精密称取药用 NaOH 试样约 0.35g 于 50mL 小烧杯中，加少量蒸馏水溶解后，定量转移至 100mL 容量瓶中，加水稀释至刻度，摇匀。

2. 精密移取 25.00mL 上述样品溶液于 250mL 锥形瓶中，加 25mL 蒸馏水及 2 滴酚酞指示剂，以 HCl 标准溶液（0.1mol/L）滴至溶液恰好由红色变为无色，记下所消耗体积

(V_1)。再加入2滴甲基橙指示剂，继续用HCl标准溶液（0.1mol/L）滴定，至溶液由黄色变为橙色，即为第二滴定终点，记下所用HCl标准溶液体积(V_2)。平行测定3次。

3. 根据V_1、V_2计算各组分含量。

五、数据处理

将药用NaOH含量测定的相关数据计入实训表4－1中，并按下式计算：

$$\omega_{NaOH} = \frac{c_{HCl} \times (V_1 - V_2) \times M_{NaOH}}{m_s \times \frac{25}{100} \times 1000} \times 100\%$$

$$\omega_{Na_2CO_3} = \frac{c_{HCl} \times 2V_2 \times M_{Na_2CO_3}}{m_s \times \frac{25}{100} \times 2000} \times 100\%$$

实训表4－1　药用NaOH的含量测定

样品号		1	2	3
$m_{样品}$（g）				
酚酞指示剂	HCl标准溶液初读数（mL）			
	HCl标准溶液终读数（mL）			
	V_1（mL）			
	ω_{NaOH}			
	ω_{NaOH}平均值			
	相对平均偏差（%）			
甲基橙指示剂	HCl标准溶液初读数（mL）			
	HCl标准溶液终读数（mL）			
	V_2（mL）			
	$\omega_{Na_2CO_3}$			
	$\omega_{Na_2CO_3}$平均值			
	相对平均偏差（%）			

六、检测题

1. 用HCl标准溶液滴定至酚酞变色时，如超过终点是否可用碱标准溶液回滴？试说明原因。

2. 什么是“双指示剂法”？

第五章　配位滴定法

【项目任务】　检测中药饮片白术中添加的工业硫酸镁的含量

目前，中药材市场上出现了被添加“加重粉”（工业硫酸镁）的中药材及饮片。一些中药商贩以获取较高的利润为目的，在中药材和饮片中添加工业硫酸镁用以增加药材的重量，对用药者造成不良影响。能否采用简便、快速方法检测中药饮片中添加的工业硫酸镁的含量？可采用本章介绍的配位滴定法检测。

配位化合物是金属离子与配位体以配位键结合而成的结构复杂的一类化合物，金属离子与配位剂生成配位化合物的反应称为配位反应。配位滴定法是以配位反应为基础的滴定分析方法。配位滴定法广泛地应用于医药工业、化学工业、地质、冶金等各个领域。

第一节　配位滴定法概述

一、EDTA 的结构与性质

在配位滴定法中，要选择适当的配位剂作为标准溶液滴定金属离子，能够用于滴定分析的配位反应必须符合以下条件：

① 反应必须完全，即生成的配合物应具备足够的稳定性。

② 反应按一定的化学计量关系定量进行，不存在副反应或者多级配位现象。

③ 配位反应要快速，反应生成的配合物必须是可溶的。

④ 要有适当的方法指示滴定终点。

乙二胺四乙酸（又称为 EDTA）与金属离子的反应能够符合上述要求。因此，被广泛应用于配位滴定分析中。

（一）乙二胺四乙酸的性质

乙二胺四乙酸是一种白色粉末状结晶，微溶于水，22℃时在水中溶解度约为 0.02 g/100mL。难溶于酸和有机溶剂，易溶于碱及氨水中。从结构上看它是四元酸，常用 H_4Y 式表示。在水溶液中两个羧基上的氢结合到氮原子上，形成双偶极离子。

$$
\begin{array}{ccc}
{}^{-}OOCCH_2 & & CH_2COOH \\
\quad\diagdown H^+ & & H^+\diagup \\
& NCH_2—CH_2N & \\
\quad\diagup & & \diagdown \\
HOOCCH_2 & & CH_2COO^-
\end{array}
$$

由于 H_4Y 在水中的溶解度较小，不适合配制标准溶液，所以在配位滴定中通常采用它的二钠盐（称为 EDTA 二钠，也简称为 EDTA）代替，其化学式为 $Na_2H_2Y \cdot 2H_2O$ 表示。EDTA 二钠易溶于水，22℃时每 100mL 水可溶解 11. 1g。

（二）EDTA 在溶液中的解离平衡

在酸度较高的溶液中，EDTA 两个羧酸根可以再接受两个 H^+，形成 H_6Y^{2+} 离子，此离子相当于六元酸，在溶液中有六级解离平衡。

$$H_6Y^{2+} \rightleftharpoons H^+ + H_5Y^+ \quad K_{a_1} = \frac{[H^+][H_5Y^+]}{[H_6Y^{2+}]} = 1.3 \times 10^{-1} \quad pK_{a_1} = 0.90$$

$$H_5Y^+ \rightleftharpoons H^+ + H_4Y \quad K_{a_2} = \frac{[H^+][H_4Y]}{[H_5Y^+]} = 2.51 \times 10^{-2} \quad pK_{a_2} = 1.60$$

$$H_4Y \rightleftharpoons H^+ + H_3Y^- \quad K_{a_3} = \frac{[H^+][H_3Y^-]}{[H_4Y]} = 1.00 \times 10^{-2} \quad pK_{a_3} = 2.00$$

$$H_3Y^- \rightleftharpoons H^+ + H_2Y^{2-} \quad K_{a_4} = \frac{[H^+][H_2Y^{2-}]}{[H_3Y^-]} = 2.14 \times 10^{-3} \quad pK_{a_4} = 2.67$$

$$H_2Y^{2-} \rightleftharpoons H^+ + HY^{3-} \quad K_{a_5} = \frac{[H^+][HY^{3-}]}{[H_2Y^{2-}]} = 6.92 \times 10^{-7} \quad pK_{a_5} = 6.16$$

$$HY^{3-} \rightleftharpoons H^+ + Y^{4-} \quad K_{a_6} = \frac{[H^+][Y^{4-}]}{[HY^{3-}]} = 5.50 \times 10^{-11} \quad pK_{a_6} = 10.26$$

因此，EDTA 在水溶液中有七种型体。为书写简便，常将电荷略去，表示为 H_6Y、H_5Y、H_4Y、H_3Y、H_2Y、HY 和 Y。其中只有 Y 型体能与金属离子形成配合物。这七种型体在不同 pH 条件下的分布如图 5 – 1 所示。

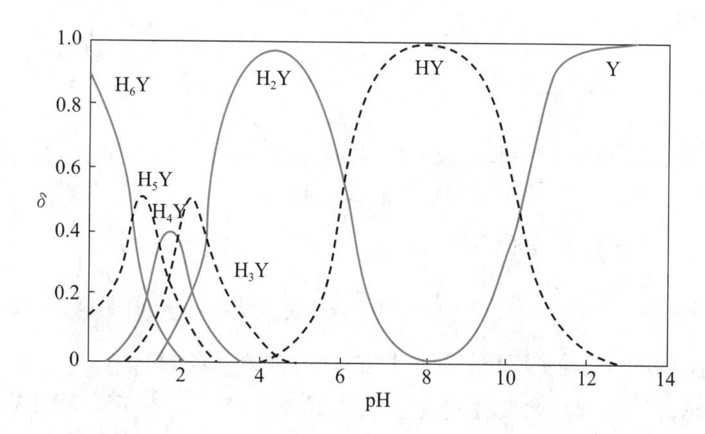

图 5 –1 EDTA 各种型体在不同 pH 条件下的分布曲线

由图5－1可见，在 $pH<1$ 的强酸溶液中，其主要存在形式为 H_6Y；在pH为2.67～6.16时，主要存在形式为 H_2Y；在 $pH>10.26$ 时，则主要以Y形式存在。

二、EDTA与金属离子形成配合物的特点

在配位滴定中测定金属离子最常用的配位剂EDTA与金属离子形成的配合物具有以下特点：

1. 配位广泛　EDTA分子中具有四个羧基氧、两个氨基氮，共六个配位原子，极大地增强了EDTA与众多金属离子形成稳定配合物的普适性和构型的多样性。

2. 配位比简单　一般情况下，EDTA与大多数金属离子反应的配位比为1∶1，与金属离子的价态无关。忽略去电荷数，反应式可简写成通式：

$$M+Y \rightleftharpoons MY$$

只有少数高价金属离子（如 Mo^{5+}、Zr^{4+} 等）与EDTA形成2∶1的配合物。

3. 稳定性高　除一价碱金属离子外，大多数金属离子与EDTA形成的配合物都是非常稳定的。EDTA为六齿配位体，其中四个羧基氧和两个氨基氮，均可与金属离子发生配位反应，形成具有多个五元环的螯合物，增大了EDTA与金属离子形成配合物的稳定性。

4. 配位反应速度快　除少数金属离子外，一般都能迅速地完成。

5. 带电易溶　几乎所有的金属离子能与EDTA形成配合物，且带电可溶于水，能在水溶液中进行滴定。

6. 配合物颜色　EDTA与无色金属离子形成的配合物仍为无色，如ZnY、CaY、MgY等；而与有色金属离子形成的配合物则颜色加深，如CoY为玫瑰色、CuY为深蓝色、FeY为黄色、NiY为蓝绿色等。

上述特点表明，EDTA与金属离子的配合反应符合滴定分析的要求。因此，EDTA是一种良好的配位滴定剂。

第二节　配位平衡

一、配合物的稳定常数

EDTA与金属离子反应，一般生成1∶1的配合物，反应通式为（为简化省去电荷）：

$$M+Y \rightleftharpoons MY$$

反应的平衡常数表达式为：

$$K_{MY}=\frac{[MY]}{[M][Y]} \tag{5-1}$$

K_{MY} 为一定温度下金属－EDTA配合物的稳定常数，还可用 $K_{稳}$ 表示，又称绝对稳定常数。K_{MY} 或 $\lg K_{MY}$ 越大，配合物越稳定。反之，配合物越不稳定。EDTA与常见金属离子所生成配合物的稳定常数见表5－1。

表 5-1 EDTA 与金属离子形成配合物的稳定常数（25℃，I=0.1 KNO_3 溶液）

金属离子	$\lg K_{MY}$	金属离子	$\lg K_{MY}$	金属离子	$\lg K_{MY}$
Na^+	1.66*	Mn^{2+}	13.87	Ni^{2+}	18.62
Li^+	2.79*	Fe^{2+}	14.32	Cu^{2+}	18.80
Ag^+	7.32	Ce^{3+}	15.98	Hg^{2+}	21.70
Ba^{2+}	7.86*	Al^{3+}	16.3	Cr^{3+}	23.4
Mg^{2+}	8.64*	Co^{2+}	16.32	Fe^{3+}	25.10*
Sr^{2+}	8.73*	Cd^{2+}	16.46	Bi^{3+}	27.80
Be^{2+}	9.20	Zn^{2+}	16.50	Zr^{4+}	29.5
Ca^{2+}	10.69	Pb^{2+}	18.04	Co^{3+}	41.4

*在 0.1 mol/L KCl 溶液中，其他条件相同。

由表 5-1 可以看出，金属离子与 EDTA 所形成配合物的稳定常数与金属离子本身的结构和性质有关。金属离子电荷数越高，离子半径越大，配合物的稳定常数就越大。

二、副反应与副反应系数

（一）影响配位平衡的因素

在配位滴定中，除了待测金属离子 M 与 Y 的主反应外，M、Y 及反应产物 MY 都可能受到其他因素（如溶液的酸度、其他配位剂、共存离子等）的影响而发生副反应，可表示如下：

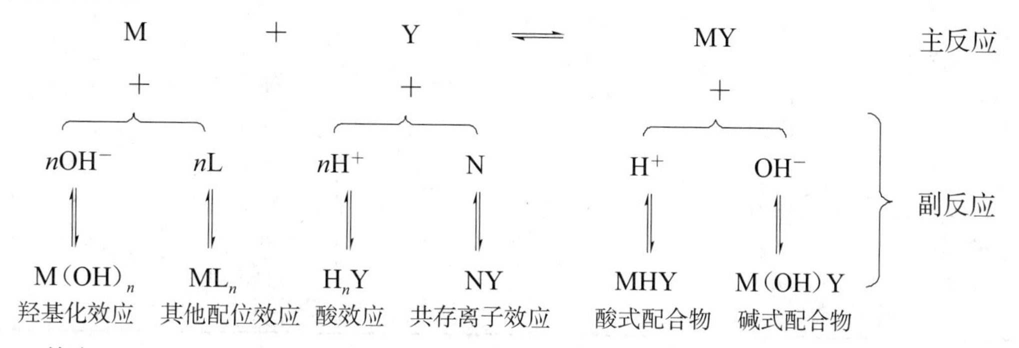

其中，L 为其他配位剂，N 为共存离子。显然，反应物 M 和 Y 的副反应不利于主反应的进行，而生成物 MY 的副反应则有利于主反应的进行。

为了定量表示副反应进行的程度，引入副反应系数 α。下面主要讨论对主反应影响比较大的 EDTA 的酸效应和金属离子 M 的配位效应及其副反应系数。

（二）副反应与副反应系数

1. EDTA 的酸效应与酸效应系数 $\alpha_{Y(H)}$ 当金属离子 M 与 Y 进行主反应的同时，溶液中的 H^+ 会也与 Y 结合，生成其各种形式的共轭酸，使游离 Y 的浓度下降，从而降低

MY 的稳定性。这种由于溶液中 H^+ 的存在，使 EDTA 参加主反应能力降低的现象称为酸效应。酸效应的大小以酸效应系数 $\alpha_{Y(H)}$ 来衡量。

$$\alpha_{Y(H)} = \frac{[Y']}{[Y]} \tag{5-2}$$

其中，[Y] 为游离的 Y^{4-} 的平衡浓度，[Y′] 为未参加主反应的 EDTA 总浓度，$[Y'] = [Y] + [HY] + [H_2Y] + [H_3Y] + [H_4Y] + [H_5Y] + [H_6Y]$。酸效应系数 $\alpha_{Y(H)}$ 表示未参与配位反应的 EDTA 总浓度是游离 Y^{4-} 的平衡浓度的倍数。

$$\alpha_{Y(H)} = \frac{[Y']}{[Y]} = \frac{[Y^{4-}] + [HY^{3-}] + [H_2Y^{2-}] + [H_3Y^-] + [H_4Y] + [H_5Y^+] + [H_6Y^{2+}]}{[Y^{4-}]}$$

$$\alpha_{Y(H)} = 1 + \frac{[H^+]}{K_{a_6}} + \frac{[H^+]^2}{K_{a_6}K_{a_5}} + \frac{[H^+]^3}{K_{a_6}K_{a_5}K_{a_4}} + \frac{[H^+]^4}{K_{a_6}K_{a_5}K_{a_4}K_{a_3}} + \frac{[H^+]^5}{K_{a_6}K_{a_5}K_{a_4}K_{a_3}K_{a_2}} + \frac{[H^+]^6}{K_{a_6}K_{a_5}K_{a_4}K_{a_3}K_{a_2}K_{a_1}} \tag{5-3}$$

由上式可以看出，溶液的酸度越高，$\alpha_{Y(H)}$ 越大，表示酸效应引起的副反应越严重。当 $\alpha_{Y(H)} = 1$ 时，即 [Y′] = [Y]，表示 EDTA 未与 H^+ 发生副反应。此时，Y 的配位能力最强。表 5－2 列出了 EDTA 在不同 pH 时的酸效应系数。由表中可以看出，pH 越小，酸效应越显著，EDTA 参与配位反应的能力越低。当 pH 值增大至一定程度时，可忽略 EDTA 酸效应的影响。

表 5－2　不同 pH 时 EDTA 的 $\lg\alpha_{Y(H)}$ 值

pH	$\lg\alpha_{Y(H)}$	pH	$\lg\alpha_{Y(H)}$	pH	$\lg\alpha_{Y(H)}$
0.0	23.64	3.4	9.70	6.8	3.55
0.4	21.32	3.8	8.85	7.0	3.32
0.8	19.08	4.0	8.44	7.5	2.78
1.0	18.01	4.4	7.64	8.0	2.27
1.4	16.02	4.8	6.84	8.5	1.77
1.8	14.27	5.0	6.45	9.0	1.28
2.0	13.51	5.4	5.69	9.5	0.83
2.4	12.19	5.8	4.98	10.0	0.45
2.8	11.09	6.0	4.65	11.0	0.07
3.0	10.06	6.4	4.06	12.0	0.01

2. 金属离子的配位效应与配位效应系数　当滴定体系中存在其他配位剂 L 时，M 与 L 发生副反应形成配合物，会使主反应受到影响。这种由于其他配位剂存在使金属离子 M 与配位剂 Y 发生副反应而使主反应能力降低的现象，称为配位效应。配位效应的大小用配位效应系数 $\alpha_{M(L)}$ 来衡量。

配位效应系数 $\alpha_{M(L)}$ 表示未参与主反应的金属离子 M 的总浓度 [M′] 是游离金属离子平衡浓度 [M] 的倍数，即：

$$\alpha_{M(L)} = \frac{[M']}{[M]} = \frac{[M] + [ML] + [ML_2] + \cdots + [ML_n]}{[M]}$$

$$\alpha_{M(L)} = 1 + [L]\beta_1 + [L]^2\beta_2 + [L]^3\beta_3 + \cdots + [L]^n\beta_n \qquad (5-4)$$

上式表明，$\alpha_{M(L)}$是其他配位剂 L 平衡浓度［L］的函数，［L］越大，$\alpha_{M(L)}$越大，即配位效应引起的副反应越严重，M 参加主反应的能力越低。当 $\alpha_{M(L)}=1$ 时，表示金属离子 M 未发生配位效应。

（三）配合物的条件稳定常数

在配位滴定中，由于各种副反应的发生，用绝对稳定常数 $K_{稳}$来衡量金属离子 M 与 EDTA 配合物的稳定性显然已不合适，为此引入条件稳定常数的概念。

条件稳定常数又称表观稳定常数，它是将各种副反应综合考虑之后所得到的 MY 的实际稳定常数，用 K'_{MY}或 $K'_{稳}$表示。若只考虑 EDTA 的酸效应和金属离子的其他配位效应的影响，则条件稳定常数 K'_{MY}的计算式为：

$$K'_{MY} = \frac{[MY']}{[M'][Y']} = \frac{[MY]}{[M]\alpha_{M(L)}[Y]\alpha_{Y(H)}} = \frac{K_{MY}}{\alpha_{M(L)}\alpha_{Y(H)}} \qquad (5-5)$$

转换成对数式为：

$$\lg K'_{MY} = \lg K_{MY} - \lg\alpha_{M(L)} - \lg\alpha_{Y(H)} \qquad (5-6)$$

如果溶液中不存在其他配位剂 L，只需考虑酸效应对配位平衡的影响，则：

$$\lg K'_{MY} = \lg K_{MY} - \lg\alpha_{Y(H)} \qquad (5-7)$$

上式表明，配合物的稳定性受溶液酸度的影响，其条件稳定常数 K'_{MY}随溶液 pH 的不同而变化。酸效应系数越小，条件稳定常数越大，说明配合物在该条件下越稳定；反之，则说明配合物的实际稳定性越低。

（四）EDTA 准确滴定金属离子的条件

综合考虑被测金属离子的浓度 c_M 和配合物条件稳定常数 K'_{MY}两个因素，经理论计算表明：当终点与计量点 ΔpM 相差 0.2 时（即 $\Delta pM = \pm 0.2$），要使终点误差 $TE \leqslant 0.1\%$，则必须满足 $\lg c_M K'_{MY} \geqslant 6$，此即为判断能否用 EDTA 准确滴定金属离子 M 的条件式。当 $c_M = 0.01mol/L$ 时，则 $\lg K'_{MY} \geqslant 8$。

例 5－1　若只考虑酸效应，计算 pH＝2.0 和 pH＝5.0 时 ZnY 的 $\lg K'_{ZnY}$值。

解： 查表 5－1 得 $\lg K_{ZnY} = 16.50$

查表 5－2 得 pH＝2.0 时，$\lg\alpha_{Y(H)} = 13.51$；pH＝5.0 时，$\lg\alpha_{Y(H)} = 6.45$

由式 5－8 得：pH＝2.0 时，$\lg K'_{ZnY} = \lg K_{ZnY} - \lg\alpha_{Y(H)} = 16.50 - 13.51 = 2.99$

pH＝5.0 时，$\lg K'_{ZnY} = 16.50 - 6.45 = 10.05$

由计算可知，在 pH＝2.0 的溶液中，由于酸效应的影响，使配合物的稳定性较之 pH＝5.0 的溶液大大降低，不能用 EDTA 准确滴定 Zn^{2+}。而在 pH＝5.0 时，酸效应的影响程度大幅下降，$\lg\alpha_{Y(H)}$仅为 6.45，$\lg K'_{ZnY}$达到了 10.05，表明 ZnY 配合物在此条件下相当稳定，因此，可以用 EDTA 准确滴定 Zn^{2+}。

三、配位滴定条件的选择

在配位滴定中，溶液的酸度会影响配合物的稳定性和配位反应进行的完全程度。溶液的 pH 越大，酸度越低，$\lg\alpha_{Y(H)}$越小，$\lg K'_{MY}$越大，配合物的稳定性越高，滴定反应进行得越完全，对滴定分析越有利。

（一）最高酸度（最低 pH）

如前所述，金属离子 M 能被 EDTA 准确滴定的主要条件是 $\lg c_M K'_{MY} \geqslant 6$。

如仅考虑酸效应，则 $\lg c_M + \lg K_{MY} - \lg\alpha_{Y(H)} \geqslant 6$

$$\lg\alpha_{Y(H)} \leqslant \lg c_M + \lg K_{MY} - 6 \qquad (5-8)$$

若 $c_M = 0.01\text{mol/L}$，则：

$$\lg\alpha_{Y(H)} \leqslant \lg K_{MY} - 8 \qquad (5-9)$$

若要满足准确滴定的条件，必须控制溶液的酸度，若酸度高于一定的限度，将无法准确滴定。这一限度，就是配位滴定允许的最高酸度（即最低 pH）。

由式 5-9 可求出配位滴定的最大 $\lg\alpha_{Y(H)}$，查表 5-2 求出相应的 pH，即最高酸度。当超过此酸度时，$\alpha_{Y(H)}$值变大（酸效应增强），K'_{MY}值变小，配合物的实际稳定性下降，滴定误差增大。

例 5-2 已知 Mg^{2+} 和 EDTA 的浓度都是 0.01mol/L。试求：①pH = 6.0 时的$\lg K'_{MgY}$，并判断能否用 EDTA 准确滴定 Mg^{2+}；②若在 pH = 6.0 时不能用 EDTA 准确滴定 Mg^{2+}，试确定滴定允许的最低 pH。

解： 查表 5-1 得 $\lg K_{MgY} = 8.64$

① pH = 6.0 时，查表 5-2 得 $\lg\alpha_{Y(H)} = 4.65$，$c_{Mg^{2+}} = 0.01\text{mol/L}$，则：

$$\lg K'_{MgY} = \lg K_{MgY} - \lg\alpha_{Y(H)} = 8.64 - 4.65 = 3.99 < 8$$

所以，在 pH = 6.0 时，不能用 EDTA 准确滴定 Mg^{2+}。

② 若 $c_{Mg^{2+}} = 0.01\text{mol/L}$，要使 Mg^{2+} 能够准确滴定，则需 $\lg K'_{MY} \geqslant 8$，即：

$$\lg K'_{MgY} = \lg K_{MgY} - \lg\alpha_{Y(H)} \geqslant 8, \quad 则 \lg\alpha_{Y(H)} \leqslant \lg K_{MgY} - 8 = 8.64 - 8 = 0.64$$

查表 5-2 得 $\lg\alpha_{Y(H)} = 0.64$ 时，对应的 pH = 10.0，此即准确滴定 Mg^{2+} 的最低 pH，在 pH≥10.0 的溶液中，用 EDTA 可以准确滴定 Mg^{2+}。

（二）最低酸度

从上述讨论可知，随着 pH 升高，酸效应影响减弱，配合物的稳定性也增强，滴定突跃范围增大，对滴定有利。但是 pH 太高，金属离子水解析出氢氧化物沉淀而影响配合物的稳定性。因此，各种不同金属离子除了有最高酸度外，还有一个最低酸度（水解酸度）。低于此酸度时，不能准确滴定。设 $M(OH)_n$ 的溶度积为 K_{sp}，为防止滴定时形成 $M(OH)_n$沉淀，必须满足 $[OH^-] \leqslant \sqrt[n]{K_{sp}/c_M}$，再求出最低酸度。

课堂互动

用浓度为 0.01mol/L 的 EDTA 滴定浓度为 0.01mol/L 的 Zn^{2+}，如何确定最低 pH？

第三节　配位滴定法的基本原理

一、滴定曲线

在配位滴定中，随着滴定剂EDTA的不断加入，被滴定的金属离子M的浓度随之减小。在化学计量点附近时，溶液的pM′值（$-\lg M'$）发生突变，产生滴定突跃。以滴定剂EDTA的加入量为横坐标，以pM′为纵坐标，可绘制配位滴定的滴定曲线。

现以0.01000mol/L的EDTA标准溶液滴定20.00mL 0.01000mol/L的Ca^{2+}溶液为例，计算在pH=12.0时溶液的pCa值。（假设滴定体系中不存在其他副反应，只考虑酸效应）

滴定反应式：$$Ca^{2+}+Y^{4-} \rightleftharpoons CaY^{2-}$$

已知$K_{CaY}=10^{10.69}$，查表5-2得pH=12.0时，$\lg\alpha_{Y(H)}=0.01$，即$\alpha_{Y(H)}=10^{0.01}\approx 1$，酸效应极弱，可忽略，则$K'_{CaY}=K_{CaY}=10^{10.69}$。

将滴定过程分为以下四个阶段来进行讨论：

1. 滴定前　$[Ca^{2+}]=0.01mol/L$，即：$pCa=-\lg[Ca^{2+}]=-\lg 0.01000=2.0$

2. 滴定开始至化学计量点前　$[Ca^{2+}]$为剩余的Ca^{2+}的浓度。

设加入EDTA溶液19.98mL，此时还剩余Ca^{2+}溶液0.02mL未反应，$TE=-0.1\%$，则：

$$[Ca^{2+}]=0.01000\times\frac{20.00-19.98}{20.00+19.98}=5.0\times10^{-6}(mol/L)$$

$$pCa=5.3$$

3. 化学计量点时　此时加入EDTA 20.00mL，恰是理论量的100%，Ca^{2+}与EDTA几乎完全反应生成CaY，忽略配合物CaY的解离，则：

$$[CaY^{2-}]=0.01000\times\frac{20.00}{20.00+20.00}=5.0\times10^{-3}(mol/L)$$

此时，$[Ca^{2+}]=[Y^{4-}]$，$K_{CaY^{2-}}=\frac{[CaY^{2-}]}{[Ca^{2+}][Y^{4-}]}=\frac{[CaY^{2-}]}{[Ca^{2+}]^2}$，则：

$$[Ca^{2+}]=\sqrt{\frac{[CaY^{2-}]}{K_{CaY^{2-}}}}=\sqrt{\frac{5.0\times10^{-3}}{10^{10.69}}}=3.2\times10^{-7}(mol/L)$$

$$pCa=6.5$$

4. 化学计量点后　设加入EDTA溶液20.02mL，此时EDTA过量0.02mL，即$TE=+0.1\%$，则：

$$[Y^{4-}]=0.01000\times\frac{20.02-20.00}{20.02+20.00}=5.0\times10^{-6}(mol/L)$$

因为$K_{CaY^{2-}}=\frac{[CaY^{2-}]}{[Ca^{2+}][Y^{4-}]}$，得：

$$[Ca^{2+}]=\frac{[CaY^{2-}]}{K_{CaY^{2-}}[Y^{4-}]}=\frac{5.0\times10^{-3}}{10^{10.69}\times5.0\times10^{-6}}=10^{-7.7}(mol/L)$$

$$pCa=7.7$$

按上述方法计算不同滴定阶段的 pM 值，并以 pM 为纵坐标，以 EDTA 的体积数（或滴定百分数）为横坐标绘制滴定曲线，如图 5－3 所示。

表 5－3　0.1000mol/L EDTA 滴定 20.00mL 0.01000mol/L Ca^{2+} 过程中 pCa 值的变化（pH＝12）

加入 EDTA 溶液		剩余 Ca^{2+} 离子溶液（mL）	Ca^{2+} 被配位的百分数	过量 EDTA 的体积（mL）	过量 EDTA 的百分数	pCa 值
（mL）	（%）					
0.00	0.0	20.00	0.0			2.0
18.00	90.0	2.00	90.0			3.3
19.80	99.0	0.20	99.0			4.3
19.98	99.9	0.02	99.9			5.3 突跃
20.00	100.0	0.00	100.0	0.00	0.0	6.5 突跃
20.02	100.1			0.02	0.1	7.7 突跃
20.20	101.1			0.20	1.0	8.7

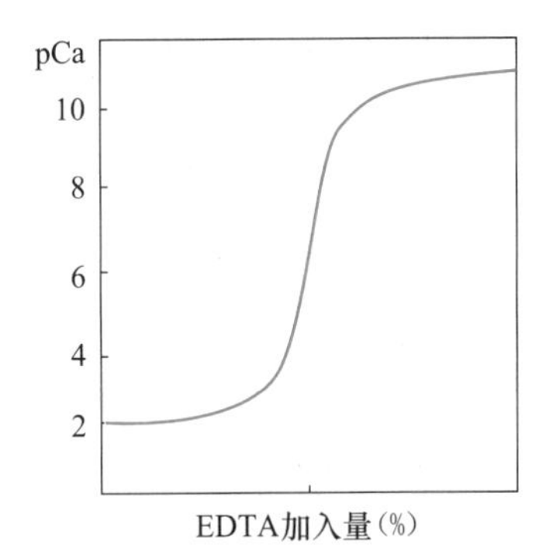

图 5－3　0.01mol/L EDTA 溶液滴定 0.01mol/L Ca^{2+} 溶液的滴定曲线

由于常量分析一般允许误差为±0.1%，因此计量点前后 0.1% 范围内的滴定突跃大小非常重要，它是确定滴定终点的依据。

二、影响滴定突跃大小的因素

（一）金属离子浓度对滴定突跃的影响

图 5－4 为不同金属离子浓度条件下的滴定曲线。由图 5－4 可知，当 K'_{MY}一定时，金属离子的初始浓度 c_M 越大，滴定曲线的起点越低，滴定突跃范围越大；反之突跃范围越小。

（二）条件稳定常数对滴定突跃的影响

图 5－5 为不同 K'_{MY}计算所得滴定曲线。由图 5－5 可知，当金属离子浓度 c_M 一定，配合物的条件稳定常数 K'_{MY}越大，突跃范围越大。当 $\lg K'_{MY}<8$ 时，已无明显的滴定突跃。影响条件稳定常数 K'_{MY}的主要因素包括绝对稳定常数 K_{MY}、酸度及其他配位剂的配位效应。

1. 稳定常数 K_{MY}　K_{MY}越大，K'_{MY}越大，突跃范围也就越大；反之则越小。

2. 酸度　滴定体系的酸度越高（pH 越低），则 $\lg\alpha_{Y(H)}$值越大，K'_{MY}越小，配合物越不稳定，突跃范围越小。如图 5－6 所示，为不同 pH 值时，EDTA 滴定 Ca^{2+} 的滴定曲线。

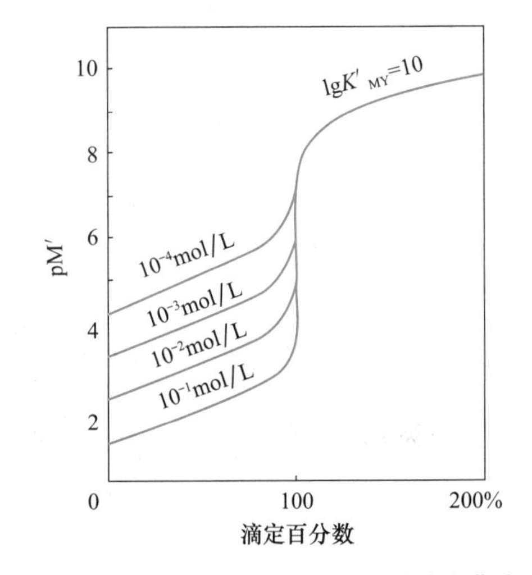

图 5－4　不同浓度 EDTA 与 M 的滴定曲线

3. 其他配位剂 用 EDTA 滴定某金属离子时，为了消除共存离子的干扰，常加入掩蔽剂；为了控制滴定溶液在适宜的酸度下，常加入缓冲溶液。这些掩蔽剂、缓冲溶液，有时会与被测离子产生配位效应，均会降低K'_{MY}。其他配位剂的浓度越大，$\alpha_{M(L)}$越大，K'_{MY}越小，突跃范围越小。

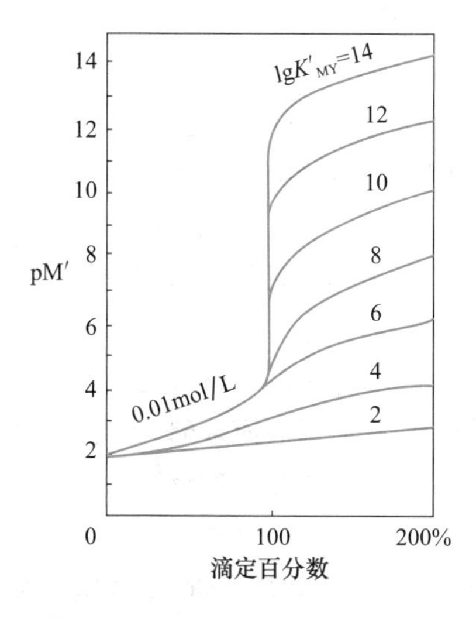

图 5-5 不同 $\lg K'_{MY}$时的滴定曲线

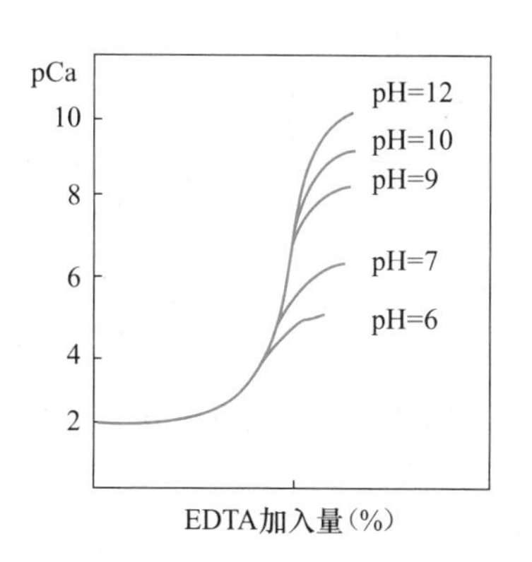

图 5-6 不同 pH 值时的滴定曲线

第四节 金属指示剂

配位滴定中，常利用能与金属离子生成有色配合物的有机染料，指示滴定过程中金属离子浓度的变化，所以称为金属指示剂。

一、金属指示剂的作用原理

（一）金属指示剂的作用原理

金属指示剂是有机弱酸或弱碱，在不同 pH 条件下具有不同的颜色。本身通常也是一种配位剂（可用 In 表示），可与被滴定的金属离子生成一种与指示剂本身颜色不同的配合物 MIn：

$$\mathrm{M + In \rightleftharpoons \underset{颜色B}{MIn}}$$

颜色 A　颜色 B

滴定过程中，溶液中的金属离子 M 与 EDTA 反应生成无色配合物 MY，滴至接近化学计量点时，EDTA 将已与指示剂结合的金属离子夺取出来，使指示剂 In 游离出来，呈现游离指示剂的颜色 A，指示滴定终点的到达。

$$\mathrm{MIn + Y \rightleftharpoons MY + In}$$

颜色 B　　　　颜色 A

（二）金属指示剂应具备的条件

1. 变色敏锐　在滴定的 pH 范围内，指示剂与金属离子配合物的颜色与指示剂离子本身的颜色应有明显的差别。

2. 可逆性好　指示剂离子与金属离子的配位反应要灵敏、快速，并具有良好的变色可逆性。

3. 指示剂与金属离子配合物 MIn 的稳定性要适当　既要有足够的稳定性（要求 $K'_{MIn} \geqslant 10^4$），又要比金属离子与 EDTA 的配合物 MY 的稳定性小（要求 $K_{MY}/K_{MIn} \geqslant 100$）。如果稳定性太低，终点过早出现；如果稳定性太高，终点拖后，且有可能到达计量点时，因 EDTA 不能迅速从 MIn 置换出指示剂而无法显示颜色变化，这种现象称为指示剂的封闭现象。

指示剂的封闭现象可以由被测离子本身引起，其他干扰离子也可能对指示剂产生封闭作用。对于由干扰离子产生的封闭现象可以利用加入适当的掩蔽剂进行掩蔽的方法消除干扰。常用的掩蔽方法有配位掩蔽法、沉淀掩蔽法、氧化还原掩蔽法等，其中配位掩蔽法应用最广泛。

4. 性质稳定　金属指示剂的化学性质要稳定，不易被氧化或者分解，便于储存和使用。

此外，指示剂与金属离子生成的配合物 MIn 应易溶于水，如果生成胶体溶液或沉淀，到达化学计量点时，EDTA 从 MIn 中置换出指示剂的反应进行缓慢，使终点变色不敏锐，这种现象称为指示剂的僵化。

二、常用的金属指示剂

配位滴定中常用的金属指示剂见表 5－4。

表 5－4　常用的金属指示剂

指示剂	适用的 pH 范围	指示剂颜色变化		可直接滴定的离子	配制方法	干扰离子（封闭作用）
		In	MIn			
铬黑 T（EBT）	7～10	蓝	红	Mg^{2+}、Zn^{2+}、Cd^{2+}、Pb^{2+}、Mn^{2+}以及稀土元素离子	1：100NaCl（研磨）	Al^{3+}、Fe^{3+}、Cu^{2+}、Co^{2+}、Ni^{2+}等
二甲酚橙（XO）	<6	亮黄	红紫	pH<1，ZrO^{2+} pH1～3，Bi^{3+}、Th^{4+} pH5～6，Zn^{2+}、Pb^{2+}、Cd^{2+}、Hg^{2+}及稀土元素	0.5%水溶液（5g/L）	Al^{3+}、Fe^{3+}、Ti^{4+}、Ni^{2+}等
PAN	2～12	黄	红	pH2～3，Bi^{3+}、Th^{4+} pH4～5，Cu^{2+}、Ni^{2+}	0.1%乙醇溶液（1g/L）	
钙指示剂（NN）	10～13	纯蓝	酒红	Ca^{2+}	1：100NaCl（研磨）	Al^{3+}、Fe^{3+}、Cu^{2+}、Co^{2+}、Ni^{2+}、Mn^{2+}等

第五节　标准溶液

一、0.05mol/L EDTA 溶液的配制

由于乙二胺四乙酸在水中的溶解度小，所以常用其含有两个结晶水的二钠盐来配制。EDTA 标准溶液一般采用间接法配制。配制时称取分析纯 $Na_2H_2Y \cdot 2H_2O$ 19g，溶于约 300mL 温蒸馏水中，冷却后稀释至 1000mL，摇匀即得。必要时可过滤，但不能煮沸，以防分解。为防止 EDTA 溶液溶解玻璃中的 Ca^{2+} 形成 CaY，配制好的溶液应贮存于聚乙烯瓶或硬质玻璃瓶中，而且间隔一段时间后需重新标定。

二、EDTA 标准溶液的标定

标定 EDTA 溶液的基准试剂很多，如纯金属锌、氧化锌、碳酸钙等。国家标准中采用 ZnO 作基准试剂，使用前 ZnO 应在 850℃的高温炉中灼烧 50 分钟至恒重，置于干燥器中。称取一定质量的氧化锌加盐酸溶解后加入适量水，加 0.025% 甲基红的乙醇溶液 1 滴，用氨水调节溶液 pH 约为 7 ~ 8，加入适量水和氨 - 氯化铵缓冲溶液（pH = 10），以铬黑 T 为指示剂，用待标定的 EDTA 溶液滴定至溶液由紫红色变为纯蓝色。

标定 EDTA 标准溶液时应同时做空白试验，EDTA 标准溶液的浓度按下式计算：

$$c_{EDTA} = \frac{m_{ZnO} \times 10^3}{M_{ZnO}(V - V_0)}$$

式中，V 表示标定时消耗 EDTA 溶液的体积，单位 mL；V_0 表示空白试验时消耗 EDTA 溶液的体积，单位 mL。

第五节　应用与示例

配位滴定广泛应用于冶金、地质、环境卫生、药物分析和医学检验等领域。在药物分析中如中药明矾（硫酸铝钾），生物碱类药物吗啡、麻黄碱，含金属离子的有机药物乳酸钙、水杨酸镁、二羟基甘氨酸铝、磺胺嘧啶锌等的含量测定；以及硫酸盐等阴离子通过金属离子的沉淀反应，都可以用 EDTA 法测定其含量。

一、水中钙、镁总量的测定（直接滴定法）

水中钙、镁含量即是水的硬度，是衡量生活用水和工业用水水质的一项重要指标。水的硬度有两种表示方法：1ppm 相当于每 1L 水中含 1mg 碳酸钙；1 度相当于 1L 水中含有 10mg 氧化钙。

操作步骤如下：取水样 100mL，加 $NH_3 - NH_4Cl$ 缓冲液 10mL 与铬黑 T 指示剂适量，用 0.01mol/L EDTA 标准溶液直接滴定至溶液由酒红色转变为纯蓝色，即为终点。滴定

时，水中少量的Fe^{3+}、Al^{3+}等干扰离子可用三乙醇胺掩蔽，Cu^{2+}、Pb^{2+}等重金属离子可用KCN、Na_2S来掩蔽。

计算公式如下：

$$总硬度(ppm)=\frac{(cV)_{EDTA}M_{CaCO_3}\times 1000}{V_{水样}}=(cV)_{EDTA}\times 100.1\times 10(mg/L)$$

$$或总硬度(度)=\frac{(cV)_{EDTA}M_{CaO}\times 1000}{10V_{样}}=(cV)_{EDTA}\times 56.08(度)$$

二、药物中铝盐含量的测定（返滴定法）

常见的铝盐药物有氢氧化铝、复方氢氧化铝片、氢氧化铝凝胶等。对铝盐含量的测定，采用配位滴定法测定其中的Al^{3+}时，由于Al^{3+}与EDTA反应较慢，需要加热，而且Al^{3+}本身对指示剂具有封闭作用，因此通常采用返滴定法或置换滴定法。

例如，用于胃酸过多、胃及十二指肠溃疡病治疗的药物氢氧化铝凝胶的含量测定。

操作步骤如下：取本品约8g，精密称定，加盐酸及水各10mL，煮沸溶解后，放冷，定量转移至250mL量瓶中，用水稀释至刻度，摇匀。精密量取25mL，加氨试液中和至恰好析出沉淀，再滴加稀盐酸至沉淀恰好溶解，加NH_3-NH_4Cl缓冲溶液（pH=6）10mL，再精密加0.05mol/L EDTA标准溶液25.00mL，煮沸3~5分钟，放冷，加二甲酚橙指示剂1mL，用0.05mol/L锌滴定液回滴剩余的EDTA，滴至溶液由黄色变为橙红色，即达终点。

计算公式如下：

$$\omega_{Al_2O_3}=\frac{\frac{1}{2}[(cV)_{EDTA}-(cV)_{Zn^{2+}}]M_{Al_2O_3}\times 10^{-3}}{m_s\times\frac{25.00}{250.00}}\times 100\%$$

【完成项目任务】 检测中药饮片白术中添加的工业硫酸镁的含量

采用配位滴定法测定加重中药材及饮片中的硫酸镁含量。pH为10时，以铬黑T为指示剂，以三乙醇胺钠、酒石酸钾钠溶液掩蔽封闭离子，以EDTA标准溶液直接滴定，测得中药饮片中加重粉硫酸镁的含量。

1. 溶液制备 分别称取未添加加重粉的白术饮片和添加加重粉的白术饮片研磨后的粉末各10.00g，用1000mL的重蒸馏水浸泡0.5小时，再超声处理0.5小时后，脱色，抽滤，即得样品对照溶液和样品供试溶液。

2. 样品测定 精密吸取样品对照溶液、样品供试溶液各25mL，置于锥形瓶中，各加入3mL三乙醇胺溶液和3mL酒石酸钾钠溶液，再加入8mL氨-氯化铵缓冲溶液，加入适量铬黑T，用0.05000mol/L EDTA标准溶液滴定至由紫红色变为纯蓝色为终点。记录消耗的EDTA标准液的体积。平行滴定三次，取平均值。同时进行空白试验。

项目设计

请您设计“牛奶中的Ca^{2+}的含量分析”方案

本章小结

1. 稳定常数：为一定温度时金属离子与 EDTA 配合物的形成常数，以 K_{MY}表示，此值越大，配合物越稳定。条件稳定常数表示一定条件下，有副反应发生时金属离子 M 与配位剂 EDTA 生成的配合物的实际稳定性，以 K'_{MY}表示。

2. 副反应系数：表示各种型体的总浓度与能参加主反应的平衡浓度之比。配位剂的副反应系数主要表现为酸效应系数 $\alpha_{Y(H)}$，金属离子的副反应系数 α_M 受其他配位剂和羟基的影响。

3. 金属指示剂必备条件：金属指示剂与金属离子配合物（MY）的颜色应与指示剂本身的颜色有明显区别。金属指示剂与金属配合物（MIn）的稳定性应比 MY 的稳定性低。一般要求 $K'_{MY}/K'_{MIn} \geq 100$。

4. 最高酸度：在配位滴定的条件下，溶液酸度的最高限度。

最低酸度：金属离子发生水解的酸度。

5. 配位滴定法能直接或间接测定大多数的金属离子，所采用的方式有直接滴定法、返滴定法、置换滴定法和间接滴定法。

能力检测

一、单项选择题

1. 在 EDTA 的七种型体中，与金属离子形成的配合物最稳定的是（　　）

A. Y^{4-}　　B. HY^{3-}　　C. H_2Y^{2-}　　D. H_5Y^+

2. EDTA 与金属离子形成螯合物时，其螯合比一般为（　　）

A. 1∶1　　B. 1∶2　　C. 1∶4　　D. 1∶6

3. 在 EDTA 配位滴定中，下列有关酸效应系数的叙述，正确的是（　　）

A. 酸效应系数越大，越利于滴定　　B. 酸效应系数越小，越利于滴定

C. pH 值越大，酸效应系数愈大　　D. 酸度越低，酸效应系数愈大

4. 以配位滴定法测定 Pb^{2+}时，消除 Ca^{2+}、Mg^{2+}干扰最简便的方法是（　　）

A. 配位掩蔽法　　B. 控制酸度法

C. 沉淀分离法　　D. 氧化还原解蔽法

5. EDTA 的有效浓度［Y］与酸度有关，它随着溶液 pH 值增大而（　　）

A. 增大　　B. 减小　　C. 不变　　D. 不确定

二、填空题

1. 在配位滴定中，由于________的存在，使________参加主反应能力降低等效应称为酸效应；由于________的存在，使________参加主反应的能力降低的效应称为配位效应。

2. 用 EDTA 为滴定剂测定钙离子和镁离子时，如果含有 Fe^{3+}、Al^{3+}，会对指示剂产生________作用，应加入________作掩蔽剂。

3. 配位滴定中，在各种影响 EDTA 与金属离子 M 配位的副反应中，EDTA 的________和金属离子的________是最突出的两种因素。

4. 配位滴定突跃范围的大小主要决定于________和________两个因素。

三、判断题

1. 配位滴定终点的颜色是游离的指示剂的颜色。

2. 铬黑 T 指示剂使用的最佳 pH 条件是 4 ~6。

3. 配位滴定中为了保持溶液 pH 相对稳定，应加入缓冲溶液。

4. 在 EDTA 配位滴定中，酸度愈高，配合物的稳定性愈高，滴定曲线的 pM 突跃范围愈宽。

四、计算题

1. 试计算说明为什么用 EDTA 滴定钙离子的 pH 值为 10.0 而不是 5.0，而滴定锌离子时可以是 5.0？

2. 计算 0.02000mol/L 的 EDTA 对 CaO 的滴定度。

3. 吸取水样 100.00mL，以铬黑 T 为指示剂，用 0.01025mol/L 的 EDTA 标准溶液滴定，滴定到指示剂变色时，用去了 EDTA 15.02mL，试求水中钙镁离子的总量（用两种方法表示）。

实训五　水的硬度测定

一、目的要求

1. 掌握配位滴定法原理和 EDTA 标准溶液的配制及标定。

2. 熟悉金属指示剂变色原理及使用注意事项。

3. 了解配位滴定法测定水的硬度的原理及方法。

二、基本原理

EDTA 标准溶液常用乙二胺四乙酸二钠盐配制，EDTA -2Na · $2H_2O$（$M_{EDTA-2Na \cdot 2H_2O}$ = 372.24）为白色结晶粉末。因不易制得纯品，标准溶液常用间接法配制，以 ZnO 为基准物质标定其浓度。滴定条件为 pH = 10，以铬黑 T 为指示剂，终点由紫红色变成纯蓝色。

自来水、河水、井水等含有较多的钙盐和镁盐，所以称为硬水，其中钙、镁离子含量以硬度表示。

滴定过程中的反应如下：

	EDTA 标定	水的硬度（Ca^{2+}、Mg^{2+}）
滴定前	$Zn^{2+} + HIn^{2-} \rightleftharpoons H^+ + ZnIn^-$（紫红）	$Mg^{2+} + HIn^{2-} \rightleftharpoons H^+ + MgIn^-$（紫红）
滴定反应	$Zn^{2+} + H_2Y^{2-} \rightleftharpoons 2H^+ + ZnY^{2-}$（无色）	$Ca^{2+} + H_2Y^{2-} \rightleftharpoons 2H^+ + CaY^{2-}$（无色） $Mg^{2+} + H_2Y^{2-} \rightleftharpoons 2H^+ + MgY^{2-}$（无色）
终点	$ZnIn^-$（紫红）$+ H_2Y^{2-} \rightleftharpoons H^+ + HIn^{2-} + ZnY^{2-}$（纯蓝）	$MgIn^-$（紫红）$+ H_2Y^{2-} \rightleftharpoons$ $H^+ + HIn^{2-} + MgY^{2-}$（纯蓝）

三、仪器与试剂

100mL 量筒；聚乙烯瓶或硬质玻璃瓶；EDTA $-$ 2Na · $2H_2O$（A. R.）；基准 ZnO（800℃灼烧至恒重）；甲基红指示剂；0.5% 铬黑 T 指示液；稀 HCl；NH_3 试剂；pH = 10 的 $NH_3 - NH_4Cl$ 缓冲溶液；自来水样（从自来水龙头取 500mL，从中量取 100mL）。

四、操作步骤

1. 0.05mol/L EDTA 溶液的配制 称取 EDTA $-$ 2Na · $2H_2O$ 约 19.0g，加入 300mL 蒸馏水，超声溶解，稀释至 1000mL。

2. 0.05mol/L EDTA 溶液的标定 精称 850℃灼烧至恒重的基准 ZnO 约 0.12g，置于 250mL 锥形瓶中，加稀 HCl 溶液 3mL 使溶解，加蒸馏水 25mL，加甲基红指示液 1 滴，滴加氨试液使溶液显微黄色，加蒸馏水 25mL，加 $NH_3 - NH_4Cl$ 溶液 10mL，铬黑 T 指示剂 1 ~ 2 滴，用 0.05mol/L EDTA 溶液滴至溶液紫红色变为纯蓝色，即为终点，记录滴定体积。平行测定三次，计算 EDTA 溶液的浓度。

3. 0.01mol/L EDTA 溶液的配制 由滴定管中精密放出 20.00mL 0.05mol/L EDTA 溶液置于 100mL 容量瓶中，加水稀释定容即得。

4. 水的硬度测定 量取自来水 100.0mL 于 250mL 锥形瓶中，加入 $NH_3 - NH_4Cl$ 缓冲液（pH = 10）5mL，摇匀。加入 0.5% 铬黑 T 指示液 1 ~ 2 滴，用 0.01mol/L EDTA 溶液滴定至溶液由紫红色变为纯蓝色，即为终点，记录滴定体积。计算自来水的硬度。

五、数据处理

1. EDTA 溶液的标定

	第 1 份	第 2 份	第 3 份
m_{ZnO}（g）			
V_{EDTA}（初读数）（mL）			

续表

	第 1 份	第 2 份	第 3 份
V_{EDTA}（终读数）（mL）			
V_{EDTA}（mL）			
c_{EDTA}（mol/L）			
$\bar{c}_{EDTA}$（mol/L）			
相对平均偏差			

2. 水的硬度测定

	第 1 份	第 2 份
V_{EDTA}（初读数）（mL）		
V_{EDTA}（终读数）（mL）		
V_{EDTA}（mL）		
$\bar{V}_{EDTA}$（mL）		
$\overline{硬度}$（ppm）		
$\overline{硬度}$（度）		
相对平均偏差		

计算公式：$c_{EDTA} = \dfrac{m_{ZnO} \times 1000}{V_{EDTA} M_{ZnO}}$

$$硬度 = 10^3 (cV)_{EDTA} (mg/L)$$

$$硬度 = 56.1 (CV)_{EDTA} (度)$$

六、检测题

1. 酸度对配位滴定有何影响？为什么要加 NH_3-NH_4Cl 缓冲溶液？
2. 选择金属指示剂的原则是什么？

第六章　氧化还原滴定法

【项目任务】　测定维生素 C 片中维生素 C 的含量

维生素 C 具有抗坏血病的效应，所以又称抗坏血酸。它是人体不可缺少的一种重要营养物质，常存在于新鲜的蔬菜和水果中。临床上采用维生素 C 片剂做相关治疗，为控制质量，如何测定片剂中维生素 C 的含量？可采用本章介绍的氧化还原滴定法中的碘量法。

氧化还原滴定法是以氧化还原反应为基础的滴定分析法。该滴定法的应用十分广泛，可用的滴定剂很多，既可直接测定具有氧化性或还原性的物质，也可间接测定能与氧化剂或还原剂定量反应的无氧化还原性的物质。

第一节　氧化还原滴定法概述

一、氧化还原滴定法的分类

很多氧化还原反应可以用于滴定分析，习惯上按滴定液所用的氧化剂进行分类。常用的有：高锰酸钾法、碘量法、亚硝酸钠法、重铬酸钾法、铈量法、溴酸钾法等，见表 6－1。

表 6－1　氧化还原滴定法分类

滴定法名称	滴定液	电对反应
直接碘量法	I_2	$I_3^- + 2e \rightleftharpoons 3I^-$
间接碘量法	$Na_2S_2O_3$	$2S_2O_3^{2-} - 2e \rightleftharpoons S_4O_6^{2-}$
高锰酸钾法	$KMnO_4$	$MnO_4^- + 8H^+ + 5e \rightleftharpoons Mn^{2+} + 4H_2O$
亚硝酸钠法	$NaNO_2$	重氮化反应/亚硝化基反应
重铬酸钾法	$K_2Cr_2O_7$	$Cr_2O_7^{2-} + 14H^+ + 6e \rightleftharpoons 2Cr^{3+} + 7H_2O$
铈量法	$Ce(SO_4)_2$	$Ce^{4+} + e \rightleftharpoons Ce^{3+}$
溴酸钾法	$KBrO_3 + KBr$	$BrO_3^- + 6H^+ + 6e \rightleftharpoons Br^- + 3H_2O$

鉴于氧化还原反应的机理较为复杂，本章主要介绍高锰酸钾法、碘量法及亚硝酸钠

法，其他氧化还原滴定法可在课外学习。

二、氧化还原反应进行的程度

氧化还原反应进行的程度，通常用反应平衡常数（K）来衡量。氧化还原反应的平衡常数，可以用有关电对的标准电极电位或条件电极电位求得。

（一）标准电极电位和条件电极电位

在氧化还原反应中，氧化剂和还原剂的强弱，可以用有关电对的电极电位（简称电位）来衡量。电对的电位越高，其氧化态的氧化能力越强；电对的电位越低，其还原态的还原能力越强。所以可以依据有关电对的电位判断氧化还原反应进行的方向、次序和程度。

1. 标准电极电位 对于一个可逆的氧化还原电对，其电对反应为：

$$\text{Ox}(\text{氧化态}) + ne \rightleftharpoons \text{Red}(\text{还原态})$$

它的电极电位满足能斯特（Nernst）方程（25℃）：

$$\varphi = \varphi^{\ominus} + \frac{0.0592}{n}\lg\frac{a_{\text{Ox}}}{a_{\text{Red}}} \quad (6-1)$$

其中 $\varphi^{\ominus}$为标准电极电位，a_{Ox}为氧化态活度，a_{Red}为还原态活度。

2. 条件电极电位 在实际工作中，通常知道的是物质氧化态和还原态的浓度而并非活度，并且氧化态和还原态在溶液中常发生副反应，如酸效应、配位效应和生成沉淀等，这些均可改变其电极电位。为便于计算，实际工作中常用分析浓度（c）代替活度，引入相应的活度系数（γ），同时考虑副反应的影响，引入副反应系数（α），对能斯特方程进行校正。

活度与平衡浓度的关系：$a_{\text{Ox}} = \gamma_{\text{Ox}}[\text{Ox}] \quad a_{\text{Red}} = \gamma_{\text{Red}}[\text{Red}]$ （6－2）

副反应系数与分析浓度的关系：$\alpha_{\text{Ox}} = \frac{c_{\text{Ox}}}{[\text{Ox}]} \quad \alpha_{\text{Red}} = \frac{c_{\text{Red}}}{[\text{Red}]}$ （6－3）

将式 6－2 和式 6－3 代入式 6－1 得：$\varphi = \varphi' + \frac{0.0592}{n}\lg\frac{c_{\text{Ox}}}{c_{\text{Red}}}$ （6－4）

其中：

$$\varphi' = \varphi^{\ominus} + \frac{0.0592}{n}\lg\frac{\gamma_{\text{Ox}}\alpha_{\text{Ox}}}{\gamma_{\text{Red}}\alpha_{\text{Red}}} \quad (6-5)$$

式中 φ'称为条件电极电位。它是在特定条件下，物质氧化态与还原态的分析浓度均为 1mol/L 或两者浓度比值为 1 时，校正了各种外界因素影响后的实际电极电位。条件电极电位反映了离子强度与各种副反应影响的总结果，在条件不变时为一常数，用它来处理问题，既简便又与实际情况相符，在处理有关氧化还原反应的电位计算时，应尽可能地采用条件电极电位。实际应用时，若没有相同条件下的条件电极电位值时，可借用该电对在相同介质、相近浓度下的条件电极电位进行计算；同时，因条件电极电位随介质种类和浓度的变化而变化，如介质不同或浓度相差太大，则不能借用，否则计算结果会出现错误，此时应使用实验方法测定其条件电极电位。

活度系数与副反应系数的求解很复杂，本书不作探讨。一般情况下，电对的条件电极电位均由实验测得，在条件相同的计算中直接使用。

（二）氧化还原反应进行程度的判断

如前所述，氧化还原反应进行的程度可使用反应平衡常数 K 来衡量，K 值越大，氧化还原反应进行得越完全。K 值的大小与反应平衡时反应物与生成物的活度有关，在实际滴定分析中为了简便，常用物质分析浓度代替其活度，以此计算出的平衡常数称为条件平衡常数 K'，K'值越大，反应实际进行的程度越高。

对任意氧化还原反应：$n_2Ox_1 + n_1Red_2 \rightleftharpoons n_2Red_1 + n_1Ox_2$

反应电对及电极电位分别为（25℃）：

$$Ox_1 + n_1e \rightleftharpoons Red_1 \qquad \varphi_1 = \varphi_1' + \frac{0.0592}{n_1}\lg\frac{c_{Ox_1}}{c_{Red_1}}$$

$$Ox_2 + n_2e \rightleftharpoons Red_2 \qquad \varphi_2 = \varphi_2' + \frac{0.0592}{n_2}\lg\frac{c_{Ox_2}}{c_{Red_2}}$$

当两电对的电极电位相等时，即 $\varphi_1 = \varphi_2$，反应达平衡，条件平衡常数为：

$$K' = \frac{c_{Red_1}^{n_2} \times c_{Ox_2}^{n_1}}{c_{Ox_1}^{n_2} \times c_{Red_2}^{n_1}} \tag{6-6}$$

由 $\varphi_1 = \varphi_2$ 得：

$$\varphi_1' + \frac{0.0592}{n_1}\lg\frac{c_{Ox_1}}{c_{Red_1}} = \varphi_2' + \frac{0.0592}{n_2}\lg\frac{c_{Ox_2}}{c_{Red_2}}$$

$$\lg\frac{c_{Red_1}^{n_2} \times c_{Ox_2}^{n_1}}{c_{Ox_1}^{n_2} \times c_{Red_2}^{n_1}} = \frac{n_1n_2(\varphi_1' - \varphi_2')}{0.0592}$$

则：

$$\lg K' = \frac{n_1n_2(\varphi_1' - \varphi_2')}{0.0592} \tag{6-7}$$

由式 6－7 可知，氧化还原反应的条件平衡常数 K'与氧化还原反应中两电对的条件电极电位差值及电子转移数有关。如可得到反应中两电对的条件电极电位值，就可计算该氧化还原反应的条件平衡常数，进而对该反应进行的程度进行判断，两电对的条件电极电位差值（$\Delta\varphi = \varphi_1' - \varphi_2'$）越大，反应进行得越完全。

在滴定分析中，一般要求误差不大于 0.1%，在滴定终点时，生成物浓度必须大于或等于反应物浓度的 99.9%，生成物与剩余反应物的浓度关系可近似地表示为：$c_{Red_1} \geqslant c_{Ox_1} \times 10^3$，$c_{Ox_2} \geqslant c_{Red_2} \times 10^3$，将其代入式 6－6 中，可得：

$$\lg K' = \lg\frac{c_{Red_1}^{n_2} \times c_{Ox_2}^{n_1}}{c_{Ox_1}^{n_2} \times c_{Red_2}^{n_1}} = \lg(10^{3n_1} \times 10^{3n_2})$$

$$\lg K' = 3(n_1 + n_2) \tag{6-8}$$

将式 6－7 代入式 6－8，得：$\dfrac{n_1n_2(\varphi_1' - \varphi_2')}{0.0592} = 3(n_1 + n_2)$

$$\Delta\varphi = \varphi_1' - \varphi_2' = \frac{3 \times 0.0592(n_1 + n_2)}{n_1n_2} \tag{6-9}$$

由式6-8和式6-9可知，当 $\lg K' \geq 3(n_1+n_2)$ 时，或 $\Delta\varphi \geq \frac{3\times 0.0592(n_1+n_2)}{n_1 n_2}$ 时，氧化还原反应比较完全，才能用于滴定分析。

如果 $n_1=n_2=1$ 型的氧化还原反应，$\lg K' \geq 6$ 或 $\Delta\varphi \geq 0.35V$ 时，氧化还原反应可用于滴定分析。如 $n_1=1$、$n_2=2$ 型的氧化还原反应，$\lg K' \geq 9$ 或 $\Delta\varphi \geq 0.27V$ 时，氧化还原反应可用于滴定分析。所以 $\Delta\varphi$ 足够大，表示反应进行的完全程度能满足滴定分析要求，但实际工作中，该反应不一定能定量进行，也不能显示出反应进行的速率，这样的氧化还原反应也不一定能用于滴定分析。

三、氧化还原滴定曲线

在氧化还原滴定中，随着滴定剂的加入，被滴定物质的氧化态和还原态的浓度也随之改变，依据式6-4，电对的电极电位也不断改变。以滴定过程中滴定分数（α）为横坐标，以溶液电极电位（φ/V）为纵坐标作图，所得的曲线称为氧化还原滴定曲线。滴定曲线一般通过实验方法测得，但对于可逆氧化还原体系，根据能斯特方程由理论计算得出的滴定曲线可以较好地与实验所得曲线吻合。

例如，在1mol/L H_2SO_4 介质中用0.1000mol/L Ce^{4+} 滴定20.00mL 0.1000mol/L Fe^{2+} 溶液，滴定反应为： $Ce^{4+}+Fe^{2+} \rightleftharpoons Ce^{3+}+Fe^{3+}$

滴定开始至化学计量点前，溶液中加入的 Ce^{4+} 几乎完全反应生成 Ce^{3+}，此时溶液电极电位可利用电对 Fe^{3+}/Fe^{2+} 计算。为简便计算，可采用百分比代替浓度比。

$$\varphi_{Fe^{3+}/Fe^{2+}} = \varphi'_{Fe^{3+}/Fe^{2+}} + 0.0592\lg\frac{c_{Fe^{3+}}}{c_{Fe^{2+}}}$$

当加入99.9%的滴定剂 Ce^{4+} 标准溶液时，则99.9%的 Fe^{2+} 被氧化成 Fe^{3+}，此时溶液电极电位：

$$\varphi_{Fe^{3+}/Fe^{2+}} = \varphi'_{Fe^{3+}/Fe^{2+}} + 0.0592\lg\frac{99.9}{0.1} = 0.86$$

化学计量点时，Ce^{4+} 和 Fe^{2+} 浓度都很小，且不易直接求得，但由反应式可知计量点时：

$$c_{Ce^{4+}} = c_{Fe^{2+}},\quad c_{Ce^{3+}} = c_{Fe^{3+}},\quad \varphi_{Ce^{4+}/Ce^{3+}} = \varphi_{Fe^{3+}/Fe^{2+}} = \varphi_{sp}$$

$$\varphi_{sp} = \varphi'_{Fe^{3+}/Fe^{2+}} + 0.0592\lg\frac{c_{Fe^{3+}}}{c_{Fe^{2+}}}$$

$$\varphi_{sp} = \varphi'_{Ce^{4+}/Ce^{3+}} + 0.0592\lg\frac{c_{Ce^{4+}}}{c_{Ce^{3+}}}$$

两式整理后得：

$$\varphi_{sp} = \frac{\varphi'_{Ce^{4+}/Ce^{3+}} + \varphi'_{Fe^{3+}/Fe^{2+}}}{2} = 1.06V$$

化学计量点后，Ce^{4+} 过量，可由 Ce^{4+}/Ce^{3+} 电对计算溶液电极电位。

$$\varphi = \varphi'_{Ce^{4+}/Ce^{3+}} + 0.059\lg\frac{c_{Ce^{4+}}}{c_{Ce^{3+}}}$$

将部分计算结果列于表6-2。

表 6-2　0.1000mol/L Ce^{4+} 滴定 20mL 0.1000mol/L Fe^{2+} （1mol/L H_2SO_4）

滴入 Ce^{4+} 溶液体积 V/mL	滴定分数 α	溶液电极电位 φ/V
1.00	0.05000	0.60
2.00	0.1000	0.62
4.00	0.2000	0.64
8.00	0.4000	0.67
10.00	0.5000	0.68
12.00	0.6000	0.69
18.00	0.9000	0.74
19.80	0.9900	0.80
19.98	0.9990	**0.86**
20.00	1.000	**1.06**
20.02	1.001	**1.26**
22.00	1.100	1.38
30.00	1.500	1.42
40.00	2.000	1.44

以此表数据绘制滴定曲线如图 6-1 所示。

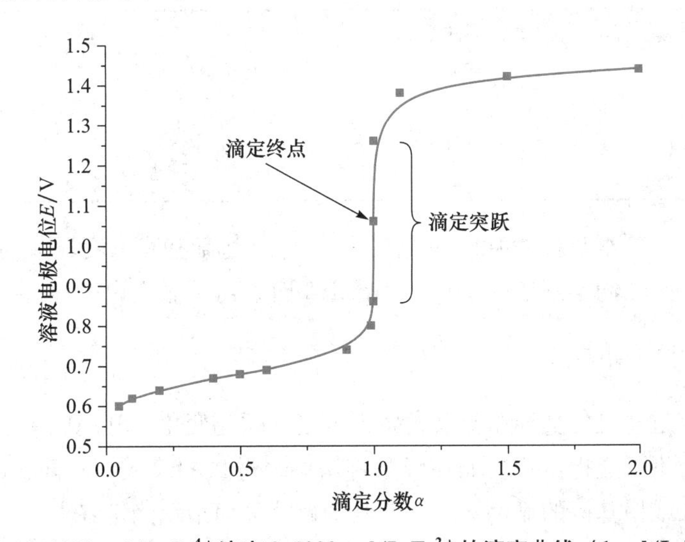

图 6-1　0.1000mol/L Ce^{4+} 滴定 0.1000mol/L Fe^{2+} 的滴定曲线（1mol/L H_2SO_4）

由滴定曲线可以看出，滴定分数从 0.9990 到 1.001 的过程中，溶液的电极电位发生了突变，称为滴定突跃，这个范围称为滴定突跃范围，滴定突跃范围是选择氧化还原指示剂的依据，滴定突跃范围的大小，与反应的两电对条件电极电位差值 $\Delta\varphi$ 有关，$\Delta\varphi$ 越大，滴定突跃范围越大，可选择的氧化还原指示剂越多。通常以突跃部分的中点作为滴定终点。需要注意的是，滴定终点与化学计量点不一定相符，简单地说，滴定终点一般在实验中由指示剂确定，而化学计量点是通过计算得出的理论上的终点。

四、指示剂

在氧化还原滴定过程中，通常使用指示剂确定终点。氧化还原滴定中常用的指示剂有以下几类。

（一）自身指示剂

在氧化还原滴定中，部分滴定液或待测组分本身的氧化态和还原态颜色有明显的区别，滴定过程无须另外加入指示剂，利用其自身两种颜色的变化，即可指示滴定终点。这类指示剂称为自身指示剂。例如，用 $KMnO_4$ 滴定液在酸性介质中滴定 $FeSO_4$，$KMnO_4$ 在反应中被还原为几乎无色的 Mn^{2+}，当到达化学计量点时，稍微过量的 $KMnO_4$ 可使溶液呈现浅红色，指示滴定终点的到达。

（二）氧化还原指示剂

这类指示剂本身是一类弱氧化剂或弱还原剂，其氧化态与还原态有明显的颜色差别。在化学计量点附近，指示剂发生氧化或还原反应，其氧化态与还原态发生转变，从而引起溶液颜色改变，指示滴定终点。

表 6－3　常用氧化还原指示剂的颜色变化及 φ'

指示剂	氧化态	还原态	φ'（V）（[H]＝1mol/L）
亚甲蓝	绿蓝色	无色	0.36
二苯胺	紫色	无色	0.76
二苯胺磺酸钠	紫红色	无色	0.85
邻二氮菲－亚铁	浅蓝色	红色	1.06

由于该类指示剂本身要消耗一定量的滴定液，当滴定液浓度较大时，可忽略其影响，但在精确测定或滴定液浓度小于 0.01mol/L 时，需要做空白试验进行校正。

（三）不可逆指示剂

某些物质在过量氧化剂存在时会发生不可逆的颜色变化，利用此原理指示滴定终点的这类物质称为不可逆指示剂。如在溴酸钾法中，过量的溴酸钾在酸性溶液中析出溴，溴能破坏甲基红或甲基橙的显色结构，使其颜色消失而指示滴定终点。

（四）特殊指示剂

这类指示剂本身不具有氧化还原性质，不参与氧化还原反应，但其可以与滴定液或被测物质的氧化态或还原态作用产生特殊颜色，从而指示滴定终点，被称为特殊指示剂。如淀粉指示剂在碘量法中的应用，当碘溶液浓度达到 10^{-5}mol/L 时，能被淀粉指示剂吸附而显特殊的蓝色，指示滴定终点的到达。

（五）外指示剂

指示剂不直接加入被滴定的溶液中，而在化学计量点附近用玻璃棒蘸取少量溶液在外面与指示剂接触来判断滴定终点，这种指示剂称为外指示剂。外指示剂一般制成糊状或试纸使用。

第二节　高锰酸钾法

一、基本原理

使用高锰酸钾溶液作为滴定液的滴定分析方法称为高锰酸钾法。高锰酸钾是一种氧化剂，氧化能力与其溶液的酸度有关。

在强酸性溶液中表现为强氧化剂，电对反应为：

$$MnO_4^- + 8H^+ + 5e \rightleftharpoons Mn^{2+}(\text{无色}) + 4H_2O \qquad \varphi^{\ominus} = 1.5V$$

在弱酸性、中性或弱碱性溶液中表现为较弱的氧化剂，电对反应为：

$$MnO_4^- + 4H^+ + 3e \rightleftharpoons MnO_2\downarrow(\text{棕色沉淀}) + 2H_2O \qquad \varphi^{\ominus} = 0.59V$$

在强碱性溶液中表现为更弱的氧化剂，电对反应为：

$$MnO_4^- + e \rightleftharpoons MnO_4^{2-}(\text{绿色}) \qquad \varphi^{\ominus} = 0.56V$$

可以看出，高锰酸钾法适宜在强酸性溶液中进行，当用高锰酸钾滴定无色或浅色溶液时，通常不另加指示剂，使用高锰酸钾作自身指示剂，浓度较低时，也可选用氧化还原指示剂。部分物质与高锰酸钾在常温下反应较慢，为加快反应速率，可在滴定前适当加热被测溶液，趁热滴定；也可在被测溶液中加入适量 Mn^{2+} 作催化剂以加快反应速率。但对于在空气中容易氧化或加热易分解的还原性物质，如亚铁盐、过氧化氢等则不适宜加热滴定。

高锰酸钾法应用十分广泛，根据被测物质的性质，可采用不同的滴定方式。

1. 直接滴定法　高锰酸钾滴定液直接滴定被测物质溶液，主要用于还原性物质的分析测定。如草酸盐、亚铁盐、过氧化氢、亚硝酸盐及其他具有还原性的有机物。

2. 返滴定法　先向被测物质溶液中加入准确而过量的能与被测物定量反应的另一种基准物质或滴定液，使其与被测物完全反应，再用高锰酸钾滴定液滴定加入的基准物质或滴定液过量（剩余）的部分，从而计算出被测物质的含量。例如，测定 MnO_2 时，在 H_2SO_4 酸性条件下，先向试样中加过量并且准确的 $Na_2C_2O_4$ 溶液，待 MnO_2 与 $C_2O_4^{2-}$ 反应完全后，再用 $KMnO_4$ 滴定剩余的 $C_2O_4^{2-}$。

3. 间接滴定法　将被测物质定量地转换为能与高锰酸钾定量反应的物质，通过高锰酸钾滴定液滴定定量转换后的物质，从而计算出被测物质的含量。主要用于某些不具备氧化性或还原性，不能用直接滴定法或返滴定法测定的样品。如测定 Ca^{2+} 含量时，先用草酸将 Ca^{2+} 沉淀为 CaC_2O_4，过滤后用稀硫酸溶解沉淀，然后再用高锰酸钾滴定液滴定溶液中的 $C_2O_4^{2-}$，进而根据 Ca^{2+} 与 $C_2O_4^{2-}$ 的定量关系间接计算出 Ca^{2+} 的含量。

二、$KMnO_4$ 滴定液的配制和标定

$KMnO_4$ 是氧化还原滴定中常用的滴定液，由于 $KMnO_4$ 的氧化性很强，稳定性不高，在生产储存过程中易与其他还原性物质作用，见光分解等原因，$KMnO_4$ 滴定液不可用

直接法配制，只能用间接法进行配制。先粗配一定大小的浓度，放置一段时间后，再用基准物质 $Na_2C_2O_4$ 进行标定，确定其准确浓度。配制和保存 $KMnO_4$ 溶液时，应保持溶液呈中性，不含 MnO_2。

（一）$KMnO_4$（0.02mol/L）溶液的配制

取 $KMnO_4$ 3.3～3.5g 于 1000mL 蒸馏水中，微沸 15 分钟，转入棕色试剂瓶密闭，暗处静置 2 日以上，用垂熔玻璃滤器过滤，于棕色试剂瓶中备用。

（二）$KMnO_4$ 溶液的标定

标定 $KMnO_4$ 溶液的基准物质有 $Na_2C_2O_4$、$H_2C_2O_4 \cdot 2H_2O$、As_2O_3、$(NH_4)_2Fe(SO_4)_2 \cdot 6H_2O$ 等，其中 $Na_2C_2O_4$ 不含结晶水，无吸湿性，性质稳定，最为常用。

用 $Na_2C_2O_4$ 标定 $KMnO_4$ 溶液，常在 H_2SO_4 介质中进行，反应式为：

$$2MnO_4^- + 5C_2O_4^{2-} + 16H^+ \rightleftharpoons 2Mn^{2+} + 10CO_2\uparrow + 8H_2O$$

计算公式为：

$$c_{KMnO_4} = \frac{2 \times m_{Na_2C_2O_4} \times 1000}{5 \times M_{Na_2C_2O_4} \times V_{KMnO_4}}$$

标定时注意以下几个问题：

① 控制溶液的酸度：一般用硫酸溶液调节酸度，开始滴定时酸度为 0.5～1.0 mol/L，滴定终点时应为 0.2～0.5mol/L，酸度不够易生成 MnO_2。

② 温度控制：溶液的温度应在 75℃～85℃之间，温度低于 60℃，反应速度慢；温度高于 90℃，会使部分 $C_2O_4^{2-}$ 分解。

③ 滴定速度：开始时，滴定速度要慢，要等第一滴 $KMnO_4$ 紫红色消失后，再滴第二滴。反应生成的 Mn^{2+} 对滴定反应有催化作用，滴定可加快。

④ 终点的确定：滴定至溶液呈浅红色并在 30 秒不褪色即为终点。

需要注意的是，光和热能促进 $KMnO_4$ 的分解，标定过的 $KMnO_4$ 溶液应妥善保管，并定期重新标定。

三、应用与示例

高锰酸钾法应用广泛，可对 H_2O_2、碱金属及碱土金属的过氧化物、Ca^{2+}、软锰矿中的 MnO_2、部分有机化合物、水体化学需氧量等进行测定。

（一）H_2O_2 含量测定示例

H_2O_2 俗称双氧水，医药上常用 3% 双氧水溶液消毒杀菌、清洗化脓性疮口等。在酸性溶液中，H_2O_2 能定量还原 MnO_4^-，并释放处 O_2，反应方程式为：

$$2MnO_4^- + 5H_2O_2 + 6H^+ \rightleftharpoons 2Mn^{2+} + 5O_2\uparrow + 8H_2O$$

滴定在室温下于 H_2SO_4 介质中进行，开始时反应较慢，但 Mn^{2+} 可催化此反应，故反应随 Mn^{2+} 生成而加速，也可在滴定前向被测溶液中加入少量 Mn^{2+} 作催化剂。在临近滴定终点时，因 H_2O_2 含量较少，浓度较低，反应速率再次变慢。H_2O_2 含量计算公式如下：

$$\omega_{H_2O_2} = \frac{5 \times c_{KMnO_4} \times V_{KMnO_4} \times 10^{-3} \times M_{H_2O_2}}{2 \times m} \times 100\%$$

上式中，m 为被测溶液的质量，单位 g；c_{KMnO_4} 为高锰酸钾滴定液的物质的量浓度，单位 mol/L；V_{KMnO_4} 为滴定消耗的高锰酸钾滴定液的体积，单位为 mL；$M_{H_2O_2}$ 为双氧水的化学式量；$\omega_{H_2O_2}$ 为以质量分数表示的 H_2O_2 含量。需要指出的是，如双氧水中还有有机化合物，也会消耗 MnO_4^-，致使分析结果偏高。此时须采用碘量法或铈量法进行测定。

（二）软锰矿中 MnO_2 含量测定示例

$KMnO_4$ 不能直接滴定 MnO_2，可使用返滴定法进行测定。先向试样中加入确定量的过量 $Na_2C_2O_4$ 溶液，加入 H_2SO_4 并加热，待 MnO_2 与 $C_2O_4^{2-}$ 定量反应完全后，再用 $KMnO_4$ 滴定剩余的 $C_2O_4^{2-}$。相关反应及计算如下：

$$MnO_2 + C_2O_4^{2-} + 4H^+ \rightleftharpoons Mn^{2+} + 2CO_2\uparrow + 2H_2O$$

$$2MnO_4^- + 5C_2O_4^{2-} + 16H^+ \rightleftharpoons 2Mn^{2+} + 10CO_2\uparrow + 8H_2O$$

$$c_{MnO_2} = \frac{c_{Na_2C_2O_4} \times V_{Na_2C_2O_4} - \frac{5}{2}(c_{KMnO_4} \times V_{KMnO_4})}{V}$$

第三节　碘　量　法

以 I_2 为氧化剂或以 I^- 为还原剂进行滴定的分析方法称为碘量法。半反应式为：

$$I_2 + 2e \rightleftharpoons 2I^- \qquad \varphi^{\ominus}_{I_2/I^-} = 0.5345V$$

I_2 是较弱的氧化剂，可与较强的还原剂反应；I^- 是中等强度的还原剂，可与许多氧化剂反应。因此，用碘量法进行分析时，常根据被测组分的氧化性或还原性强弱，采用不同方法。

一、基本原理

（一）直接碘量法

如被测物为还原性物质，且其标准电极电位或条件电极电位比碘电对的标准电极电位低，可直接使用 I_2 滴定液进行滴定，这种方法称为直接碘量法，又称碘滴定法。

直接碘量法只能在酸性、中性或弱碱性溶液中进行，滴定过程中应注意控制溶液酸度。

（二）间接碘量法

不能用直接碘量法测定的物质，可使用间接碘量法进行测定。间接碘量法主要包括置换滴定法和返滴定法，两者均是以 I_2 与 $Na_2S_2O_3$ 的定量反应为基础，该法又称为滴定碘法。

$$2S_2O_3^{2-} + I_2 \rightleftharpoons S_4O_6^{2-} + 2I^-$$

1. 置换滴定法　如被测物的标准电极电位高于 $\varphi^{\ominus}_{I_2/I^-}$，其氧化态可将 I^- 氧化成 I_2，定量析出的 I_2 可用 $Na_2S_2O_3$ 滴定液进行滴定，这种方法称为置换滴定法。

2. 返滴定法　如被测物的标准电极电位低于 $\varphi^{\ominus}_{I_2/I^-}$，其还原态可与过量的 I_2 标准溶液作用，待反应完全后，用 $Na_2S_2O_3$ 滴定液滴定剩余的 I_2，从而计算被测物的含量，这种方法称为返滴定法。

间接碘量法只能在弱酸性或中性溶液中进行，滴定过程中应注意控制溶液酸度。

课堂互动

温度对碘量法有影响吗？如果有，会产生什么影响？

二、I_2 和 $Na_2S_2O_3$ 标准溶液的配制和标定

碘量法中经常使用的有 I_2 和 $Na_2S_2O_3$ 两种标准溶液，其配制和标定方法如下。

（一）I_2 标准溶液

由于 I_2 具有挥发性和腐蚀性，不宜用分析天平称量，所以通常用间接法配制标准溶液。

1. 配制　为了增加 I_2 在水中的溶解度，需加适量的 KI，I_2 生成 I_3^-，可以降低 I_2 的挥发性。加少量盐酸以除去微量碘酸盐，溶液用垂熔玻璃滤漏斗过滤少量未溶解的碘，于棕色瓶中避光保存。

2. 标定　常用的基准物质为 As_2O_3。As_2O_3 难溶于水，可加 NaOH 溶液使其生成亚砷酸钠而溶解，过量的碱用酸中和。滴定前加入 $NaHCO_3$ 使溶液呈弱碱性。反应如下：

$$As_2O_3 + 6OH^- \rightleftharpoons 2AsO_3^{3-} + 3H_2O$$

$$AsO_3^{3-} + I_2 + H_2O \rightleftharpoons AsO_4^{3-} + 2I^- + 2H^+$$

计算公式如下：

$$c_{I_2} = \frac{2 \times m_{As_2O_3} \times 1000}{M_{As_2O_3} \times V_{I_2}}$$

根据 As_2O_3 的量和消耗的碘溶液体积，计算出 I_2 溶液的准确浓度，贴上标签备用。由于 As_2O_3 为剧毒物，实际工作中常用硫代硫酸钠标准溶液标定碘溶液。

（二）$Na_2S_2O_3$ 标准溶液的配制和标定

$Na_2S_2O_3$ 不是基准物质，因此不能直接配制成标准溶液，且配制好的 $Na_2S_2O_3$ 溶液不稳定，易受微生物、CO_2 和空气中 O_2 的作用而分解。所以 $Na_2S_2O_3$ 标准溶液必须在需用时配制并标定后使用。

1. 配制　需用新煮沸冷却的蒸馏水溶解，加入少量 Na_2CO_3 使溶液呈弱碱性。于棕色瓶中避光放置 7～10 天，过滤后再标定。

2. 标定　可以用 $K_2Cr_2O_7$、KIO_3、$KBrO_3$ 等基准物质标定 $Na_2S_2O_3$ 溶液。常用 $K_2Cr_2O_7$ 为基准物的置换滴定。称取一定量的基准物质 $K_2Cr_2O_7$，在酸性溶液中与过量的 KI 作用，定量析出 I_2，以淀粉为指示剂，用 $Na_2S_2O_3$ 溶液滴定，反应式如下：

$$Cr_2O_7^{2-} + 6I^- + 14H^+ \rightleftharpoons 2Cr^{3+} + 3I_2 + 7H_2O$$

$$I_2 + 2S_2O_3^{2-} \rightleftharpoons 2I^- + S_4O_6^{2-}$$

计算公式如下：

$$c_{Na_2S_2O_3} = \frac{6 \times m_{K_2Cr_2O_7} \times 1000}{M_{K_2Cr_2O_7} \times V_{Na_2S_2O_3}}$$

KI 与 $K_2Cr_2O_7$ 的反应于碘量瓶中进行，暗处反应 10 分钟，使置换反应完全，并控制置换反应的酸度。酸度越高，反应速度越快，但酸度太高，I^- 易被空气中的 O_2 氧化，使 I_2 析出量增加；酸度太低，反应速度慢，I_2 析出不完全，易出现终点“回蓝”现象。用 $Na_2S_2O_3$ 溶液滴定 I_2 的反应在中性或弱酸性溶液中进行，所以滴定前需将溶液稀释，既降低了酸度，又降低了浓度，便于终点的观察。

三、应用与示例

碘量法应用广泛。直接碘量法可测定硫化物、SO_2、As_2O_3、$S_2O_3^{2-}$、Sn^{2+}、Sb^{3+}、维生素 C 等还原性较强的物质；间接碘量法可测定高锰酸钾、重铬酸钾、溴酸盐、漂白粉、过氧化氢、二氧化锰、铜盐、葡萄糖酸锑钠、葡萄糖、焦亚硫酸钠、亚硫酸氢钠、无水亚硫酸钠等。

（一）硫化物含量测定示例

在酸性溶液中，I_2 能氧化 S^{2-}，因此可用淀粉作指示剂，用 I_2 滴定液直接测定含 S^{2-} 的硫化物。需要注意的是，滴定不能在碱性溶液中进行，否则部分 S^{2-} 将被氧化成 SO_4^{2-}，而且 I_2 也会发生歧化反应。相关反应和计算公式如下：

$$I_2 + S^{2-} \rightleftharpoons S\downarrow + 2I^-$$

$$c_{S^{2-}} = \frac{c_{I_2} \times V_{I_2}}{V_{S^{2-}}}$$

（二）葡萄糖酸锑钠含量测定示例

葡萄糖酸锑钠中的锑为 +5 价，具有氧化性，在酸性条件下能将 I^- 氧化成 I_2，Sb^{5+} 被还原为 Sb^{3+}。测定时，可先向被测溶液中加入过量的 I^-，待完全反应后，再用 $Na_2S_2O_3$ 滴定液滴定生成的 I_2，根据 $Na_2S_2O_3$ 滴定液消耗量与被测样品的质量，即可计算其样品中被测物的含量。葡萄糖酸锑钠中其他还原性物质须用空白试验校正。相关反应及计算公式如下：

$$Sb^{5+} + 2I^- \rightleftharpoons Sb^{3+} + I_2$$

$$2S_2O_3^{2-} + I_2 \rightleftharpoons S_4O_6^{2-} + 2I^-$$

$$\omega_{Sb} = \frac{c_{Na_2S_2O_3} \times (V - V_0) \times 10^{-3} \times M_{Sb}}{2m} \times 100\%$$

上式中 V_0 为空白试验中消耗的 $Na_2S_2O_3$ 滴定液体积。

第四节 亚硝酸钠法

以亚硝酸根与被测物质发生重氮化反应和硝基化反应为基础，亚硝酸钠为滴定液的氧化还原滴定法称为亚硝酸钠法。

一、基本原理

盐酸溶液中，亚硝酸钠能与芳香族伯胺作用发生重氮化反应：

$$NaNO_2 + 2HCl + Ar—NH_2 \rightleftharpoons [Ar—\overset{+}{N}\equiv N]Cl^- + NaCl + 2H_2O$$

而芳香族仲胺在盐酸溶液中与亚硝酸钠作用则发生亚硝基化反应：

$$NaNO_2 + HCl + Ar—NH—R \rightleftharpoons Ar—N(R)—NO + NaCl + H_2O$$

上述两种反应中，芳香族伯胺、仲胺与亚硝酸钠均按 1∶1 的计量关系定量进行，故可用于滴定分析。通常把以重氮化反应为基础的滴定称为重氮化滴定法；把以亚硝基化反应为基础的滴定称为亚硝基化滴定法。

亚硝酸钠法中重氮化滴定法较为常用，实际应用时，应对溶液酸度（盐酸酸化）、滴定速度、温度等进行控制，同时注意取代基团的影响。

1. 酸度 重氮化反应在酸性溶液中速率较快，重氮化滴定法一般使用盐酸调节溶液酸度。适宜的酸度不仅可以加快反应速率，还可提高生成物的稳定性，一般控制酸度在 1 ~ 2mol/L。酸度过低，生成的重氮盐不稳定，同时有副反应发生，测定结果偏低；过高的酸度则会影响重氮化反应的速率。

2. 滴定速度 重氮化反应的速率较慢，滴定液要缓慢滴加。在接近滴定终点时，须逐滴加入，并不断搅拌，让滴定液与被测物充分反应。

3. 温度 重氮化反应的速率随温度升高而加快，但温度过高时会加速重氮盐与亚硝酸盐的分解。实验表明，在 5℃以下进行测定，结果较为准确。

4. 取代基团的影响 苯胺环上，特别是氨基对位上有其他取代基存在时，会影响重氮化反应的速率。通常吸电子基团能加快反应速率，斥电子基团能减慢反应速率。对反应较慢的重氮化反应，一般加入适量的 KBr 作催化剂。

二、$NaNO_2$ 滴定液的配制和标定

$NaNO_2$ 不是基准物质，不能用直接法配制滴定液，也采用标定法配制。

1. 配制 亚硝酸钠溶液不稳定，放置时浓度显著下降，pH≈10 时，浓度可稳定三

个月，所以配制时加少量碳酸钠作稳定剂。

2. 标定　可用对氨基苯磺酸、磺胺二甲嘧啶等基准物质标定，常用的是对氨基苯磺酸。需先用氨水溶解对氨基苯磺酸，再用盐酸调酸度，用配制的亚硝酸钠溶液快速滴定，反应式为：

$$HO_3S-C_6H_4-NH_2 + NaNO_2 + 2HCl \rightleftharpoons [HO_3S-C_6H_4-\overset{+}{N}\equiv N]Cl^- + NaCl + 2H_2O$$

计算公式如下：

$$c_{NaNO_2} = \frac{m_{C_6H_7NO_3S} \times 1000}{M_{C_6H_7NO_3S} \times V_{NaNO_2}}$$

三、应用与示例

亚硝酸钠法在测定芳香族伯胺与芳香族仲胺的分析工作中应用较为广泛。如解热镇痛药对乙酰氨基酚含量测定。

对乙酰氨基酚分子结构中含有芳香酰胺基，经水解后生成游离的对羟基苯胺是芳香族伯胺，可用重氮化法测定其含量，进而计算出对乙酰氨基酚的含量。测定以淀粉碘化钾外指示剂指示滴定终点。相关反应及计算公式如下：

$$HO-C_6H_4-NH-COCH_3 + H_2O \xrightarrow[\triangle]{H_2SO_4} HO-C_6H_4-NH_2 + CH_3COOH$$

$$HO-C_6H_4-NH_2 + NaNO_2 + 2HCl \xrightarrow{KBr} [HO-C_6H_4-\overset{+}{N}\equiv N]Cl^- + NaCl + 2H_2O$$

$$\omega_{C_8H_9NO_2} = \frac{c_{NaNO_2} \times V_{NaNO_2} \times 10^{-3} \times M_{C_8H_9NO_2}}{m} \times 100\%$$

上式中，m 为被测样品的质量，单位为 g；c_{NaNO_2} 为亚硝酸钠滴定液的浓度；V_{NaNO_2} 为消耗的亚硝酸钠滴定液的体积，单位为 mL；$M_{C_8H_9NO_2}$ 为对乙酰氨基酚的化学式量；$\omega_{C_8H_9NO_2}$ 为以质量分数表示的对乙酰氨基酚含量。

【完成项目任务】

精密称取维生素 C 片待测样品约 0.2g 置于锥形瓶中，加入新煮沸后冷却的水 100mL 及稀醋酸 10mL，溶解，加入淀粉指示液 1mL，迅速用 0.05mol/L 碘滴定液滴定至溶液显蓝色且 30 秒内不褪色，即为滴定终点。

$$\omega_{Vc} = \frac{V_{I_2} \times T_{I_2/Vc} \times \dfrac{c_{I_2}}{0.05\text{mol/L}} \times 10^{-3}}{m} \times 100\%$$

本章小结

1. 条件电极电位：在特定条件下，当电对中氧化态与还原态的分析浓度均为 1mol/L 时，校正各种外界因素影响后得到的实际电极电位，其值只有在一定条件下才是一个常数。

2. 氧化还原反应进行程度的判断：$\lg K' \geq 3(n_1+n_2)$ 时，或 $\Delta\varphi \geq \dfrac{3\times 0.0592(n_1+n_2)}{n_1 n_2}$ 该反应才进行得比较完全，方能满足滴定分析的条件。

3. 氧化还原反应滴定曲线：以滴定过程中滴定分数（α）为横坐标，以溶液电极电位（φ/V）为纵坐标作图，所得的曲线称为氧化还原滴定曲线。

4. 氧化还原滴定指示剂：自身指示剂、氧化还原指示剂、不可逆指示剂、特殊指示剂、外指示剂。

5. 常用氧化还原滴定法：

高锰酸钾法：$MnO_4^- + 8H^+ + 5e \rightleftharpoons Mn^{2+}$（无色）$+ 4H_2O$

碘量法：$I_2 + 2e \rightleftharpoons 2I^-$（直接碘量法）

$2I^- - 2e \rightleftharpoons I_2$（间接碘量法）

$2S_2O_3^{2-} + I_2 \rightleftharpoons S_4O_6^{2-} + 2I^-$（间接碘量法滴定反应）

亚硝酸钠法：

$NaNO_2^- + 2HCl + Ar—NH_2 \rightleftharpoons [Ar—\overset{+}{N}\equiv N]Cl^- + NaCl + 2H_2O$（重氮化滴定法）

$NaNO_2 + HCl + Ar—NH—R \rightleftharpoons Ar—N(R)—NO + NaCl + H_2O$（亚硝基化滴定法）

能力检测

一、选择题

1. 条件电极电位不能用于判断氧化还原反应（　　）

A. 反应进行的方向　　B. 反应进行的程度

C. 反应进行的次序　　D. 反应进行的速率

2. 间接碘量法中，加入淀粉指示剂的适宜时间是（　　）

A. 滴定开始时　　B. 滴定接近终点时

C. 滴入滴定液近 30% 时　　D. 任何时候均可

3. 用碘量法测定漂白粉中的有效氯（Cl）时，常用作指示剂的是（　　）

A. 甲基橙　　B. 铁铵矾　　C. 二苯胺磺酸钠　　D. 淀粉

4. 高锰酸钾法测定 H_2O_2 含量时，调节酸度时应选用（　　）

A. 醋酸　　B. 稀硫酸　　C. 稀盐酸　　D. 稀硝酸

5. 标定 $Na_2S_2O_3$ 溶液时，如溶液酸度过高，部分 I^- 会氧化：$4I^- + 4H^+ + O_2 \rightleftharpoons 2I_2 + 2H_2O$，从而使测得的 $Na_2S_2O_3$ 浓度（　　）

A. 偏低　　B. 偏高　　C. 无变化　　D. 无法确定

6. 下述两种情况下的滴定突跃范围将是（　　）

（1）用 0.1mol/L $Ce(SO_4)_2$ 溶液滴定 0.1mol/L $FeSO_4$ 溶液

（2）用 0.01mol/L $Ce(SO_4)_2$ 溶液滴定 0.01mol/L $FeSO_4$ 溶液

A. （1）>（2）　　B. （2）>（1）　　C. 一样大　　D. 无法确定

7. 直接碘量法中，应控制反应进行的条件是（　　）

A. 强碱性环境　　B. 中性或弱碱性环境

C. 强酸性环境　　D. 中性或弱酸性环境

8. 以 $Na_2C_2O_4$ 为基准物质标定 $KMnO_4$ 溶液时，做法正确的是（　　）

A. 加热至沸腾，然后滴定　　B. 边滴边振摇

C. 用 H_3PO_4 控制酸度　　D. 用二苯胺磺酸钠为指示剂

9. 以下是碘量法中使用碘量瓶的目的是（　　）

（1）防止碘挥发；（2）防止溶液溅出；（3）防止溶液与空气接触；（4）避光

A. （1）（2）（3）（4）　　B. （1）（3）

C. （2）（4）　　D. 以上全不是

10. 下列物质中，可用氧化还原滴定法进行测定的有（　　）

A. 醋酸　　B. 盐酸　　C. 硫酸　　D. 草酸

二、简答题

1. 如何判断一个氧化还原反应进行的程度？能否用于氧化还原滴定分析？
2. 试比较标准电极电位与条件电极电位的异同。

三、实例分析

1. 一定量的 $H_2C_2O_4$ 溶液，用 0.02000mol/L 的 $KMnO_4$ 溶液滴定至终点时，消耗 23.50mL $KMnO_4$ 溶液。若改用 0.1000mol/L 的 NaOH 溶液滴定，则需要 NaOH 溶液多少毫升？（$2MnO_4^- + 5C_2O_4^{2-} + 16H^+ \rightleftharpoons 2Mn^{2+} + 10CO_2\uparrow + 8H_2O$）

2. 称取软锰矿样 0.4212g，以 0.4488g $Na_2C_2O_4$ 在强酸性条件下处理后，再以 0.01012mol/L 的 $KMnO_4$ 标准滴定剩余的 $Na_2C_2O_4$，消耗 $KMnO_4$ 溶液 30.20mL。求软锰矿中 MnO_2 的百分含量。（$MnO_2 + Na_2C_2O_4 + 2H_2SO_4 \rightleftharpoons MnSO_4 + Na_2SO_4 + 2H_2O + 2CO_2\uparrow$）

实训六　过氧化氢的含量测定（$KMnO_4$ 法）

一、实验目的

1. 掌握高锰酸钾法的测定原理，自身指示剂的使用方法。
2. 练习高锰酸钾法测定物质含量的基本操作。

二、实验原理

H_2O_2 俗称双氧水，医药上常用3%双氧水溶液消毒杀菌、清洗化脓性疮口等。在酸性溶液中，H_2O_2 能定量还原 MnO_4^-，并释放 O_2，故可使用高锰酸钾法测定其含量。相关反应方程式为：

$$2MnO_4^- + 5H_2O_2 + 6H^+ \rightleftharpoons 2Mn^{2+} + 5O_2\uparrow + 8H_2O$$

在 H_2SO_4 介质中，用 $Na_2C_2O_4$ 标定 $KMnO_4$ 溶液，反应式为：

$$2MnO_4^- + 5C_2O_4^{2-} + 16H^+ \rightleftharpoons 2Mn^{2+} + 10CO_2\uparrow + 8H_2O$$

注意：因 $KMnO_4$ 在强酸性条件下易分解，故本实训过程中应控制滴定液滴入速率，开始时滴定速度较慢，随反应进行，可适当加快滴定速度，当临近滴定终点时，须再次慢速滴入。

三、仪器与试剂

1. 仪器 50mL 酸式滴定管、250mL 锥形瓶、10mL 移液管、1mL 吸量管、洗瓶、洗耳球。

2. 试剂 3% 双氧水、0.02mol/L $KMnO_4$ 滴定液、1mol/L H_2SO_4 溶液。

四、操作步骤

1. $KMnO_4$ 溶液的配制 取 $KMnO_4$ 固体（分析纯）1.6g，加水 500mL，微沸 15 分钟，转入棕色试剂瓶密闭，暗处静置 2 日以上，用垂熔玻璃滤器过滤，摇匀备用。

2. $KMnO_4$ 溶液的标定 精确称取 105℃ 干燥至恒重的基准物质草酸钠 0.2g，加入新煮沸后冷却的水 250mL 与 10mL 98% 浓 H_2SO_4 溶液，搅拌溶解，水浴加热至 70℃，趁热用 $KMnO_4$ 溶液滴定至微红色且在 30 秒内不褪色（$KMnO_4$ 自身作指示剂指示滴定终点，此时溶液温度不低于 55℃）。平行测定三次，根据消耗的 $KMnO_4$ 溶液体积及基准物质草酸钠的取用量，计算出 $KMnO_4$ 溶液的准确浓度，贴上标签备用。

3. H_2O_2 样品测定 精密量取 H_2O_2 被测样品 1.00mL，置于事先已加入 20mL 水的锥形瓶中，再加入 20mL 1mol/L H_2SO_4 溶液，混合均匀，用 $KMnO_4$ 标准溶液滴定至溶液显微红色且 30 秒内不褪色，即为滴定终点，记录相关数据，平行测定三次。

注意：实验时注意安全，切勿使双氧水和高锰酸钾接触衣物和皮肤！

五、数据处理

1. 数据记录与实验结果

测定序号	1	2	3
H_2O_2 样品取用体积（mL）			
H_2O_2 样品质量（g）			
$KMnO_4$ 滴定液浓度（mol/L）			
$KMnO_4$ 滴定液消耗量（mL）			
H_2O_2 含量（%）			
H_2O_2 含量平均值（%）			
偏差 d			
平均偏差 $\bar{d}$			
相对平均偏差 $R\bar{d}$			

2. 数据处理

计算公式：

$$c_{KMnO_4} = \frac{2 \times m_{Na_2C_2O_4} \times 1000}{5 \times M_{Na_2C_2O_4} \times V_{KMnO_4}}$$

$$\omega_{H_2O_2} = \frac{5 \times c_{KMnO_4} \times V_{KMnO_4} \times 10^{-3} \times M_{H_2O_2}}{2 \times m_{H_2O_2}} \times 100\%$$

六、检测题

1. 简述本实训中对滴入速度控制的原因。
2. 设计30% H_2O_2 的含量测定方案。

实训七 碘量法测定维生素 C 含量

一、实验目的

1. 掌握直接碘量法的测定原理、淀粉指示剂的使用方法。
2. 练习直接碘量法测定维生素 C 含量的基本操作。

二、实验原理

维生素 C 具有抗坏血病的效应，所以又称抗坏血酸，是一种具有较强还原性的药物，在弱酸性条件下，维生素 C 与 I_2 能定量发生氧化还原反应，故可用直接碘量法测定其含量。相关反应如下：

$$C_6H_8O_6 + I_2 \rightleftharpoons C_6H_6O_6 + 2HI$$

三、仪器与试剂

1. 仪器 50mL 酸式滴定管、250mL 锥形瓶、分析天平、100mL 量杯、洗耳球。

2. 试剂 药用维生素 C、0.05mol/L I_2 滴定液、稀醋酸、淀粉指示剂。

四、操作步骤

1. 0.05mol/L I_2滴定液的配制 取 I_2 13.0g，加入 36g KI 与 50mL 水，溶解后，加盐酸 3 滴，加水至 1000mL，摇匀，用垂熔玻璃滤器过滤，备用。

2. I_2 滴定液的标定 称取在 105℃干燥至恒重的基准物质 As_2O_3 约 0.15g，精密称定，加 1mol/L NaOH 滴定液 10mL，微热使溶解，加水 20mL 与甲基橙指示剂 1 滴，用硫酸滴定液（0.5 mol/L）滴定至溶液由黄色变为粉红色，再加 2g $NaHCO_3$、50mL 水与淀粉指示剂 2mL。用碘溶液滴定至溶液显浅蓝紫色。平行测定三次，根据消耗的碘溶液与 As_2O_3 取用量，计算出 I_2 溶液的准确浓度，贴上标签备用。

3. 样品的测定 精密称取药用维生素 C 待测样品约 0.2g，置于锥形瓶中，加入新煮沸后冷却的水 100mL 及稀醋酸 10mL，溶解，加入淀粉指示液 1mL。迅速用碘滴定液滴定至溶液显蓝色且 30 秒内不褪色，即为滴定终点。平行测定三次。记录相关数据，待处理。

五、数据处理

1. 数据记录与实验结果

测定序号	1	2	3
初重 m_0（样品 + 称量瓶）(g)			
末重 m_1（样品 + 称量瓶）(g)			
样品质量 m（$m_0 - m_1$）(g)			
I_2 滴定液浓度（mol/L）			
I_2 滴定液消耗量（mL）			
维生素 C 含量（%）			
维生素 C 含量平均值（%）			
偏差 d			
平均偏差 $\bar{d}$			
相对平均偏差 $R\bar{d}$			

2. 数据处理

计算公式：

$$c_{I_2} = \frac{2 \times m_{As_2O_3} \times 1000}{M_{As_2O_3} \times V_{I_2}}$$

$$\omega_{Vc} = \frac{V_{I_2} \times c_{I_2} \times M_{Vc} \times 10^{-3}}{m} \times 100\%$$

六、检测题

简述本实训须控制的测定条件。

第七章 沉淀滴定法

【项目任务】 测定中药大青盐的含量

大青盐是卤化物类石盐族石盐结晶体，主要成分为NaCl。具有清热、凉血、明目的功效。可用于吐血，尿血，牙龈肿痛出血，目赤肿痛，风眼烂弦。现需测定其含量，如何测量？可采用本章介绍的银量法。

第一节 沉淀滴定法概述

沉淀滴定法是以沉淀反应为基础的滴定分析方法，滴定时，沉淀剂（标准溶液）与待测物发生化学反应，生成难溶化合物，根据滴定终点所耗沉淀剂的量计算待测物的含量。沉淀反应很多，可用于滴定分析的沉淀反应必须满足以下条件：

1. 沉淀反应必须迅速、定量地进行。
2. 滴定终点必须有适当的方法来确定。
3. 沉淀的溶解度必须很小，且吸附现象不影响滴定结果和终点的确定。

目前，能用于滴定分析的沉淀反应主要是生成难溶性银盐的反应。其反应通式为：

$$Ag^+ + X^- \rightleftharpoons AgX\downarrow$$

其中X^-可为Cl^-、Br^-、I^-、SCN^-及CN^-等离子。

以生成难溶性银盐为基础的沉淀滴定法称为银量法。此法可用来测定含Cl^-、Br^-、I^-、SCN^-、CN^-、Ag^+等离子及含卤素的有机化合物的含量。

根据确定终点所用的指示剂不同，银量法分为铬酸钾指示剂法、铁铵矾指示剂法和吸附指示剂法三种方法。除银量法外，还有其他类型的沉淀滴定，本章主要讨论银量法。

第二节 银 量 法

一、滴定曲线

沉淀滴定法在滴定过程中的溶液离子浓度变化情况类似于酸碱滴定法，可用滴定曲线来表示。现以 $AgNO_3$ 溶液滴定 NaCl 为例，设 NaCl 的浓度为 0.1000mol/L，待滴定体积为 20.00mL；$AgNO_3$ 的浓度为 0.1000mol/L，滴定时加入的体积为 V_{AgNO_3}mL，选择整个滴定的四个阶段来加以说明。

1. 滴定开始前（$V_{AgNO_3}=0$） 溶液中 Cl^- 浓度为其原始浓度。

$$[Cl^-] = 0.1000mol/L \qquad pCl = -\lg 0.1000 = 1.00$$

2. 滴定开始至化学计量点前（$V_{NaCl} > V_{AgNO_3}$） 随着 $AgNO_3$ 溶液的不断滴入，溶液中 Cl^- 浓度逐渐减小，其浓度取决于剩余的 NaCl 的浓度和溶液的体积，即：

$$[Cl^-] = \frac{V_{NaCl}c_{NaCl} - V_{AgNO_3}c_{AgNO_3}}{V_{NaCl} + V_{AgNO_3}}$$

假设，加入 $AgNO_3$ 溶液的体积是 19.98mL（计量点前 0.1%），则溶液中 Cl^- 浓度为：

$$[Cl^-] = \frac{20.00 - 19.98}{20.00 + 19.98} \times 0.1000 = 5.0 \times 10^{-5}(mol/L)$$

$$pCl = 4.30$$

根据 $[Ag^+][Cl^-] = K_{sp(AgCl)} = 1.56 \times 10^{-10}$ 可得：

$$pCl + pAg = -\lg K_{sp(AgCl)} = 9.81$$

$$pAg = 9.81 - 4.30 = 5.51$$

3. 滴定至化学计量点时（$V_{NaCl} = V_{AgNO_3}$） 溶液为 AgCl 的饱和溶液，则有：

$$pCl = pAg = \frac{1}{2}pK_{sp} = 4.91$$

4. 化学计量点后（$V_{AgNO_3} > V_{NaCl}$） Cl^- 完全与 $AgNO_3$ 发生反应，随着 $AgNO_3$ 溶液的不断滴入，溶液中 Ag^+ 浓度逐渐增大，其浓度由过量的 $AgNO_3$ 浓度和溶液体积决定，即：

$$[Ag^+] = \frac{V_{AgNO_3}c_{AgNO_3} - V_{NaCl}c_{NaCl}}{V_{NaCl} + V_{AgNO_3}}$$

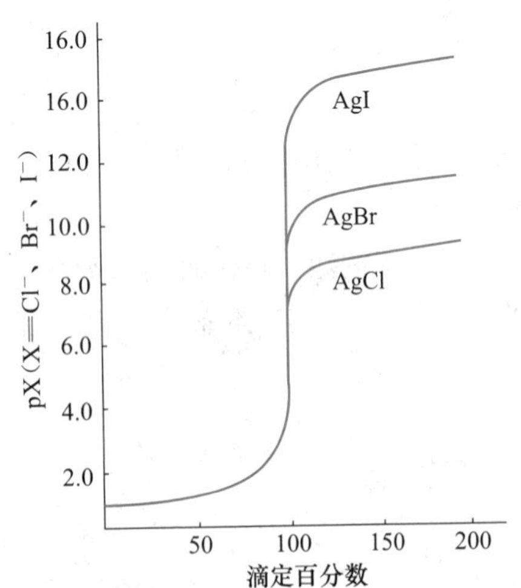

图 7-1 $AgNO_3$ 溶液滴定不同 X^- 离子的滴定曲线

假设，滴入的 $AgNO_3$ 溶液的体积为 20.02mL（计量点后 0.1%）时，则溶液中 Ag^+ 的浓度为：

$$[Ag^+] = \frac{20.02 - 20.00}{20.00 + 20.02} \times 0.1000$$

$$= 5.00 \times 10^{-5}(mol/L)$$

$$pAg = 4.30$$

$$pCl = 9.81 - 4.30 = 5.51$$

按照上述计算方法，滴定过程中各点的 pCl 及 pAg 均可计算得到，若以滴定百分数为横坐标，以 pCl 值为纵坐标作图，则得到 $AgNO_3$ 溶液滴定 NaCl 溶液的滴定曲线。同法也可得到 $AgNO_3$ 溶液滴定其他卤素离子 X^- 的滴定曲线。滴定曲线如图 7-1 所示。

由图7－1可知，滴定开始时X^-浓度较大，因$AgNO_3$的滴入而引起X^-的浓度变化较小，曲线较平坦，接近化学计量点时，溶液中X^-浓度已很小，滴入极少量的$AgNO_3$溶液就引起X^-的浓度发生显著变化，在滴定曲线上形成突跃。滴定突跃范围的大小取决于溶液的浓度和沉淀的溶解度。被测物质的浓度越大、生成的沉淀的溶解度越小，则沉淀滴定的突跃范围越大，越能准确地确定终点。由于AgI溶解度最小，因此在卤素离子浓度相同的条件下，用$AgNO_3$滴定液滴定NaI时突跃范围最大。

二、铬酸钾指示剂法

（一）滴定原理

铬酸钾指示剂法又称莫尔法，在中性或弱碱性溶液（pH6.5～10.5）中，以K_2CrO_4作指示剂，用$AgNO_3$标准溶液直接滴定氯化物或溴化物的方法，其滴定反应如下：

终点前：　$Ag^+ + Cl^- \rightleftharpoons AgCl\downarrow$（白色）　$K_{SP}=1.56\times10^{-10}$

终点时：　$2Ag^+ + CrO_4^{2-} \rightleftharpoons Ag_2CrO_4\downarrow$（砖红色）　$K_{SP}=1.1\times10^{-12}$

这种方法是通过过量的Ag^+与K_2CrO_4作用生成砖红色的Ag_2CrO_4沉淀来指示终点的。在滴定过程中，因AgCl的溶解度小于Ag_2CrO_4的溶解度，按分步沉淀原理，首先析出AgCl白色沉淀；而Ag^+与CrO_4^{2-}的离子积小于其溶度积常数，不能生成Ag_2CrO_4沉淀。随着$AgNO_3$溶液不断滴入，溶液中的Cl^-浓度逐渐减小，Ag^+浓度不断增大。在计量点时，当Cl^-定量沉淀完成后，再加入少量的$AgNO_3$溶液，Ag^+与CrO_4^{2-}的离子积就会大于其溶度积常数，析出Ag_2CrO_4砖红色沉淀，指示滴定终点。

（二）滴定条件

1. 指示剂的用量　指示剂K_2CrO_4的用量对指示终点影响较大，若指示剂K_2CrO_4的浓度太大，终点会提前；若太小，则导致终点延迟。只有控制K_2CrO_4的浓度，使其恰好在化学计量点处生成Ag_2CrO_4沉淀，才是最佳的。实际操作时，指示剂的浓度要比理论计算值略少一些，以避免黄色K_2CrO_4指示剂对Ag_2CrO_4砖红色沉淀的观察。通常在总体积50～100mL的溶液中，加入5%的K_2CrO_4指示剂约1～2mL，即CrO_4^{2-}的浓度约为2.6×10^{-3}～5.2×10^{-3}mol/L较为合适。

2. 溶液的酸度　铬酸钾指示剂法只能在中性或弱碱性（pH＝6.5～10.5）溶液中进行。因为K_2CrO_4为弱酸盐，在酸性溶液中，CrO_4^{2-}将与H^+结合，导致CrO_4^{2-}浓度显著降低而在化学计量点时不能形成Ag_2CrO_4沉淀。

$$2CrO_4^{2-} + 2H^+ \rightleftharpoons 2HCrO_4^- \rightleftharpoons Cr_2O_7^{2-} + H_2O$$

若溶液的碱性太强，又会析出Ag_2O沉淀。

$$2Ag^+ + 2OH^- \rightleftharpoons 2AgOH \longrightarrow Ag_2O\downarrow + H_2O$$

此外，滴定也不能在氨碱性溶液中进行，因为AgCl和Ag_2CrO_4两种沉淀都能溶解于氨溶液中，形成$[Ag(NH_3)_2]^+$。

3. 滴定前须分离除去干扰离子 能干扰测定的离子有：①能与 CrO_4^{2-} 生成沉淀的阳离子，如 Ba^{2+}、Pb^{2+}、Bi^{3+} 等；②能与 Ag^+ 生成沉淀的阴离子，如 PO_4^{3-}、AsO_4^{3-}、CO_3^{2-}、S^{2-}、$C_2O_4^{2-}$ 等；③大量的有色离子，如 Cu^{2+}、Co^{2+}、Ni^{2+} 等；④在中性或弱碱性溶液中易发生水解的离子，如 Fe^{3+}、Al^{3+} 等。溶液中若有此类离子，滴定前应先将其分离或掩蔽。

4. 滴定时应充分振摇，防止吸附作用 因为测定 X^-（Cl^-、Br^-）时，生成的 AgX 沉淀能强力吸附溶液中的 X^-，使被吸附的 X^- 不易与 Ag^+ 作用，造成在化学计量点前，X^- 还未沉淀完全，Ag^+ 与 CrO_4^{2-} 作用过早生成 Ag_2CrO_4 沉淀，造成滴定结果偏低。滴定时充分振摇溶液可使被吸附的 X^- 及时释放出来与 Ag^+ 完全反应，以获得准确的滴定终点。

（三）应用范围

本法多用于测定 Cl^- 和 Br^-；在弱碱性溶液中也可测定 CN^-。但本法不宜于测定 I^- 和 SCN^-，因为生成的 AgI 和 AgSCN 沉淀都有较强的吸附作用，难以准确确定滴定终点。

三、铁铵矾指示剂法

（一）滴定原理

铁铵矾指示剂法又称佛尔哈德法，是在酸性溶液中，以铁铵矾［$NH_4Fe(SO_4)_2 \cdot 12H_2O$］为指示剂，用 NH_4SCN（或 KSCN）作滴定液，测定银盐和卤素化合物的方法。本法分为直接滴定法和剩余滴定法两种。

1. 直接滴定法 在酸性溶液中，用 NH_4SCN（或 KSCN）滴定液和铁铵矾作指示剂，直接测定 Ag^+ 的含量。其滴定反应为：

终点前： $Ag^+ + SCN^- \rightleftharpoons AgSCN\downarrow$（白色） $K_{sp} = 1.0 \times 10^{-12}$

终点时： $Fe^{3+} + SCN^- \rightleftharpoons [FeSCN]^{2+}$（红色） $K = 138$

本法是通过过量的 SCN^- 与 Fe^{3+} 生成的红色配合物来指示终点的。滴定过程中，首先析出 AgSCN 白色沉淀，当 Ag^+ 定量反应完成后，滴入稍微过量的 SCN^- 就与 Fe^{3+} 生成红色的配位化合物，指示滴定终点。

直接滴定法可用于测定 Ag^+ 等阳离子的含量。

2. 剩余滴定法 在待测溶液中首先加入一定量过量的 $AgNO_3$ 标准溶液，使 Ag^+ 与卤素离子（X^-）完全反应生成沉淀，然后以铁铵矾作指示剂，用 NH_4SCN（或 KSCN）标准溶液滴定剩余的 $AgNO_3$，至化学计量点后，稍过量 NH_4SCN 标准溶液即与指示剂形成红色配合物，指示滴定终点。滴定反应为：

终点前： $X^- + Ag^+$（过量）$\rightleftharpoons AgX\downarrow$

$SCN^- + Ag^+$（剩余）$\rightleftharpoons AgSCN\downarrow$（白色）

终点时： $Fe^{3+} + SCN^- \rightleftharpoons [FeSCN]^{2+}$（红色）

剩余滴定法能够准确测定 I^- 和 Br^-，但滴定 Cl^- 时，因沉淀转化问题会有较大的滴定误差。

剩余滴定法可用于测定 Cl^-、Br^-、I^-、SCN^-、PO_4^{3-} 等阴离子的含量。

（二）滴定条件

1. 滴定宜在酸性（稀硝酸）溶液中进行，除可以防止 Fe^{3+} 的水解外，也可避免弱酸根离子（如 S^{2-}、PO_4^{3-}、AsO_4^{3-}、CrO_4^{2-} 等）的干扰。

2. 直接滴定 Ag^+ 时要充分振摇溶液。滴定过程中生成的 AgSCN 沉淀具有强烈的吸附作用，溶液中的 Ag^+ 会有部分被吸附在其表面，导致终点提前。因此在滴定近终点时必须充分振摇溶液，及时释放被吸附的 Ag^+。

3. 用剩余滴定法测定 Cl^- 时，邻近终点时应轻轻振摇，以免沉淀转化。消除沉淀转化引起的滴定误差，可采用煮沸过滤、加入有机溶剂或提高 Fe^{3+} 的浓度等方法。

4. 剩余滴定法测定 I^- 时，必须在 I^- 完全沉淀后才能加入铁铵矾指示剂，否则 Fe^{3+} 会氧化 I^- 造成测定误差。

四、吸附指示剂法

（一）滴定原理

吸附指示剂法是以 $AgNO_3$ 或 NaCl 为滴定液，以吸附指示剂指示滴定终点，测定卤化物或 Ag^+ 含量的方法。

吸附指示剂是一种有机染料，在溶液中电离出的阴离子或阳离子，可被带相反电荷的胶态沉淀吸附，使其结构改变而出现明显颜色变化。在沉淀滴定法中，可以利用此性质来确定滴定终点。

例如，以荧光黄作指示剂，用 $AgNO_3$ 标准溶液滴定 Cl^-。荧光黄（HFI）是一种有机弱酸，在溶液中离解为 H^+ 和 FI^-。滴定开始时，溶液中 Cl^- 过量，AgCl 胶粒优先吸附 Cl^- 而带负电荷，因同种电荷相斥，FI^- 不被吸附，溶液呈黄绿色。稍过计量点后，溶液中 Ag^+ 过量，AgCl 胶粒则吸附 Ag^+ 而带正电荷，随即又吸附 FI^- 导致其表面呈现浅红色，由此指示滴定终点。其反应为：

终点前 Cl^- 过量：

$$HFI \rightleftharpoons H^+ + FI^- \text{（黄绿色）}$$

$$AgCl + Cl^- \rightleftharpoons (AgCl)Cl^- \text{（}FI^-\text{ 仍为黄绿色）}$$

终点时 Ag^+ 稍过量：

$$AgCl \cdot Ag^+ + FI^- \text{（黄绿色）} \rightleftharpoons (AgCl) \cdot Ag^+ \cdot FI^- \text{（浅红色）}$$

（二）滴定条件

1. 尽量防止胶态沉淀凝聚 将溶液适当稀释，并加入糊精或淀粉可以保护胶体，同时，要避免大量中性盐的存在。这是因为指示剂颜色的变化发生在胶态沉淀的表面，沉淀颗粒越细小，比表面积越大，吸附能力就越大，终点的颜色变化也越明显。

2. 溶液的酸度要适当 吸附指示剂多为有机弱酸，起指示剂作用的是阴离子，控制溶液的酸度，可使指示剂主要以阴离子的形式存在。可根据吸附指示剂的电离平衡常数 K_a 值来确定溶液 pH 值范围，如荧光黄（$K_a \approx 10^{-7}$）可在 pH7.0～10.0 的中性或弱碱性条件下使用，二氯荧光黄（$K_a \approx 10^{-4}$）可在 pH4.0～10.0 的范围内进行滴定，曙红（$K_a \approx 10^{-2}$）可在 pH2.0～10.0 的范围内使用。

3. 滴定操作应避免在强光照射下进行 因为卤化银胶体极易感光分解析出灰黑色的金属银，影响终点的观察。

4. 溶液中待测离子的浓度不能太低 因为浓度太低，产生的沉淀少，吸附的指示剂量少，溶液颜色的变化就不明显，影响终点的观察。

5. 吸附能力要适当 胶体颗粒对指示剂离子的吸附能力应略小于对被测离子的吸附力，使滴定稍过化学计量点时，胶粒就立即吸附指示剂离子而变色。但须避免胶粒对指示剂阴离子的吸附能力过小而引起的终点延迟。滴定时，应根据被测离子，选用适当的吸附指示剂。卤化银胶粒对卤素离子和部分吸附指示剂的吸附力大小次序为：

I^- > 二甲基二碘荧光黄 > Br^- > 曙红 > Cl^- > 荧光黄

因此，测定 Cl^- 时只能选用荧光黄；测定 Br^- 时选用曙红为宜。

表 7-1 常用吸附指示剂适用范围和条件

指示剂名称	待测离子	滴定剂	颜色变化	使用条件
荧光黄	Cl^-、Br^-	Ag^+	黄绿→粉红	pH7.0～10.0
二氯荧光黄	Cl^-、Br^-	Ag^+	黄绿→红	pH4.0～10.0
曙红	Br^-、I^-、SCN^-	Ag^+	橙→深红	pH2.0～10.0
甲基紫	SO_4^{2-}、Ag^+	Ba^{2+}、Cl^-	红→紫	pH1.5～3.5

第三节 应用与示例

一、无机卤化物和有机氢卤酸盐的测定

1. 生理氯化钠溶液中的氯化钠含量测定 采用荧光黄吸附指示剂法测定氯化钠含量，滴定反应为：

$$Ag^+ + Cl^- \rightleftharpoons AgCl\downarrow$$

精密量取生理盐水试样 10mL，加水 40mL、2% 糊精溶液 5mL、2.5% 硼砂溶液 2mL 与荧光黄指示液 5～8 滴，用 $AgNO_3$ 标准溶液（0.1mol/L）滴定至终点。结果计算：

$$NaCl\% = \frac{V_{AgNO_3} \times c_{AgNO_3} \times M_{NaCl} \times 10^{-3}}{V} \times 100\%$$

2. 盐酸丙卡巴肼原料药的含量测定 盐酸丙卡巴肼为 N-(1-甲基乙基)-4-[(2-甲基肼基)甲基]苯甲酰胺盐酸盐。《中国药典》规定按干燥品计算，含 $C_{12}H_{18}N_3O \cdot$

HCl 不得少于98.0%。其结构式如下：

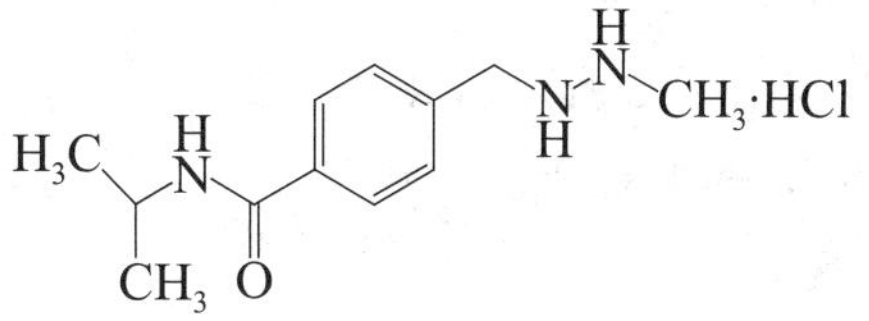

($M_{C_{12}H_{18}N_3O \cdot HCl}$=257.76)

滴定反应：$C_{12}H_{18}N_3O \cdot HCl + Ag^+$ (过量) $\rightleftharpoons AgCl\downarrow + C_{12}H_{18}N_3O + H^+$

$SCN^- + Ag^+$ (剩余) $\rightleftharpoons AgSCN\downarrow$

取样品约0.25g，精密称定，加水50mL后，加硝酸3mL，精密加硝酸银标准溶液（0.1mol/L）20mL，再加邻苯二甲酸二丁酯约3mL，强力振摇后，加硫酸铁铵指示液2mL，用硫氰酸铵标准溶液（0.1mol/L）滴定，并将滴定结果用空白试验校正。

$$\text{盐酸丙卡巴肼含量} = \frac{[V_{AgNO_3}c_{AgNO_3} - (V_{NH_4SCN} - V_0)c_{NH_4SCN}] \times M \times 10^{-3}}{m} \times 100\%$$

式中，V_{AgNO_3}、V_{NH_4SCN}和V_0分别为$AgNO_3$滴定液的体积、样品消耗的硫氰酸铵滴定液的体积和空白试验的消耗的硫氰酸铵滴定液的体积；m为样品的质量。

二、有机卤化物的测定

银量法测定有机卤化物，多数不能直接测定，必须经过预处理，使有机卤素转变成无机卤素离子后再测定。有机卤化物的转化通常采用NaOH水解法、Na_2CO_3熔融法和氧瓶燃烧法三种方法。

脂肪族卤化物或卤素结合于侧链上类似脂肪族卤化物的有机化合物，常用NaOH水解法。通常将样品与NaOH水溶液加热回流煮沸，有机卤素就以X^-的形式转入溶液中，再用银量法测其含量。对于多数有机碘化物，则应在强碱性溶液中用锌粉把有机碘还原为无机碘化物，然后再用银量法进行测定。如泛影酸原料药的含量测定，其结构式为：

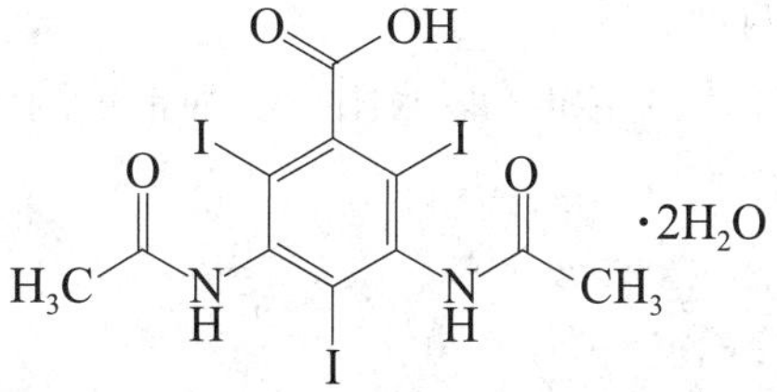

($M_{C_{11}H_9I_3N_2O_4 \cdot 2H_2O}$=649.95)

取样品约0.4g，精密称定，加NaOH试液30mL和锌粉1.0g，加热回流30分钟，放冷，冷凝管用少量水洗涤，滤过，烧瓶和滤器用水洗涤3次，每次15mL，合并洗液和滤液，加冰醋酸与曙红钠指示液5滴，用$AgNO_3$滴定液（0.1mol/L）滴定，计算含量。

【完成项目任务】 测定中药大青盐的含量

大青盐主要含 NaCl，可采用吸附指示剂法测定其含量。滴定反应：

$$Ag^{+} + Cl^{-} \rightleftharpoons AgCl \downarrow$$

1. 配制 0.1mol/L $AgNO_3$ 标准溶液。

2. 样品预处理和称重。大青盐研成细粉，精密称取一定质量的样品于锥形瓶中。

3. 滴定。样品加水溶解，加 2% 糊精溶液 10mL 和碳酸钙 0.1g，以 0.1% 荧光黄为指示剂，用 $AgNO_3$ 溶液滴定至终点。

4. 根据样品的质量、$AgNO_3$ 的浓度及滴定消耗的 $AgNO_3$ 标准溶液的体积计算含量。

项目设计

请您设计“溴化钾的含量测定”方案。

本章小结

1. 银量法是以生成难溶性银盐为基础的沉淀滴定法。根据确定终点所用的指示剂不同，银量法分为铬酸钾指示剂法、铁铵矾指示剂法、吸附指示剂法三种。

2. 铬酸钾指示剂法：在中性或弱碱性溶液，以铬酸钾作指示剂，用 $AgNO_3$ 标准溶液直接滴定氯化物或溴化物的方法。计量点后，微过量的 Ag^{+} 与 K_2CrO_4 反应生成砖红色的 Ag_2CrO_4 沉淀即可指示终点。

3. 铁铵矾指示剂法：在酸性溶液中，以铁铵矾为指示剂，用 NH_4SCN（或 KSCN）滴定液测定银盐和卤素化合物的方法。滴定终点由 SCN^{-} 与 Fe^{3+} 生成的红色配合物来指示的。本法分为直接滴定法和剩余滴定法两种。

4. 吸附指示剂法：是用 $AgNO_3$ 或 NaCl 为滴定液，以吸附指示剂指示滴定终点，测定卤化物或 Ag^{+} 含量的方法。

能力检测

一、选择题

1. 铬酸钾指示剂宜在 pH 为（　　）范围内的溶液中指示终点

A. 4.5 ~6.5　　B. 6.5 ~7.5　　C. 5.5 ~10.5　　D. 6.5 ~10.5

2. 吸附指示剂法测 Cl^{-} 时，选择的指示剂为（　　）

A. 铁铵矾　　B. 荧光黄

C. 曙红　　D. 二甲基二碘荧光黄

3. 吸附指示剂法，试液中加入（　　）可以防止胶态沉淀凝聚

A. NH_4NO_3　　B. NaCl　　C. 有机试剂　　D. 糊精

4. 荧光黄作为指示剂可在 pH（　　）的条件下使用

A. <7　　B. 6.0~8.0　　C. 7.0~10.0　　D. 6.5~12.5

5. 沉淀对指示剂离子的吸附能力应（　　）对被测离子的吸附能力

A. 略小于　　B. 略大于　　C. 等于　　D. 不小于

二、填空题

1. 根据确定终点所用的指示剂不同，银量法分为________、________和________三种方法，其中铁铵矾指示剂法又可分为________和________。

2. 有机卤化物的转化通常采用________、________和________三种方法。

3. 剩余滴定法测 Cl^- 时，可采用________、________或________等方法，消除沉淀转化引起的滴定误差。

三、判断题

1. 用铬酸钾指示剂法测定待测成分含量时，滴定时应充分振摇，防止吸附作用。

2. 铬酸钾指示剂法测定成分含量时，滴定能在氨碱性溶液中进行。

3. 实际操作时，铬酸钾指示剂的浓度要比理论计算值略少一些，以避免出现测定误差。

4. 铬酸钾指示剂法可以用于测定 I^- 和 SCN^-。

5. 剩余滴定法测定 Cl^- 时，邻近终点时应强烈振摇。

6. 剩余滴定法测定 I^- 时，必须在 I^- 完全沉淀后才能加入铁铵矾指示剂。

7. 吸附指示剂法的滴定操作应避免在强光照射下进行。

四、简答题

1. 说出沉淀滴定反应的条件。

2. 简述吸附指示剂法测定 Cl^- 时，荧光黄作吸附指示剂的变色原理。

五、计算题

吸附指示剂法测定某试样中碘化钾含量时，称取试样 0.5420g，溶于水后，用 0.1000mol/L $AgNO_3$ 标准溶液滴定，消耗 20.00mL。试计算试样中 KI 的含量。（M_{KI} = 166.0g/mol）

实训八　生理盐水中 NaCl 的含量测定

一、实验目的

1. 掌握用吸附指示剂法测定生理盐水中氯化钠含量的原理和方法。

2. 学会观察和判断荧光黄作指示剂的滴定终点。

二、实验原理

用 $AgNO_3$ 标准溶液滴定 Cl^-，以荧光黄作指示剂。荧光黄（HFI）是一种有机弱酸，在溶液中离解为 H^+ 和 FI^-。滴定开始时，溶液中 Cl^- 过量，AgCl 胶粒优先吸附 Cl^- 而带负电荷，因同种电荷相斥，FI^- 不被吸附，溶液呈黄绿色。稍过计量点后，溶液中 Ag^+ 过量，AgCl 胶粒则吸附 Ag^+ 而带正电荷，随即又吸附 FI^- 导致其表面呈现浅红色，由此指示滴定终点。其变色反应为：

终点前 Cl 过量：

$$HFI \rightleftharpoons H^+ + FI^-\text{（黄绿色）}$$

$$AgCl + Cl^- \rightleftharpoons (AgCl)Cl^-\text{（}FI^-\text{ 仍为黄绿色）}$$

终点时 Ag^+ 稍过量：

$$AgCl \cdot Ag^+ + FI^-\text{（黄绿色）} \rightleftharpoons (AgCl) \cdot Ag^+ \cdot FI^-\text{（浅红色）}$$

为使终点变色敏锐，滴定时在溶液中加入糊精以保护胶体。

三、仪器与试剂

1. 仪器 酸式滴定管（50mL）、移液管（10mL）、锥形瓶（250mL）、量杯（100mL）、量筒（10mL）等。

2. 试剂 $AgNO_3$ 标准溶液（0.1mol/L）、生理盐水（含 NaCl 0.85 ~0.95%）、糊精溶液（2%）、硼砂溶液、荧光黄指示剂（0.1%乙醇溶液）。

四、操作步骤

精密量取生理盐水 10mL，置锥形瓶中，加蒸馏水 40mL、2% 糊精溶液 5mL、硼砂溶液 2mL 与荧光黄指示液 5 ~8 滴，用 0.1mol/L $AgNO_3$ 标准溶液滴定至浑浊液由黄绿色转变为浅红色，即到达滴定终点。

五、数据处理

计算公式：$\text{NaCl 的含量} = \dfrac{V_{AgNO_3} \times c_{AgNO_3} \times M_{NaCl} \times 10^{-3}}{V} \times 100\%$

六、注意事项

1. 滴定操作应避免强光照射下进行。
2. $AgNO_3$ 标准溶液若是用分析纯试剂配制的，使用前必须先用基准 NaCl 进行标定。

七、检测题

1. 说明供试液中加入糊精溶液的目的。
2. 说明滴定操作要避免在强光下进行的原因。

第八章　电化学分析法

【项目任务】 快速检测工业废水的 pH 值

工业废水是指工业生产过程中产生的废水和废液。按废水中所含污染物的主要成分可分为酸碱性废水、含酚废水、含铬废水、含有机磷废水等。酸碱废水具有较强的腐蚀性，需经适当治理方可外排。工业废水的处理过程中，经常遇到 pH 的测量问题。如何快速、准确检测工业废水的 pH 值呢？可采用本章介绍的直接电位法测定。

电化学分析法是指应用电化学原理进行物质成分分析的一类方法。在进行电化学分析时，通常是将被测物制成溶液，根据它的电化学性质，选择适当电极组成化学电池，通过测量电池某种信号（电动势、电流、电阻、电量等）的强度或变化，对被测组分进行分析。根据所测电信号的不同，电化学分析法可以分为电位法、伏安法、电导法和库仑法。

电化学分析法是仪器分析的一个重要组成部分，此法仪器设备简单，易于制成便携式甚至微型的仪器，并具有灵敏度高、选择性好和分析速度快的特点，不受试样颜色、浊度等因素的干扰，广泛用于医药、环境、材料等领域的分析和研究。

第一节　电位分析法基本原理

一、化学电池

电化学分析法需将被测物制成溶液，再选择适当电极组成化学电池，通过测量电信号的强度或变化，对被测组分进行分析。

化学电池是将化学能与电能进行相互转换的装置，由两根电极插在电解质溶液中组成。根据化学电池的电极反应是否自发进行，化学电池可分为原电池和电解池。原电池的电极反应能自发进行，将化学能变成电能；电解池的电极反应不能自发进行，需要外加电源提供能量才能发生化学反应，并将电能转变成化学能。相同组成的化学电池，由于实验条件不同，有时可作为原电池，有时可作为电解池。

例如，铜－锌原电池，如图 8－1 所示。

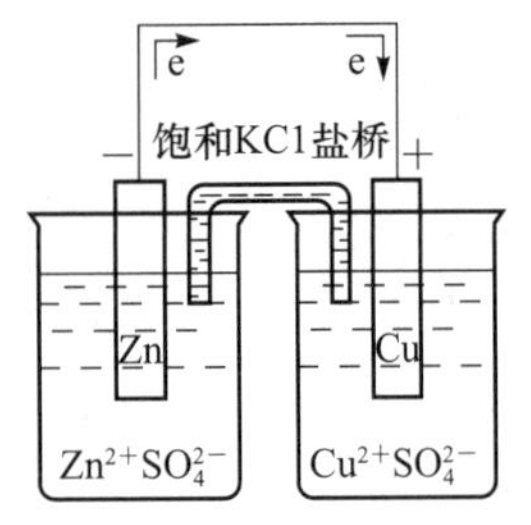

图 8-1 铜-锌原电池示意图

锌电极发生氧化反应，锌棒上的 Zn 原子由固相进入液相成为 Zn^{2+}，电极反应为：

$$Zn \rightleftharpoons Zn^{2+} + 2e$$

铜电极发生还原反应，溶液中的 Cu^{2+} 沉积在铜极上，电极反应为：

$$Cu^{2+} + 2e \rightleftharpoons Cu$$

电子的传递或转移通过连接两电极的外电路导线完成。因为电子由锌极流向铜极，故铜极为正极，锌极为负极。电池反应为：

$$Cu^{2+} + Zn \rightleftharpoons Cu + Zn^{2+}$$

电池的书写一般规定：进行氧化反应的电极写在左边，进行还原反应的电极写在右边；半电池中的相界面以单竖线“|”表示；两个半电池通过盐桥连接时以双竖线“‖”表示；电解质溶液要注明浓度，气体注明压力，若不特别说明，温度系指25℃。

如此，铜-锌原电池的符号可表示为：

$$(-)\ Zn \mid ZnSO_4(1mol/L) \parallel CuSO_4(1mol/L) \mid Cu\ (+)$$

在化学电池中，发生氧化反应的电极称为阳极，发生还原反应的电极称为阴极。

若外加电压大于原电池的电动势，则铜-锌原电池转变成电解池。在电解池中，

阳极（铜极、正极）：　$Cu \rightleftharpoons Cu^{2+} + 2e$

阴极（锌极、负极）：　$Zn^{2+} + 2e \rightleftharpoons Zn$

电解池的总反应为：　$Zn^{2+} + Cu \rightleftharpoons Zn + Cu^{2+}$

由此可见，电解池的反应是原电池反应的逆反应。显然，原电池的电池反应可自发进行；但电解池的电池反应却不能自发进行。

一般情况下电位分析法中样品溶液与电极组成的电池是原电池，但在永停滴定法中样品溶液与电极组成的电池却是电解池。

二、指示电极和参比电极

电化学分析法测定中需选择电极与待测溶液组成化学电池，根据电极在分析中的作用不同将电极分为指示电极和参比电极。

（一）指示电极

指示电极是指电极电位随待测组分浓度改变而改变，其电极电位的大小可以指示待测组分浓度变化的电极。理想的指示电极应满足以下条件：①电极电位与待测组分浓度间符合 Nernst 方程式的关系；②对待测组分响应速度快、线性范围宽、重现性好；③对待测组分具有选择性；④结构简单，便于使用。

根据电极电位响应机理的不同，指示电极主要分为两类：金属电极和离子选择性电极。

1. 金属电极 金属电极是以金属为基体，其电极电位源于电子转移的一类电极。

（1）金属-金属离子电极 金属-金属离子电极由金属插入含有该金属离子的溶液构成，用 $M \mid M^+$ 表示，其电极电位与该金属离子的浓度间关系符合 Nernst 方程。

例如，Ag－Ag^+组成的银电极：Ag | $Ag^+(c)$

电极反应为： $Ag^+ + e \rightleftharpoons Ag$

电极电位(25℃)： $\varphi = \varphi^{\ominus}_{Ag^+/Ag} + 0.0592\lg c_{Ag^+}$ (8－1)

由此可见金属－金属离子电极的电极电位取决于待测金属离子的浓度，因此金属－金属离子电极可用于测定溶液中金属离子的浓度。

（2）金属－金属难溶盐电极 金属－金属难溶盐电极是将表面覆盖该金属难溶盐的金属，插入该难溶盐的阴离子溶液中组成的电极。其电极电位的大小能反映溶液中与金属离子生成难溶盐的阴离子的浓度，电极电位应符合 Nernst 方程。

例如，Ag－AgCl 电极，表示为：Ag | AgCl | KCl(c)

电极反应为： $AgCl + e \rightleftharpoons Ag + Cl^-$

电极电位(25℃)： $\varphi = \varphi^{\ominus}_{AgCl/Ag} - 0.0592\lg c_{Cl^-}$ (8－2)

由此可见金属－金属难溶盐电极的电极电位取决于溶液中阴离子的浓度，因此，金属－金属难溶盐电极可用于测定溶液中阴离子的浓度。

（3）惰性金属电极 惰性金属电极是将惰性金属（Pt 或 Au）插入含有某种待测金属氧化还原电对的溶液中构成的电极。在电化学反应中惰性金属本身不参与电极反应，仅起传递电子的作用。

例如，铂丝插入 Fe^{3+}、Fe^{2+}溶液中，该铂电极的表示式为：Pt | Fe^{3+}，Fe^{2+}

电极反应： $Fe^{3+} + e \rightleftharpoons Fe^{2+}$

电极电位(25℃)： $\varphi = \varphi^{\ominus}_{Fe^{3+}/Fe^{2+}} + 0.0592\lg \dfrac{c_{Fe^{3+}}}{c_{Fe^{2+}}}$ (8－3)

该类电极主要作为指示电极应用于氧化还原类电位滴定。此外，氢电极、卤素电极等也属于此类电极。

2. 离子选择性电极 离子选择性电极亦称为膜电极，是以固体膜或液体膜为传感器，选择性地对溶液中某特定离子产生响应的电极。在膜电极上没有电子转移，其响应机制是基于响应离子在膜上交换和扩散等作用，与试液中待测离子浓度的关系符合 Nernst 方程式。

离子选择性电极一般都包括电极膜、电极管（支持体）、内参比电极和内参比溶液四个基本部分(图 8－2)。

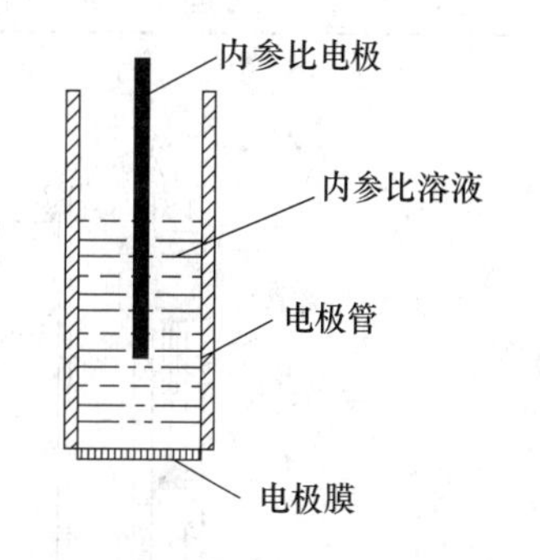

图 8－2 离子选择电极示意图

电极膜是离子选择性电极最重要的组成部分，膜材料和内参比溶液中均含有与待测离子相同的离子，电极的选择性随电极膜特性的变化而变化。当把电极膜浸入溶液时，膜内、外有选择性响应的离子通过离子交换或扩散作用在膜两侧建立电位差，平衡后形成膜电位。如果内参比溶液组成恒定，离子选择电极的电极电位只与试液中响应离子的浓度有关，并符合 Nernst 方程式，即：

$$\varphi = K \pm \frac{2.303RT}{nF}\lg c_i \quad (8-4)$$

式中 K 为电极常数，c_i 为待测溶液中离子的浓度。响应离子为阳离子时取“+”号，为阴离子时取“-”号。

离子选择电极是电化学分析法中最常用的指示电极，商品电极已有很多种类，如 pH 玻璃电极、钾电极、钠电极、钙电极、氟电极和在药学研究领域中使用的多种药物电极等。离子选择电极分为原电极和敏化电极两大类。

（二）参比电极

参比电极是指电极电位基本恒定的电极。理想的参比电极应具备以下基本要求：①可逆性好；②电极电位稳定且已知；③重现性好，简单耐用。在电化学分析中，标准氢电极（SHE）是最早使用的参比电极，现在最常用的参比电极是甘汞电极和银-氯化银电极。

1. 甘汞电极 甘汞电极由金属汞、甘汞（Hg_2Cl_2）与一定浓度的 KCl 溶液构成，其电极组成式为：$Hg | Hg_2Cl_2(s) | KCl(c)$

电极反应：$Hg_2Cl_2 + 2e \rightleftharpoons 2Hg + 2Cl^-$

电极电位：
$$\varphi = \varphi^{\ominus}_{Hg_2Cl_2/Hg} - \frac{2.303RT}{F}\lg c_{Cl^-} \quad (8-5)$$

由式 8-5 可见，甘汞电极的电极电位与 Cl^- 浓度和温度有关，当 KCl 溶液浓度和温度一定时，其电极电位为一固定值，见表 8-1。但甘汞电极不能在高于 60℃时使用。常用甘汞电极一般为饱和甘汞电极（SCE），如图 8-3，其构造简单，电位稳定，使用方便。

表 8-1 甘汞电极的电极电位（相对 SHE）

KCl 溶液浓度（mol/L）	≥3.5（饱和）	1	0.1
电极电位（V）/25℃	0.2412	0.2801	0.3337
电极电位（φ）与温度（T）的关系	$\varphi = 0.2412 - 6.61\times10^{-4}(T-25) - 1.75\times10^{-6}(T-25)^2$		

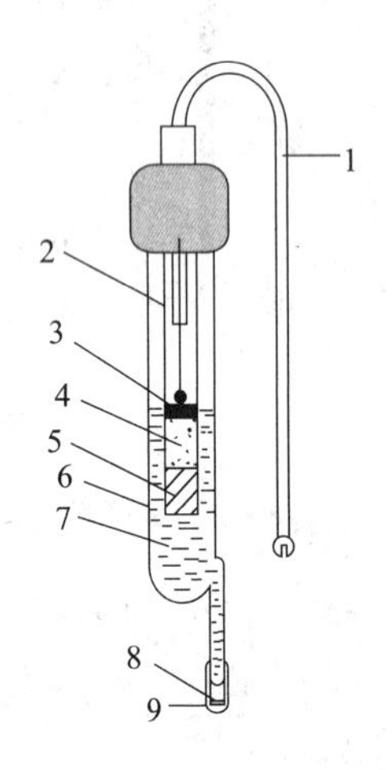

图 8-3 饱和甘汞电极示意图

1. 电极引线 2. 玻璃管 3. 汞 4. 甘汞糊（Hg_2Cl_2 和 Hg 研成的糊） 5. 石棉或纸浆 6 玻璃管外套 7. 饱和 KCl 8. 素烧瓷片 9. 小橡皮塞

2. 银-氯化银电极 银-氯化银电极（SSE）是由镀上一层 AgCl 的银丝，插入一定浓度的 KCl 溶液构成，其电极组成式为：$Ag | AgCl | KCl(c)$

电极反应：$AgCl + e \rightleftharpoons Ag + Cl^-$

电极电位：
$$\varphi = \varphi^{\ominus}_{AgCl/Ag} - \frac{2.303RT}{F}\lg c_{Cl^-} \quad (8-6)$$

当 Cl^- 浓度和温度一定时，其电极电位恒定不变，见表 8-2。由于 Ag-AgCl 电极构造更为简单，常用作玻璃电极和其他离子选择性电极的内参比电极。此外，Ag-AgCl 电极可以制成很小的体积，可以在高于 60℃的体系中使用。

表 8－2　银－氯化银电极的电极电位（相对 SHE）

KCl 溶液浓度（mol/L）	≥3.5（饱和）	1	0.1
电极电位（V）/25℃	0.199	0.222	0.288

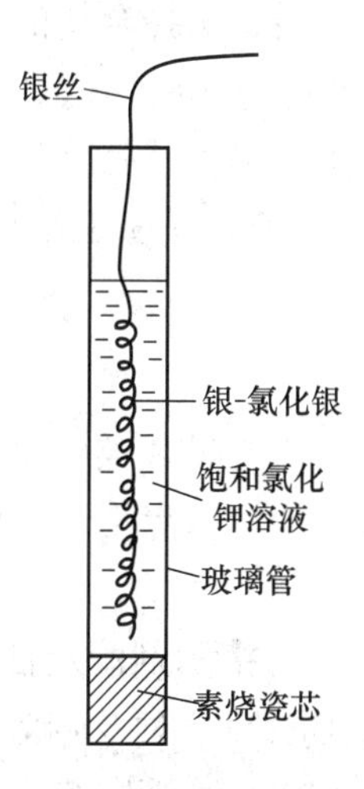

图 8－4　Ag－AgCl 参比电极示意图

课堂互动

电化学分析法测定过程中，经常使用甘汞电极和 Ag－AgCl 电极作为参比电极，从电极电位的产生原理角度，其属于指示电极的哪一类？

知识链接

电化学生物传感器

电化学生物传感器是指由生物材料作为敏感元件，电极（固体电极、离子选择性电极、气敏电极等）作为转换元件，以电势或电流为特征检测信号的传感器。早在 1967 年研制出了世界上第一支以生物体成分为敏感膜的电化学电极——葡萄糖酶电极，用于测定血清中葡萄糖的含量。根据作为敏感元件所用生物材料的不同，电化学生物传感器分为酶电极传感器、微生物电极传感器、电化学免疫传感器、组织电极与细胞器电极传感器、电化学 DNA 传感器等。由于使用生物材料作为传感器的敏感元件，因此电化学生物传感器具有高度选择性，是快速、直接获取复杂体系组成信息的理想分析工具，在生物技术、临床检测、医药工业、生物医学、环境分析等领域获得广泛应用。

第二节 直接电位法

直接电位法是根据待测组分的性质，选择合适的指示电极和参比电极，浸入待测溶液中组成原电池，测量其电动势，根据 Nernst 方程式，求出待测组分含量的电化学分析法。可用于测量溶液 pH 值和其他阴、阳离子浓度。直接电位法选择性好，灵敏度高，检出限一般为 $10^{-8} \sim 10^{-5}$mol/L，特别适用于微量组分的测定。

一、电位滴定法

电位滴定法指利用指示电极、参比电极及被测溶液组成原电池，以适当的滴定剂滴定溶液中的待测离子，根据滴定过程中计量点附近电池电动势的突变来确定滴定终点的滴定分析法。

电位滴定法不用指示剂，与普通的指示剂滴定法相比，具有客观可靠、准确度高、易于自动化及不受溶液有色、浑浊等限制，对 E 响应值要求不高，是一种重要的滴定分析方法。特别是当滴定反应平衡常数较小，滴定突跃不明显或试液有颜色、浑浊，用指示剂指示终点有困难时，可以采用电位滴定法确定终点。

（一）电位滴定法的基本原理与基本装置

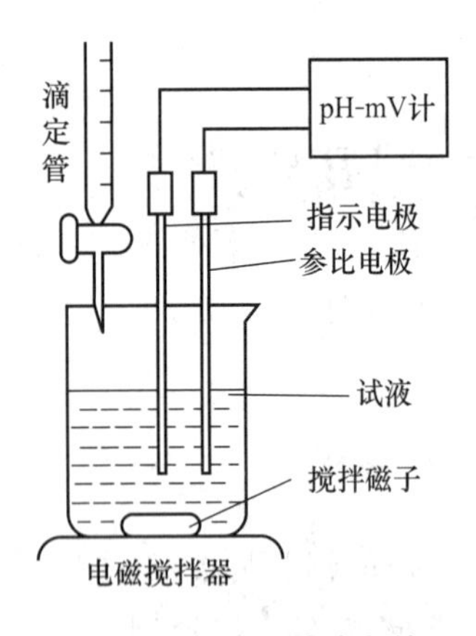

图 8-5 电位滴定用的基本仪器装置图

对任何滴定分析法，在化学计量点附近，待测物与滴定剂的浓度均将发生急剧变化，在滴定曲线上产生滴定突跃，在滴定突跃范围内以化学计量点的浓度变化率最大。电位滴定的仪器装置如图 8-5 所示。在待测溶液中插入参比电极和指示电极，组成原电池。在不断搅拌下加入滴定剂，被测离子与滴定剂发生化学反应，溶液中被测离子浓度不断降低，指示电极的电极电位相应发生变化，在化学计量点处附近，指示电极的电位发生急剧的变化，引起电动势发生突变，以此确定终点。

在滴定过程中，每滴加一次滴定剂，就要测量一次电动势，直到超过化学计量点为止，得到一系列的滴定剂用量（V）和相应的电动势（E）数值，根据电动势的变化判断终点。

（二）电位滴定法终点（V_{ep}）确定方法

在电位滴定过程中，边滴定边记录滴定剂体积 V 和电动势 E 或 pH。一般在远离化学计量点时加入体积稍大。终点附近应每加 0.05 ~ 0.10mL 记录一次数据，并最好保持每小份体积增加量相等。这样处理数据较方便、准确。表 8-3 是 0.1000mol/L $AgNO_3$ 滴定 NaCl 的电位滴定记录数据及数据处理表。

表 8-3　0.1000mol/L $AgNO_3$ 滴定 NaCl 的电位滴定数据记录和处理表

V	E (V)	ΔE (V)	ΔV	$\frac{\Delta E}{\Delta V}$	$\bar{V}$	$\Delta\left(\frac{\Delta E}{\Delta V}\right)$	$\bar{V}$	$\frac{\Delta^2 E}{\Delta V^2}$	V'
22.00	0.123	0.015	1.00	0.015	22.50	0.021	1.00	0.021	23.00
23.00	0.138	0.036	1.00	0.036	23.50	0.054	0.55	0.098	23.78
24.00	0.174	0.009	0.10	0.09	24.05	0.02	0.10	0.2	24.10
24.10	0.183	0.011	0.10	0.11	24.15	0.28	0.10	2.8	24.20
24.20	0.194	0.039	0.10	0.39	24.25	0.44	0.10	4.4	24.30
24.30	0.233	0.083	0.10	0.83	24.35	-0.59	0.10	-5.9	24.40
24.40	0.316	0.024	0.10	0.24	24.45	-0.13	0.10	-1.3	24.50
24.50	0.340	0.011	0.10	0.11	24.55	-0.05	0.25	-0.2	24.68
24.60	0.351	0.024	0.40	0.06	24.80				
25.00	0.375								

电位滴定法中确定滴定终点的方法一般常用图解法，图解法主要有 $E-V$ 曲线法、$\frac{\Delta E}{\Delta V}-\bar{V}$ 曲线法和 $\frac{\Delta^2 E}{\Delta V^2}-V$ 曲线法三种方法。

1. $E-V$ 曲线法　以滴定剂体积（V）为横坐标，以电动势（E）为纵坐标作图得到一条 S 型曲线，如图 8-6a 所示。以滴定剂体积（V）为曲线的转折点（拐点）所对应的横坐标值即滴定终点。该法应用简便，但要求滴定突跃明显。

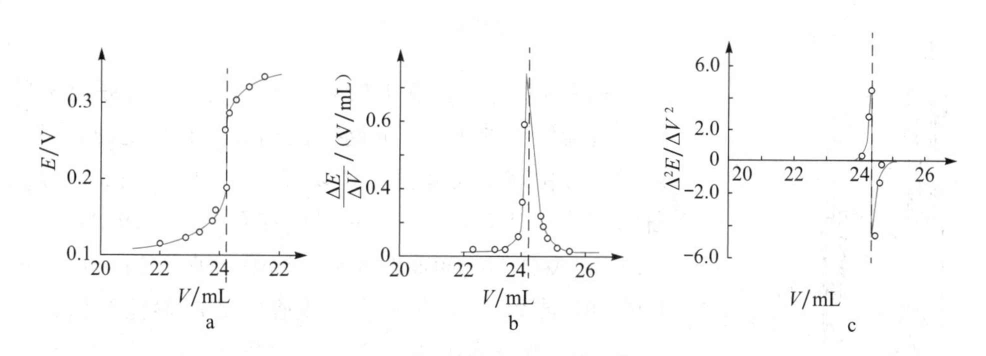

图 8-6　电位滴定法终点的三种确定方法

2. $\frac{\Delta E}{\Delta V}-\bar{V}$ 曲线法（一级微商法）　用表中滴定剂平均体积 $\bar{V}$ 为横坐标，$\frac{\Delta E}{\Delta V}$ 为纵坐标作图，得到一条峰状曲线，如图 8-6b 所示。滴定终点为峰状曲线的最高点。因为极值点较拐点容易准确判断，如表 8-3 所示，在化学计量点附近 $\frac{\Delta E}{\Delta V}$ 比 E 的变化率大很多，所以用 $\frac{\Delta E}{\Delta V}-\bar{V}$ 曲线法确定终点也较为准确。

3. $\frac{\Delta^2 E}{\Delta V^2}-V$ 曲线法（二级微商法）　用表中滴定剂体积 V 为横坐标，$\frac{\Delta^2 E}{\Delta V^2}$ 为纵坐标作图，得到一条具有两个极值的曲线，如图 8-6c 所示。该曲线可以看作为 $E-V$ 曲线的近似二阶导数曲线，因此该方法又称为二级微商法。该方法的原理是根据函数微分的原理和性质，$E-V$ 曲线拐点的二阶导数为零，因此$\frac{\Delta^2 E}{\Delta V^2}-V$ 曲线与纵坐标零的交点就是滴定终点。

（三）应用示例

电位滴定法在滴定分析中应用广泛，只要能找到合适的指示电极，各类滴定分析均可采用电位滴定法确定终点，如酸碱滴定、配位滴定、氧化还原滴定、沉淀滴定等。电位滴定法不仅应用于各类滴定分析，而且还能用于测定一些化学常数，如 K_a、K_{sp}、$K_{稳}$、金属电极的标准电极电位等。电位滴定法用于各类滴定分析，关键是滴定反应类型不同，选用的指示电极不同。

但在一般的滴定分析法中，电位滴定法因操作及数据处理的原因，一般只在找不到恰当的指示剂或指示剂终点颜色变化不明显的情况下使用。《中国药典》规定电位滴定法作为非水滴定法和亚硝酸钠法确定终点的法定方法。

二、溶液的 pH 测定

直接电位法测定溶液的 pH 值，一般常用饱和甘汞电极（SCE）为参比电极，氢电极、醌 - 氢醌电极、锑电极和 pH 玻璃电极为指示电极，但以 pH 玻璃电极最常用。

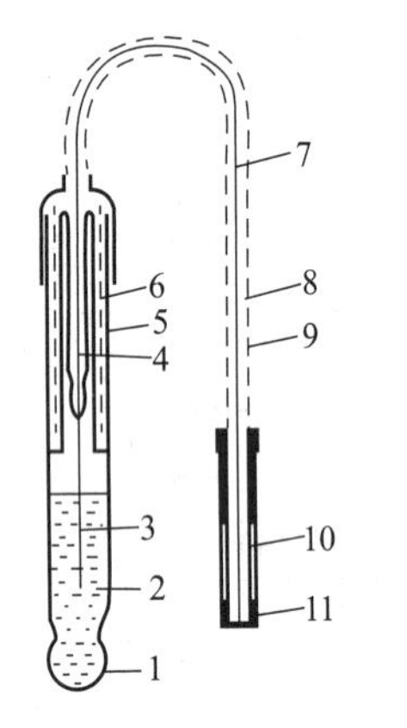

图 8－7 pH 玻璃电极示意图

1. 玻璃膜球 2. 缓冲溶液 3. Ag－AgCl 内参比电极 4. 电极引线 5. 玻璃管 6. 静电隔离层 7. 电极导线 8. 塑料高绝缘 9. 金属隔离罩 10. 塑料高绝缘 11. 电极接头

（一）pH 玻璃电极

1. 构造 pH 玻璃电极简称玻璃电极，是膜电极的一种，对溶液中的 H^+ 产生选择性响应，其构造见图 8－7。玻璃电极由球形玻璃膜、内参比电极、电极插头和导线等部分组成。玻璃管下端为一厚度在 0.1mm 以内的由 SiO_2、Na_2O 和 CaO 烧制而成的球形玻璃膜，玻璃球内以 0.1mol/L 的 HCl 或含 KCl 的酸碱缓冲液作为内参比溶液，内插 Ag－AgCl 电极为内参比电极。电极上端是高度绝缘的导线及引出线，线外需套有金属屏蔽层，因为玻璃电极的内阻很高（$>100M\Omega$），易产生漏电和静电干扰。

2. 原理 玻璃电极对 H^+ 的选择响应性与玻璃电极的电极膜的组成和性质有关。该膜一般由 SiO_2、Na_2O 和少量 CaO 组成。一般认为 pH 玻璃电极的作用存在水化、离子交换和扩散三个步骤。pH 玻璃电极使用前必须在水中浸泡一段时间后才具有响应 H^+ 的功能，这一过程称为玻璃膜的水化。水化使玻璃敏感膜表面形成厚度为 $10^{-5}\sim10^{-4}$mm 的水化凝胶层，水化凝胶层中的 Na^+ 可与溶液中的 H^+ 发生离子交换反应：

$$H^+（溶液）+ Na^+Gl^-（玻璃膜）\rightleftharpoons Na^+（溶液）+ H^+Gl^-（玻璃膜）$$

该反应平衡常数很大，使玻璃膜表面的 Na^+ 点位几乎全被 H^+ 占据；越进入凝胶层内部，这种点位的交换数目越少，至干玻璃层，几乎全无 H^+（图 8-8）。由于待测溶液中水化凝胶层中 H^+ 浓度不同，H^+ 将从浓度高的一侧向浓度低的一侧扩散。如 H^+ 由溶液中向水化凝胶层方向扩散，但阴离子及高价阳离子难以在玻璃膜表面扩散，由此改变了膜外表面与试液两相界面的电荷分布，形成双电层而产生电位差。当扩散作用达到动态平衡时电位差达到一个稳定值，将此电位差称为外相界电位（φ_1）；同理，膜内表面与内参比溶液两相界面也产生电位差称为内相界电位（φ_2）。由此可见，整个玻璃膜的电位 E_m 是内外两个相界电位 φ_1、φ_2 之差。显然，相界电位的大小与两相间 H^+ 浓度有关，其关系为：

$$\varphi_1 = K_1 + \frac{2.303RT}{F}\lg\frac{c_1}{c_1'} \qquad (8-7)$$

$$\varphi_2 = K_2 + \frac{2.303RT}{F}\lg\frac{c_2}{c_2'} \qquad (8-8)$$

式中，c_1、c_2 分别为膜外和膜内溶液中的 H^+ 浓度，c_1'、c_2' 分别为膜外表面和膜内表面水化凝胶层中的 H^+ 浓度，K_1、K_2 为与玻璃膜外、内表面物理性能有关的常数。

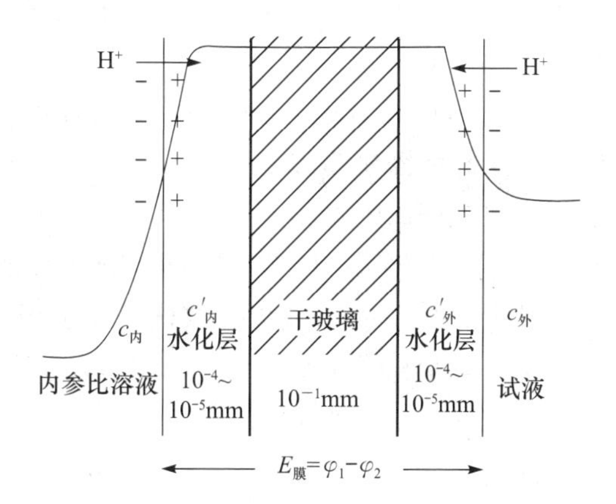

图 8-8 pH 玻璃电极膜电位形成示意图

玻璃膜内、外侧之间的电位差称为玻璃膜电位（$E_{膜}$），即：

$$\varphi_{膜} = \varphi_1 - \varphi_2$$

$$\varphi_{膜} = \varphi_1 - \varphi_2 = \left(K_1 + \frac{2.303RT}{F}\lg\frac{c_1}{c_1'}\right) - \left(K_2 + \frac{2.303RT}{F}\lg\frac{c_2}{c_2'}\right)$$

对于同一支玻璃电极，膜内外表面性质基本相同，即 $K_1 = K_2$、$c_1' = c_2'$，则：

$$\varphi_{膜} = \varphi_1 - \varphi_2 = \frac{2.303RT}{F}\lg\frac{c_1}{c_2} = 0.0592\lg\frac{c_1}{c_2}$$

由于任何玻璃电极，其内参比溶液 pH 值是定值，因而 c_2 亦为一定值，所以：

$$\varphi_{膜} = K' + \frac{2.303RT}{F}\lg c_1 = K' + 0.0592\lg c_1 \qquad (8-9)$$

玻璃电极作为整体电极，其电极电位（$\varphi_{玻}$）应为玻璃膜电位和内参比电极电位之和。其内参比电极为 Ag－AgCl 电极，其电极电位大小与 Cl^- 活度有关，而 Cl^- 活度为定值，由此得到 pH 玻璃电极电位与试液中 H^+ 浓度的关系：

$$\varphi_{玻} = \varphi_{内参比} + \varphi_{膜} = K + K' + \frac{2.303RT}{F}\lg c_1$$

$$\varphi_{玻} = K'' - 0.0592\text{pH}\ (25℃) \qquad (8-10)$$

式中，K''称为电极常数，与玻璃电极本身的性能有关。式 8－10 表明，玻璃电极的电极电位与待测溶液的 pH 之间呈线性关系，符合 Nernst 方程式，故可用于溶液 pH 的测量。

3. 玻璃电极的性能 按式 8－10 可知，溶液的 pH 每改变一个单位，玻璃电极的电位改变 0.0592V，即 59.2mV（25℃）。

（1）转换系数 溶液 pH 每变化一个单位引起玻璃电极电位的变化值称为转换系数（或电极斜率），用 S 表示。

$$S = -\frac{\Delta\varphi}{\Delta\text{pH}} \qquad (8-11)$$

S 的理论值为 $2.303RT/F$，25℃时为 0.0592。通常玻璃电极的 S 值小于理论值，但误差不超过 2mV/pH。随着使用时间延长，S 值与理论值的偏差将越来越大。在 25℃时，S 低于 52mV/pH，该电极就不宜再继续使用。

（2）碱差和酸差 一般玻璃电极的电极电位与溶液 pH 值之间，只有在 pH 值 1～9 范围内呈线性关系，在较强的酸碱溶液中将发生偏离而产生碱差或酸差。

碱差也称为钠差，是指在较强的碱性溶液（$pH>9$）中，测定的 pH 低于真实值产生负误差。其原因是当 $pH>9$ 时，溶液中 H^+ 浓度较低，玻璃膜水化层点位没有全部被 H^+ 占据，Na^+ 也进入玻璃膜水化层占据一些点位，这样玻璃电极不仅对 H^+ 有响应，对 Na^+ 等碱金属离子也产生响应，电极电位反映出来的 H^+ 浓度高于真实值，即 pH 值读数小于真实值。

酸差则是指在较强的酸性溶液（$pH<1$）中，pH 的测定值高于真实值产生正误差。产生酸差的原因是由于在强酸溶液中水分子活度减小，而 H^+ 是通过 H_3O^+ 传递，达到玻璃膜水化层的 H^+ 减少，使得测定的 pH 高于真实值。

（二）测量原理与方法

1. 测量原理 直接电位法测定溶液 pH 时，通常是以 pH 玻璃电极作为指示电极，饱和甘汞电极 SCE 作为参比电极，与待测溶液组成原电池。测量溶液 pH 的原电池可表示为：

（－）Ag | AgCl，内参比溶液 | 玻璃膜 | 待测试液 ‖ KCl（饱和）| Hg_2Cl_2(s)，Hg（＋）

则其电池电动势为：$E = E_{SCE} - E_{玻} = E_{SCE} - \left(K - \frac{2.303RT}{F}\text{pH}\right)$

$$E = K' + 0.0592\text{pH}\ (25℃) \qquad (8-12)$$

由式 8－12 可知，在一定条件下电池电动势与试液 pH 之间呈线性关系，只要测得电池电动势 E 就可以求出溶液的 pH，进而求得溶液氢离子浓度，这就是直接电位法测定溶液 pH 的理论依据。

2. 测量方法　由式 8－12 可知，测得电池电动势 E 就可以求出溶液的 pH 或 $[H^+]$，但实际测量中由于每一支玻璃电极的电极常数各不相同，而且由于不对称电位及残余液接电位等诸多因素的存在，使得 K' 变成一个难以预知的理论常数，因此，实际测量中，通常采用两次测量法，即用玻璃电极先测定一份 pH 准确已知的标准缓冲溶液（称定位），再测定未知试液的 pH。测量原理为：

$$E_S = K' + 0.059pH_S \quad (8-13)$$

$$E_X = K' + 0.059pH_X \quad (8-14)$$

式中 pH_S 和 pH_X 分别表示标准缓冲液的 pH 和待测溶液的 pH；E_S 和 E_X 表示 25℃ 时测量标准缓冲液和试液分别组成的电池的电动势。

因在相同条件下测定待测溶液和标准缓冲溶液，K' 相同，式 8－13 减去式 8－14 可得：

$$pH_X = pH_S + \frac{E_X - E_S}{0.0592} \quad (8-15)$$

根据式 8－15，只要测出 E_X 和 E_S，即可得到试液的 pH_X。

3. pH 玻璃电极使用注意事项

（1）注意玻璃电极的使用 pH 范围为 1～9。

（2）选择标准缓冲液 pH_S 应尽可能与待测 pH_X 相接近。通常控制 pH_S 和 pH_X 之差在 3 个 pH 单位之内。现行版《中国药典》附录收载了五种 pH 标准缓冲液在 0～50℃ 温度下的 pH 基准值。

（3）pH 玻璃电极需在蒸馏水中浸泡 24 小时以上方可使用；复合 pH 玻璃电极在 3mol/L KCl 溶液中浸泡 8 小时以上。

（4）标准缓冲溶液与待测液的温度必须相同。

（5）标准缓冲溶液要按规定的方法配制，保存在密塞的玻璃瓶中（硼砂应保存在聚乙烯塑料瓶中）；一般可保存 2～3 个月，若发现有浑浊、发霉或沉淀等现象时，则不能继续使用。

4. 测量仪器　pH 计（酸度计）是专门测量溶液 pH 值或电池电动势的一种电子电位计。目前国内常用的 pH 计为 pHS－2 系列和 pHS－3 系列等，具有 pH 读数和电动势（mV）读数，读数一般为数字式。pH 计上一般具有以下功能调节旋钮：

（1）零点调节旋钮　当电极之间无测量信号时，先调节零点调节旋钮使输出信号显示在仪器零点。

（2）温度补偿器　测量时先将温度补偿旋钮指向试液温度，并注意使试液与标准缓冲溶液温度尽量一致。

（3）定位旋钮（或称校正旋钮）　pH 计测量试液的 pH 值，以缓冲溶液的 pH 为基础，进行比较测定得到。定位旋钮的作用在于抵消内外参比电极电位、不对称电位和残余液接电位的影响。用标准缓冲溶液定位时，通过调节定位旋钮，使仪器显示值正好与测量温度下的 pH 标准值一致。

（4）斜率调节旋钮　使用pH计通常采用两点校正法。定位后，再用另一标准缓冲溶液核对仪器显示值，若两者相差大于0.02个pH单位，则应调节斜率调节旋钮使显示值与标准值相符。

5. pH复合电极　pH复合电极是把pH玻璃电极和参比电极组合在一起，制成了单一电极体。pH复合电极体积小，使用方便，被测试液用量少，测定时只需使用一个pH复合电极即可，逐渐取代了常规的玻璃电极。

课堂互动

已知注射用葡萄糖水放置时间延长会氧化导致酸性增强，请问如何测定该注射用葡萄糖水的pH值。需要准备哪些有关的仪器和试剂？测定中应注意什么问题？

三、离子选择性电极的定量方法

溶液pH值的测定常采用pH玻璃电极，溶液中其他阴、阳离子测定的关键是选择对待测离子具有选择响应能力的指示电极，即离子选择电极。

1. 定量条件　溶液中其他阴、阳离子的测定与溶液中pH测定的原理和方法相似，选择对待测离子有Nernst响应的离子选择电极为指示电极，与参比电极（一般用饱和甘汞电极SCE）浸入待测溶液中组成原电池，通过测量原电池的电动势，按Nernst方程式求出待测离子的浓度。

电池表达式：（－）离子选择电极｜试液‖KCl（饱和）｜Hg_2Cl_2（s），Hg（＋）

电池电动势为：$E = \varphi_{SCE} - \varphi_{离子} = \varphi_{SCE} - \left(K' \pm \frac{2.303RT}{nF}\lg c_i\right)$

$$E = K'' \pm \frac{2.303RT}{nF}\lg c_i \tag{8-16}$$

K''包括参比电极电位、液接电位、指示电极的电极常数及试液的组成等因数，具有不确定性。因此在测量时，为了使电极在试液和标准溶液中K''相等，一般要考虑溶液离子强度、酸度等对离子浓度的影响。

2. 定量方法　直接电位法测定阴、阳离子浓度是根据测量到的电池电动势，按Nernst方程式直接计算得到测量值的。常用的定量方法有两次测量法、标准曲线法和标准加入法。

（1）两次测量法　又称标准对照法或直接比较法，与用玻璃电极测量溶液的pH相似，即分别测定标准溶液（S）和试液（X）的电池电动势。以SCE为正极，测定阳离子，按式8－16得：

$$E_S = K'' - \frac{2.303RT}{nF}\lg c_S$$

$$E_X = K'' - \frac{2.303RT}{nF}\lg c_X$$

两式相减得：

$$\lg c_X = \lg c_S + \frac{E_S - E_X}{\frac{2.303RT}{nF}} \tag{8-17}$$

或

$$c_X = c_S \times 10^{\frac{E_X - E_S}{2.303RT/nF}} \tag{8-18}$$

（2）标准曲线法　根据电池电动势 E 与 $\lg c$ 之间的线性关系，在离子选择电极的线性范围内，用待测离子的对照品配制若干个不同浓度的标准溶液（基质应与试液相同），然后在相同条件下，用选定的指示电极和参比电极分别测量标准溶液与电极组成的电池的电动势 E_S，以测得的 E_S 对 $\lg c_S$ 作图，可得工作曲线，称为标准曲线（或校正曲线）。如图 8-9 所示。

再在同样条件下测量试液的 E_X，由工作曲线即可确定试液中待测离子的浓度 c_X（图 8-9）。标准曲线法要求标准溶液与试液有相近的组成和离子强度，因此一般主要适用于较简单的样品体系。其优点是即使 S 偏离理论值，也能得到较满意的结果。

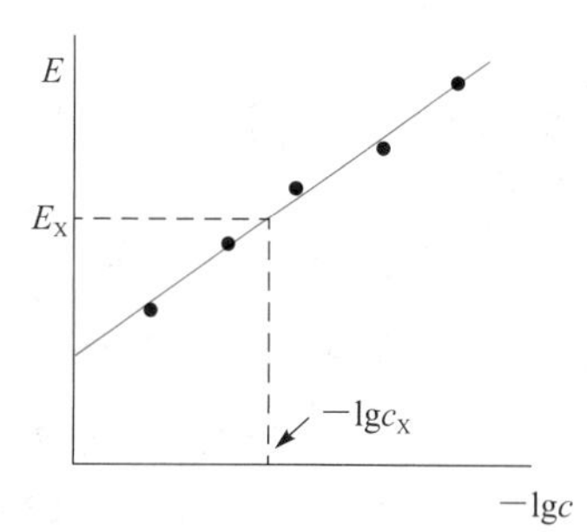

图 8-9　标准曲线图

（3）标准加入法　标准加入法是将小体积（比试液体积小 10～100 倍）高浓度（比试液浓度大 10～100 倍）的标准溶液加入到待测试样溶液中，通过测量加入前后的电池电动势，得到待测离子浓度。

例如，测定某试液中的离子，以待测离子的离子选择电极为指示电极，以 SCE 为参比电极；试样体积为 V_X，测定离子浓度为 c_X；加入的标准溶液浓度为 c_S，体积为 V_S。

加入标准溶液前：
$$E_1 = K' \pm \frac{2.303RT}{nF}\lg c_X$$

加入标准溶液后：
$$E_2 = K' \pm \frac{2.303RT}{nF}\lg\frac{c_X V_X + c_S V_S}{V_X + V_S}$$

由于加入的标准溶液体积小（比试液体积小 10～100 倍），对试液的组成和离子强度影响较小，可以认为 K' 相同。

设 $S = \pm\frac{2.303RT}{nF} = 0.0592/n$，则：$\Delta E = E_2 - E_1 = S\lg\frac{c_X V_X + c_S V_S}{(V_X + V_S)\ c_X}$

整理得：
$$c_X = \frac{c_S V_S}{(V_X + V_S)}(10^{\Delta E/S} - 1)^{-1}$$

因 $V_X \geqslant V_S$，$V_X + V_S \approx V_X$，则：
$$c_X = \frac{c_S V_S}{V_X}(10^{\Delta E/S} - 1)^{-1} \tag{8-19}$$

式中 V_X、c_S 和 V_S 为已知值，将由电池电动势的测量值 E_1、E_2 得到的 ΔE 代入计算，便可求得试样溶液的浓度 c_X。

标准加入法适合较复杂的样品体系。将小体积的标准溶液加入到样品溶液中，可减免标准溶液和试液之间离子强度和组成不同所造成的测量误差，操作简便、快速。

互动

现在有一工业废水，已知含有多种金属离子特别是重金属离子如 Pb^{2+}，现在要求采用直接电位法测定废水中 Pb^{2+} 的浓度，请问应该采用何种定量方法进行测定？

3. 测量误差 由于电极不稳定、标准溶液浓度、液接电位、测量电池及温度波动等诸多因素的影响，使直接电位法在测量电池电动势上存在不低于 ±1mV 的误差（ΔE）。电池电动势的测量误差（ΔE）导致测量结果的相对误差随待测离子化合价数 n 的升高而增大，因此直接电位法测高价离子有较大的测量误差。但测量结果的相对误差与待测离子的浓度高低无关。因此直接电位法适合于低价离子和低浓度（$10^{-5} \sim 10^{-6}$ mol/L）样品组分的测定。

【完成项目任务】 快速检测工业废水的 pH 值

用 PHS－2C 型酸度计测量溶液的 pH 值。

1. 按标准缓冲液配制方法配制 250mL 缓冲溶液。
2. 先用 pH 试纸粗略测定一下被测工业废水的酸碱性，然后按仪器使用方法测定。
3. 测 5 个工业废水样液，记录显示 pH 值，取平均值。

第三节 永停滴定法

永停滴定法又称双指示电极电流滴定法。永停滴定法是在测量过程中，将两个相同的指示电极（通常用微铂电极）插入待测溶液中，在两个电极间外加一个小电压（约 10～200mV），然后进行滴定。滴定过程中观察或记录通过两个电极的电流变化，根据电流变化的特性确定滴定终点。该法不属于电位法，只是利用电解的原理，属于电流滴定法中的一种分析方法。

永停滴定法具有装置简单、准确度高、终点确定方便、易于实现自动化等优点，主要用于氧化还原反应的滴定。

在《中国药典》中主要用于重氮化滴定和用 Karl－Fischer 法进行水分测定等。

一、永停滴定法基本原理

若溶液中同时存在某电对的氧化型及其对应的还原型物质，如 I_2 及 I^- 的溶液，插入一支铂电极，则其电极电位符合 Nernst 方程式关系：

$$\varphi = \varphi^{\ominus} + 0.0592\lg\frac{c_{I_2}}{c_{I^-}} \quad (25℃)$$

若在溶液中插入两支铂电极与该电对组成电池，因两只铂电极的电极电位相等，电池的电动势为零，无电流产生。若在两铂电极之间外加一小电压，则有：

在正极（阳极）发生氧化反应：$2I^- \rightleftharpoons I_2 + 2e$

在负极（阴极）发生还原反应：$I_2 + 2e \rightleftharpoons 2I^-$

在两极间发生电解反应，有电流产生。可见在永停滴定法中只有当两个电极上同时发生电极反应，外电路中才有电流产生。而且发生电解反应时，一个电极发生氧化反应，另一个电极发生还原反应，阳极上失去多少电子，阴极上就得到多少电子，两个电极上得失电子数相等。

像I_2/I^-这样在溶液中与双铂电极组成化学电池，给以很小的外加电压，两个电极上就能发生电解作用，从而有电流通过的电对，称为可逆电对。在永停滴定中常见的可逆电对有I_2/I^-、Fe^{3+}/Fe^{2+}、Ce^{4+}/Ce^{3+}、Br_2/Br^-等。

相反在某些氧化还原电对溶液中，同样插入双铂电极，给以很小的外加电压，两个铂电极上不能发生电解反应，也没有电流产生，这样的电对称为不可逆电对。如$S_4O_6^{2-}/S_2O_3^{2-}$电对，只能发生反应：$2S_2O_3^{2-} \rightleftharpoons S_4O_6^{2-} + 2e$

不能发生反应：$S_4O_6^{2-} + 2e \rightleftharpoons 2S_2O_3^{2-}$

因此只有阳极发生$S_2O_3^{2-}$被氧化成$S_4O_6^{2-}$的电化学反应，但在阴极上不能同时发生$S_4O_6^{2-}$被还原成$S_2O_3^{2-}$的电化学反应，所以电路中没有电流通过。所以$S_4O_6^{2-}/S_2O_3^{2-}$电对为不可逆电对。

永停滴定法只有当滴定体系中有可逆电对存在，才能发生电解反应产生电流。当两个电对均为不可逆电对时，即使有外加电压，也不发生电解反应，无电流的产生，因此在永停滴定法中参与反应的两个电对至少有一对为可逆电对。电流大小取决于可逆电对中浓度低的氧化型或还原型的浓度；当氧化型和还原型的浓度相等时电流最大。永停滴定法就是依据电池在外加小电压下，可逆电对可发生电解反应，产生电流，不可逆电对不发生电解反应，无电流产生的现象，因此，可以通过观察滴定过程中电流随着滴定剂体积增加发生变化的情况来确定滴定的终点。

二、永停滴定仪及终点确定方法

1. 永停滴定仪基本装置　永停滴定仪主要由三个部分组成：①两个铂电极与试液组成的电解池；②外加小电压的电源电路；③测量电解电流的灵敏检流计。永停滴定法仪器装置如图8-10所示。B为1.5V干电池；R为5000Ω电阻；R′为500Ω的绕线电阻，通过调节R′，可得到所需的外加电压；S为电流计的分流电阻，通过调节S可调节检流计G的灵敏度，得到适当的灵敏度，同时起到保护电流计的作用；G为电流表；E、E′为两个相同的惰性电极（铂电极）。

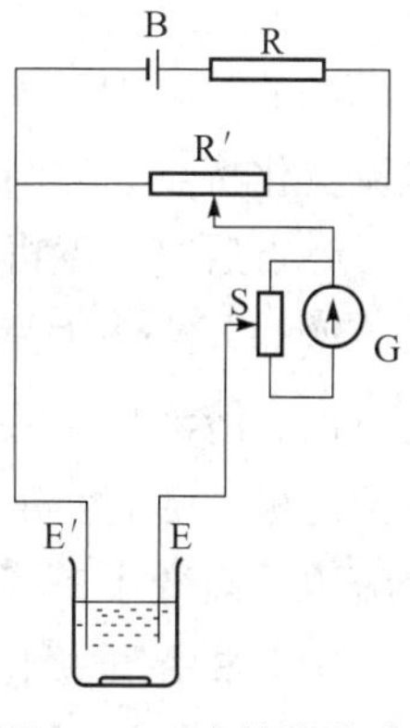

图8-10　永停滴定法仪器装置示意图

通常在滴定中，只需观察电流计指针的变化，指针位置的突变点即为滴定终点。在实际测定中，每加一次标准溶液，测量一次电流，以滴定剂体积（V）为横坐标，电流强度（I）为纵坐标，绘制滴定曲线，从而根据滴定过程中的电流变化确定终点。

2. 终点确定方法 由于永停滴定法中只有当滴定体系中有可逆电对存在时才能发生电解反应产生电流，因此，根据滴定过程中电流的变化，终点的确定方法一般分为三种情况。

（1）可逆电对滴定可逆电对 该类滴定过程中电流变化表现为先增大后降低，在半计量点电流达到最高，终点时电流为最低，达到终点后电流又上升。

如用 Ce^{4+} 滴定 Fe^{2+}，开始滴定前溶液中只有 Fe^{2+} 离子，因无 Fe^{3+} 离子存在，阴极上不可能发生氧化还原反应，所以不发生电解反应，没有电流通过。当 Ce^{4+} 离子不断滴入时，Fe^{3+} 离子不断增加，因为 Fe^{3+}/Fe^{2+} 属可逆电对，故电流也不断增大；当滴定到一半时，$c_{Fe^{3+}}=c_{Fe^{2+}}$ 时，电流达到最大；继续滴入 Ce^{4+} 离子，Fe^{2+} 离子浓度逐渐下降，电流逐渐下降，达到终点时电流降至最低点。终点过后，Ce^{4+} 过量，由于溶液中有了 Ce^{4+}/Ce^{3+} 可逆电对，随着 $c_{Ce^{4+}}$ 的不断增加，电流又开始上升，该电流随滴定剂体积增大而加大至 Ce^{4+} 与 Ce^{3+} 浓度相等，记录滴定过程中电流（I）随滴定剂体积（V）变化的曲线，如图 8－11 所示。

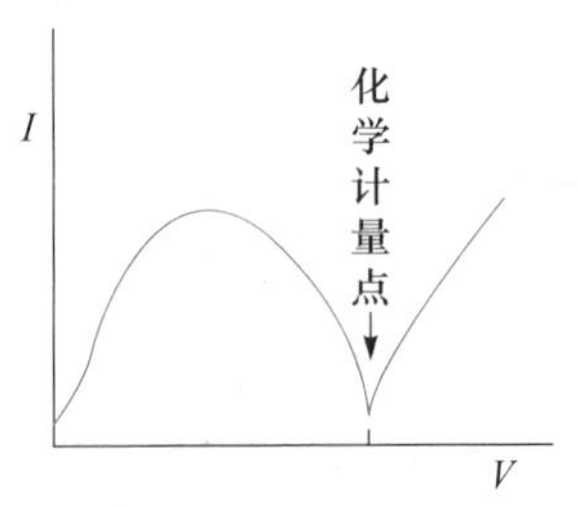

图 8－11 Ce^{4+} 滴定 Fe^{2+} 的电流变化曲线

（2）可逆电对滴定不可逆电对 该类滴定过程中电流变化特点为：终点前电流为零，过终点后电流逐渐上升。

如 I_2 滴定 $Na_2S_2O_3$，在终点前，溶液中只有 $S_4O_6^{2-}/S_2O_3^{2-}$ 不可逆电对，虽有外加电压，电极上不发生电解反应，无电流产生。溶液中虽有 I^- 存在，但 I_2 浓度一直很低，无明显的电解反应发生，所以电流计指针一直停在接近零电流的位置上不动。达到滴定终点并有稍过量的 I_2，溶液中建立明显的 I_2/I^- 可逆电对，发生电解反应，产生电解电流使指针偏转并不再返回零电流的位置。随着过量 I_2 的加入，电流计指针偏转角度增大。如图 8－12 所示。

（3）不可逆电对滴定可逆电对 该类滴定过程中电流变化特点为逐渐降低，终点时电流降为最低，并且过终点后电流不再变化，检流计指针指向零刻度。

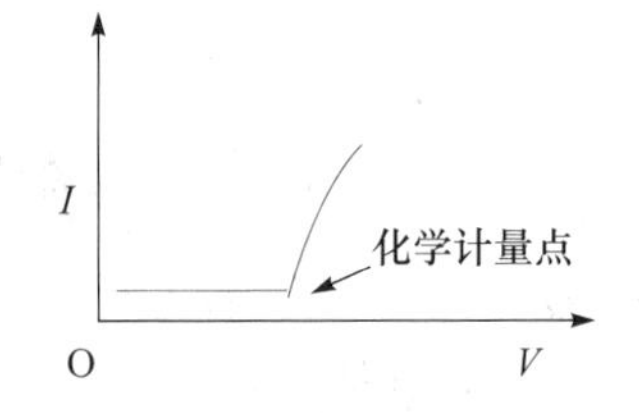

图 8－12 I_2 滴定 $Na_2S_2O_3$ 的滴定曲线

例如，$Na_2S_2O_3$ 滴定含有过量 KI 的 I_2 溶液，在终点前，溶液中存在 I_2/I^- 可逆电对，有电解电流通过两电极，随着滴定的进行，I_2 浓度逐渐变小，电解电流也逐渐变小，滴定终点时电流降至零。终点后，溶液中 I_2 的浓度极低，溶液中只有 I^- 及不可逆的 $S_4O_6^{2-}/S_2O_3^{2-}$ 电对，电解反应基本停止。此时电流计指针将停留在零电流附近并保持不动。此类滴定是根据滴定过程中，电解电流突然减小并降低至零并且保持在零不动的现象而确定终点的。如图 8－13 所示。

3. 应用示例 永停滴定法具有快速简便，终点判断准确可靠，所用仪器简单易于实现自动化的特点，在药物分析中具有广泛的应用。

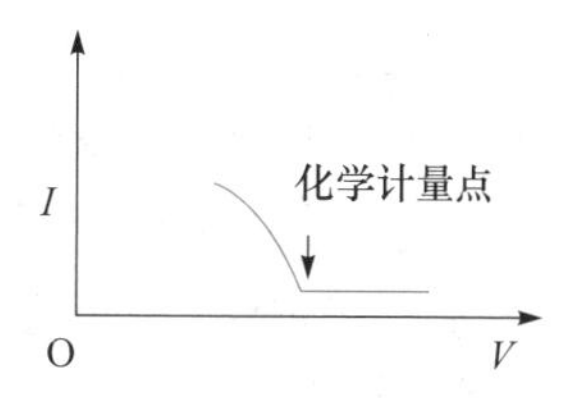

图 8-13 $Na_2S_2O_3$ 滴定 I_2 的滴定曲线

例如，重氮化法测定芳香伯胺类药物的含量，《中国药典》采用永停滴定法判断终点。在酸性条件下，用 $NaNO_2$ 滴定含芳伯胺类化合物的方法，属于可逆电对滴定不可逆电对。滴定反应如下：

$$R-C_6H_4-NH_2 + NaNO_2 + 2HCl \rightleftharpoons [R-C_6H_4-\overset{+}{N}\equiv N]Cl^- + 2H_2O + NaCl$$

终点前溶液中只存在不可逆电对，不发生电解反应，无电流产生，电流计指针在零刻度，达到终点或终点后，有稍过量的 HNO_2，溶液中便有由 HNO_2 及其分解产生的 NO 组成的可逆电对 HNO_2/NO 的存在。

阳极： $NO + H_2O \rightleftharpoons HNO_2 + H^+ + e$

阴极： $HNO_2 + H^+ + e \rightleftharpoons NO + H_2O$

电池将发生电解反应，电路中开始有电流通过，检流计指针突然向右偏转，并不再回复，即为滴定终点。

项目设计

请您设计“皮蛋中铅的含量测定”分析方案。

本章小结

1. 电化学分析法是将被测物制成溶液，根据它的电化学性质，选择适当电极组成化学电池，通过测量电池某种信号（电压、电流、电阻、电量等）的强度或变化，对被测组分进行定性、定量分析的一类分析方法。

2. 指示电极根据电极电位产生原理的不同可分为金属电极和离子选择电极两大类。

3. pH 玻璃电极：①基本构造：玻璃膜、内参比溶液、内参比电极和支持体。②膜电位的产生原理：电极膜内外两侧离子的交换与扩散产生膜电位，表示方法 $E_{膜} = K' + 0.0592\lg c_1$。③玻璃电极测定溶液 pH 的理论依据：$E_{玻} = K'' - 0.0592\text{pH}$。

4. 直接电位法测定溶液 pH：①原理：利用电池电动势与溶液 pH 的线性关系进行测定，$E = K + 0.059\text{pH}$。②方法：两次测量法 $\text{pH}_X = \text{pH}_S + \frac{E_X - E_S}{0.059}$。注意事项：标准溶液与待测溶液 pH 值相差不超过 3 个 pH 单位。

5. 离子选择电极：①构造：电极膜、电极管、内参比电极和内参比溶液。②响应机制：电极膜上离子的交换与扩散产生膜电位，膜电位的大小与相应离子的浓度符合 Nernst 方程式。③测量方法：两次测量法、标准加入法和校正曲线法三种。

6. 电位滴定法：①电位滴定法指利用指示电极、参比电极及被测溶液组成原电池，以适当的滴定剂滴定溶液中的待测离子，根据滴定过程中计量点附近电池电动势的突变来确定滴定终点的滴定分析法。②确定滴定终点有三种方法。

7. 永停滴定法：①根据滴定过程中双铂电极与样品溶液组成的电解池的电流变化来确定终点。②可逆电对与不可逆电对滴定中电流的三种变化曲线。

能力检测

一、选择题

1. 在铜锌原电池中锌极是（　　）
   A. 正极，发生还原反应　　B. 正极，发生氧化反应
   C. 负极，发生氧化反应　　D. 负极，发生还原反应
2. 在电位法中，指示电极电极电位应与待测离子的浓度（　　）
   A. 成正比　　B. 符合扩散电流公式的关系
   C. 符合 Nernst 公式的关系　　D. 对数值成正比
3. 双液接甘汞电极中硝酸钾溶液的主要作用是（　　）
   A. 平衡电压　　B. 作为盐桥
   C. 防止阳离子通过　　D. 防止阴离子通过
4. 一般认为 pH 玻璃电极膜电位产生的原理是（　　）
   A. 氢离子透过玻璃膜　　B. 氢离子交换和扩散
   C. 电子得失与转移　　D. 钠离子的交换与扩散

二、填空题

1. 直接电位法测定溶液的 pH 值常用的指示电极为________，参比电极为________。
2. 永停滴定法中使用的电极是________，是以________判断终点。
3. 用铈量法测定铁时，用电位滴定法确定滴定终点，组成电池的两个电极常用________和________；而用永停滴定法确定终点，组成电池的两个电极常用________。
4. 电位滴定法中待测溶液与电极组成的化学电池类型为________，而永停滴定法中待测溶液与电极组成的化学电池类型为________。

三、判断题

1. 在电位测量中，盐桥只是起着沟通内电路的作用。
2. 离子选择性电极在电位测量中的特点是电极上没有电子交换。
3. 参比电极的电极电位不随插入溶液组成或浓度的改变而变化。
4. 永停滴定法和电位滴定法都是测量电位的滴定方法。

5. 用于永停滴定法的滴定反应必须是氧化还原反应。

6. 电位滴定法确定滴定终点可以根据滴定曲线（$E-V$），拐点所对应的滴定剂体积即为 V_{ep}。

四、简答题

1. 直接电位法测定的原理是什么？

2. 电位滴定法和永停滴定法分别适合哪些类型的滴定反应？哪种方法组成的是原电池？哪种方法组成的是电解池？

3. 什么是指示电极和参比电极？各具有什么条件？

五、计算题

1. 用 pH 玻璃电极和 SCE 组成如下测量电池：

（－）pH 玻璃电极 | 标准缓冲溶液或未知溶液 ‖ SCE（＋）

在 25℃时，测得 pH 为 4.00 的标准缓冲溶液的电动势为 0.218V，若用未知 pH 溶液代替标准缓冲溶液，测得电动势为 0.303V。计算未知溶液的 pH。

2. 用 pH 玻璃电极测定 pH＝5 的溶液，其电极电位为 0.0435V；测定另一未知溶液，电极电位为 0.0145V，电极的响应斜率为 58.0mV/pH，计算未知溶液的 pH。

3. 计算下列电池的电动势。

（－）Zn | $ZnSO_4$（0.1mol/L）‖ $AgNO_3$（0.01mol/L）| Ag（＋）

（已知：$\varphi^{\ominus}_{Zn^{2+}/Zn}=-0.762V$，$\varphi^{\ominus}_{Ag^{+}/Ag}=0.80V$）

实训九　pH 计的使用及溶液的 pH 测定

一、目的要求

1. 学会酸度计的使用方法。

2. 掌握两次测量法测定溶液 pH 的原理和方法。

二、实验原理

直接电位法中，以玻璃电极为指示电极，饱和甘汞电极为参比电极，与待测溶液组成原电池；或用复合玻璃电极与待测溶液组成原电池，可用酸度计测定溶液 pH。

（－）Ag | AgCl(s)，内充液 | 玻璃膜 | 试液 ‖ KCl（饱和），Hg_2Cl_2（s）| Hg（＋）

此原电池的电动势为：$E=\varphi_{甘}-\varphi_{玻}=\varphi_{甘}-\left(K-\dfrac{2.303RT}{F}\text{pH}\right)$

$$E=K'+\frac{2.303RT}{F}\text{pH}$$

用 pH 计测量溶液的 pH 值时，常采用两次测量法，即先用 pH 值已知的标准缓冲溶液校准 pH 计，然后再测定待测溶液的 pH 值。两次测量法所依据的原理是：

$$E_S = K + \frac{2.303RT}{F} pH_S$$

$$E_X = K + \frac{2.303RT}{F} pH_X$$

两式相减得：
$$E_S - E_X = \frac{2.303RT}{F}(pH_S - pH_X)$$

式中，pH_X 和 pH_S 分别为待测溶液和标准溶液的 pH 值；E_X 和 E_S 分别为其相应电动势。该式常称为 pH 值的实用定义。此式说明溶液的 pH 变化一个单位，测量电池的电动势变化 $\frac{2.303RT}{F}$（V）。此值随温度改变而不同，因此 pH 计上都设有温度调节旋钮来调节温度，以便校正温度差异产生的误差。

酸度计是专用于测定 pH 的电位计，当将"pH－mV"选择置于"pH"档时，可将电动势直接转换成 pH 输出。使用时，先用标准缓冲液对仪器进行校正（定位），再换待测溶液，pH 计就可显示供试液的 pH 值。

三、试剂与仪器

1. 仪器 pHS－25 型酸度计；pH 复合电极（或玻璃电极与饱和甘汞电极）；小烧杯。

2. 试剂 混合磷酸盐标准缓冲液（pH6.86），邻苯二甲酸氢钾标准缓冲液（pH4.01）。

四、实验步骤

1. 准备 用电极夹固定 pH 复合电极，打开电源开关，将选择开关调到 pH 档，预热 20 分钟。

2. 温度补偿 测量待测溶液和标准缓冲溶液的温度，记录该温度，将酸度计的温度调节旋钮调至该温度。

3. 定位 斜率调节旋钮调到 100%。将复合电极用去离子水冲洗干净，并用滤纸吸干。将干净的电极插到 pH6.86 标准缓冲溶液中，轻轻摇动溶液，用定位旋钮调至读数为 6.86，直到稳定（不能再动定位旋钮）。

4. 校正 将复合电极用去离子水洗净，用滤纸吸干，把复合电极插入 pH 4.01 标准缓冲溶液中，并将温度补偿旋钮调到该溶液的温度值。摇动烧杯，使溶液均匀，用斜率旋钮调至 pH 读数为 4.00。应该注意斜率钮调完后，不能再动。

5. 测定 用去离子水将复合电极冲洗干净，并用滤纸吸干。把复合电极浸入待测溶液，轻轻摇动溶液，待示数稳定后记录读数，即为该待测溶液的 pH 值。

五、实验数据和结果

编　号	1	2	3	4	5
pH					

六、注意事项

1. 选择两标准缓冲液 pH 相差不超过 3 个 pH 单位，与待测液 pH 应尽量接近，应小于 2 个 pH 单位；没污染的标准缓冲溶液可回收使用。

2. 玻璃电极的球泡应全部浸入溶液中。

七、思考题

1. 电极用毕，应将玻璃电极或复合玻璃电极作何处理？应怎样存放？

2. 在测量溶液 pH 时，用来校正 pH 计的标准缓冲溶液的 pH 为什么应尽量与待测溶液相近？

第九章 紫外－可见分光光度法

【项目任务】 如何快速检测酱油样品中苯甲酸是否超标？

苯甲酸是一种有机防腐剂，在酸性条件下具有杀死或抑制微生物繁殖的作用。常用于酱油的保藏，防止酱油腐败变质。但苯甲酸对人体肝脏、肾脏有一定损害，如果超标会有一定的毒副作用。根据《中华人民共和国食品添加剂国际标准》，苯甲酸钠的最大适用量为 1g/kg。能否采用简便、快速方法检测酱油中苯甲酸是否超标？可采用本章介绍的紫外分光光度法。

紫外－可见分光光度法（UV－Vis）是根据物质分子对紫外及可见光谱区（波长范围为 200～760nm）电磁辐射的吸收特征和吸收程度进行定性、定量的分析方法。紫外－可见分光光度法具有灵敏度较高（可测 10^{-7}～10^{-4}g/mL 的微量组分），准确度较好（相对误差 1%～5%，能满足微量组分分析的要求），应用范围较广（几乎可测所有无机离子和许多有机物），操作简便、快速，仪器不太昂贵等优点。因此，广泛应用于生物、医学、药学、临床、环境监测等领域。

第一节 电磁辐射及其与物质的相互作用

一、光的性质

光是一种电磁辐射，是以电磁波的形式在空间高速传播的光量子流，具有波粒二象性，即波动性和微粒性。

1. 波动性 光的波动性可用波长、频率和波数等主要参数作为表征。频率与波长的关系：

$$\lambda = \frac{c}{\nu} \tag{9-1}$$

波数与波长的关系：

$$\sigma = \frac{1}{\lambda} \tag{9-2}$$

式中：c 为光速；λ为波长；ν 为频率；σ 为波数。

由同一波长组成的光叫单色光，不同波长组成的光叫复合光或复色光。

2. 微粒性 光由光子组成，每个光子具有一定的能量，可用 E 表示。

$$E = h\nu = h\frac{c}{\lambda} = hc\sigma \quad (9-3)$$

式中：E 单位为电子伏特（eV）或焦耳（J）；h 为普朗克常数，其值为 6.6262×10^{-34} J·s。

由式9－3可以看出，频率越低，波长越大，能量越低。

所有的电磁辐射本质是完全相同的，区别仅在于波长或频率不同。若将电磁辐射按波长顺序排列起来，就称为电磁波谱，如表9－1所示。

表9－1 电磁波谱分区表

电磁波	波长范围	频率（Hz）	原子或分子的能级跃迁类型
γ射线	<0.005nm	$>6.0\times10^{19}$	原子核能级跃迁
X射线	0.005～10nm	$6.0\times10^{19}\sim3.0\times10^{16}$	原子内层电子能级跃迁
真空紫外区	10～200nm	$3.0\times10^{16}\sim1.5\times10^{15}$	分子中原子中壳层电子能级跃迁
近紫外光区	200～400nm	$1.5\times10^{15}\sim7.5\times10^{14}$	分子中原子外层价电子能级跃迁
可见光区	400～760nm	$7.5\times10^{14}\sim3.8\times10^{14}$	分子中原子外层价电子能级跃迁
近红外光区	0.8～2.5μm	$3.8\times10^{14}\sim1.2\times10^{14}$	分子中涉及氢原子的振动能级跃迁
中红外光区	2.5～50μm	$1.2\times10^{14}\sim6.0\times10^{12}$	分子振动能级及转动能级跃迁
远红外光区	50～1000μm	$6.0\times10^{12}\sim3.0\times10^{11}$	分子转动能级跃迁
微波区	0～300mm	$3.0\times10^{11}\sim1.0\times10^{9}$	分子转动能级
无线电波区	>300mm	$<1.0\times10^{9}$	电子及核的自旋能级跃迁

二、光与物质的相互作用

电磁辐射与物质的相互作用是普遍发生的复杂的物理现象，利用电磁辐射与物质相互作用时发生的一系列变化而建立起来的分析方法称为光学分析法。常见的光学分析法见表9－2。

表9－2 常用的光学分析方法

辐射机制	分析方法
发射	发射光谱法、荧光光谱法、火焰光度法、放射化学法
吸收	分光光度法（γ－射线、X－射线、紫外、可见、红外）、比色法、原子吸收光谱法、核磁共振波谱法、电子自旋共振波谱
散射	拉曼光谱法、散射浊度法
折射	折射法、干涉法
衍射	X－射线衍射法、电子衍射法
旋转	偏振法、旋光色散法、圆二色光谱法

光学分析法可分为光谱分析法和非光谱分析法。

1. 光谱法 当物质与电磁辐射发生相互作用时，物质分子、原子的内部发生能量转移及量子化的能级跃迁，利用由此产生的光谱进行定性定量和结构分析的方法称为光谱分析法（简称光谱法）。比如吸收光谱法、发射光谱法、荧光分析法等

（1）光谱法按照研究对象不同，可分为原子光谱法与分子光谱法。

① 原子光谱：是由于原子外层或内层电子能级的跃迁所产生的光谱，它的表现形

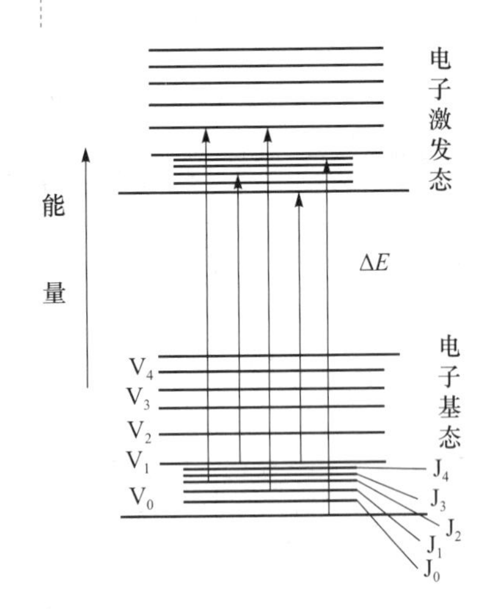

图9-1 双原子分子的三种能级跃迁示意图

式为线状光谱。属于这类分析方法的有原子发射光谱、原子吸收光谱及原子荧光光谱等方法。

② 分子光谱：是由于分子中电子能级、振动和转动能级的跃迁所产生的光谱，其表现形式为带状光谱。分子能级跃迁比较复杂，每个电子能级存在几个振动能级，每个振动能级又存在几个转动能级（如图9-1）。因此，分子的“电子光谱”是由许多线光谱聚集在一起的带光谱组成的谱带，称为“带状光谱”。

分子吸收外界能量，具有量子化特征。当吸收辐射能量时，整个分子能量的变化 ΔE 包括电子能级的变化 ΔE_e、振动能级的变化 ΔE_v 和转动能级的变化 ΔE_r。

$$\Delta E = E_2 - E_1 = \varepsilon_{光子} = h\nu = \Delta E_e + \Delta E_v + \Delta E_r$$

这三种不同能级差产生相应不同波长区间的电磁波。

ΔE_e 约为 1~20eV　　1250~60nm　　紫外-可见区（电子能级）

ΔE_v 约为 0.05~1eV　　50~2.5μm　　中红外区（振动能级）

ΔE_r 约为 10^{-4}~0.05eV　　1000~50μm　　远红外、微波区（转动能级）

分子光谱包括紫外-可见分光光度法、红外光谱法、分子荧光和磷光光谱法等方法。

（2）光谱法按照产生光谱方式的不同，可分为发射光谱法与吸收光谱法。

① 发射光谱：是指组成物质的原子、分子或离子受到外界辐射能、电能、热能或化学能的激发时，跃迁至激发态，再由激发态回到基态或较低能态时以辐射的形式释放能量产生的光谱。利用发射光谱进行定性定量和结构分析的方法称发射光谱法。常见的发射光谱法包括原子发射光谱法、原子荧光光谱法、分子荧光光谱法、分子磷光光谱法、化学发光分析法等。

② 吸收光谱：是物质吸收相应的辐射能，从基态跃迁至激发态而产生的光谱。利用吸收光谱进行定性、定量及结构分析的方法称为吸收光谱法。吸收光谱产生的必要条件是所提供的辐射能量恰好与该吸收物质两能级间跃迁所需的能量相等，即 $\Delta E = h\nu$。根据物质对不同波长电磁辐射的吸收，可以建立各种吸收光谱法，比如紫外-可见吸收光谱法、红外吸收光谱法、原子吸收光谱法、核磁共振波谱法等。

2. 非光谱法　是指那些不涉及物质内部能级的跃迁，仅通过测量电磁辐射照射物质时所发生的传播方向、速度、偏振性或物理性质（如反射、干涉等）的改变的分析方法。这类方法主要有折射法、偏振法、旋光法、浊度法及X-射线衍射法等。

三、紫外-可见吸收光谱

（一）分子吸收光谱及特征

有机化合物的紫外-可见吸收光谱是物质的分子吸收200~760nm的光子能量后，其外层价电子发生能级跃迁所产生的，属于电子光谱。由于同时还伴随着振动和转动能级跃迁，故形成带状吸收光谱。

在浓度一定的条件下，测定溶液对不同波长单色光的吸光度，以波长λ（nm）为横坐标，吸光度A为纵坐标所绘制的曲线，称为分子吸收光谱或吸收曲线，如图9－2。不同物质的吸收光谱有其自身的特征，用如下术语表示其特征：

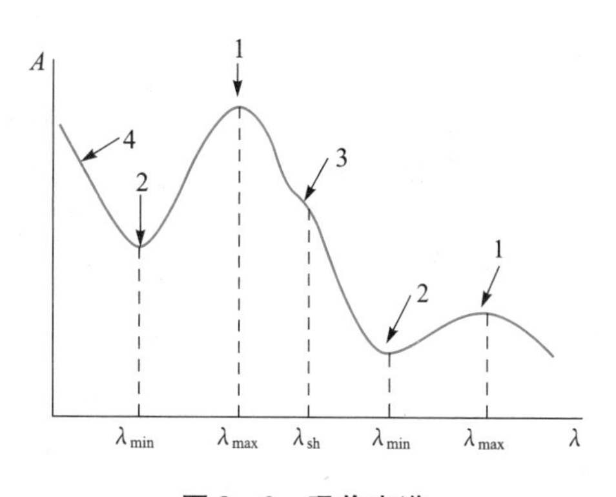

图9－2 吸收光谱

1. 吸收峰 2. 谷 3. 肩峰 4. 末端吸收

1. 吸收峰 吸收曲线上的峰称为吸收峰，所对应的波长称最大吸收波长（λ_{max}）。

2. 吸收谷 峰与峰之间最低的部位称为吸收谷，所对应的波长称最小吸收波长（λ_{min}）。

3. 肩峰 介于峰与谷之间的曲折处，形状像肩的弱吸收峰称为肩峰，波长常用λ_{sh}表示。

4. 末端吸收 在吸收曲线的短波长端呈现强吸收而不成峰形的部分称为末端吸收。吸收曲线的特征值及曲线形状是定性鉴别的重要依据。

（二）有机化合物紫外－可见吸收光谱常用术语

1. 生色团 有机化合物分子结构中能产生价电子能级跃迁的基团，如C＝C、C＝O、N＝N、—NO_2等，可在紫外－可见光区产生吸收的官能团，称为生色团（亦称发色团）。

2. 助色团 能使生色团的吸收峰向长波方向位移并增强其吸收强度的官能团，一般是含有孤对电子的杂原子饱和基团，如—NH_2、—OH、—NR_2、—OR、—SH、—SR、—Cl、—Br等。

3. 蓝移和红移 因化合物的结构改变或溶剂效应等引起的吸收峰向长波方向移动的现象称红移，亦称长移；向短波方向移动的现象称蓝移（紫移或短移）。

4. 增色效应和减色效应 由于化合物的结构发生某些变化或外界因素的影响，使化合物的吸收强度增大的现象，称为增色效应；使吸收强度减小的现象，称为减色效应。

第二节 紫外－可见分光光度法基本原理

一、朗伯－比尔定律

当一束平行的单色光通过装有吸光物质溶液的吸收池时，光的一部分被溶液吸收，一部分透过溶液，一部分被吸收池表面反射。假设入射光强度为I_0，吸收光强度为I_a，透过光强度为I_t，反射光强度为I_r，如图9－3，则它们之间的关系应为：

$$I_0 = I_a + I_t + I_r \tag{9-4}$$

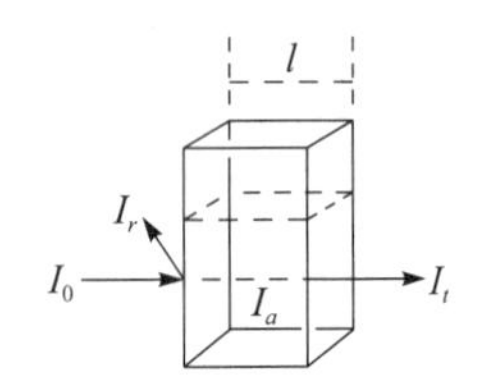

图 9－3 辐射吸收示意图

吸收池的质量和厚度都相同，则 I_r 基本不变，在分光光度法测定时，先用空白溶液调零，再测样品溶液，因此，I_r 的影响可互相抵消，上式可简化为：

$$I_0 = I_a + I_t$$

透过光强度与入射光强度之比称为透光率或透光度，用 T 表示：

$$T = \frac{I_t}{I_0} \tag{9-5}$$

透光度也常用百分数表示，称为百分透光度 $T\%$。溶液的透光度越大，表明溶液对光的吸收越少；反之，它对光的吸收越多。

透光度倒数，亦能反映溶液对光的吸收，其对数称为吸光度，用 A 表示：

$$A = \lg\frac{1}{T} = -\lg T = -\lg\frac{I_t}{I_0} \tag{9-6}$$

例题 9－1 当溶液的透光度 $T=100\%$，其吸光度 A 为多少？

解： $T=100\%=1$，则：$A=-\lg T=-\lg 1=0$

课堂互动

当溶液的透光度 $T=0$ 时，其吸光度 A 为多少？

实验证明：当一束强度为 I_0 的单色光通过浓度为 c、液层厚度为 l 的溶液时，一部分光被溶液中的吸光物质吸收，则吸光度为：

$$A = Kcl \tag{9-7}$$

此式为朗伯－比尔定律的数学表达式，式中：K 为吸光系数，l 为液层厚度（即光程长度），c 为溶液浓度。

朗伯－比尔定律可表述为：当一束平行的单色光通过溶液时，溶液的吸光度（A）与溶液的浓度（c）和液层的厚度（l）的乘积成正比。朗伯－比尔定律是物质对光吸收的基本定律，它是分光光度法定量分析的依据。

二、吸光度的加和性

如果溶液中同时含有 n 种吸光物质，只要各物质不因共存而改变本身的吸光特性，则溶液的总吸光度等于各种物质的吸光度之和，即吸光度具有加和性。

$$A = A_1 + A_2 + \cdots + A_n \tag{9-8}$$

分光光度法分析时，如果试剂或溶剂有吸收，则可利用吸光度的加和性，由所测的总吸光度 A 中扣除试剂或溶剂的吸收，即以试剂或溶剂为空白；依据吸光度的加和性还可以测定多组分混合物。

三、吸光系数

朗伯－比尔定律中的吸光系数“K”的物理意义是：吸光物质在单位浓度、单位厚

度时的吸光度。吸光系数与吸光物质的性质、入射光的波长、溶剂等因素有关，

在单色光波长、溶剂和温度一定条件下，K 是物质的特征常数，表明物质对某一特定波长光的吸收能力。不同物质对同一波长的单色光，有不同的吸光系数，K 越大，表明该物质的吸光能力越强，吸光系数是定性分析的依据。在定量分析中，K 是常用的吸光度与浓度的线性关系的斜率，K 值越大，测定的灵敏度越高。吸光系数常用的两种表示方法如下。

1. 摩尔吸光系数（ε） 在一定波长时，溶液浓度为 1mol/L、液层厚度为 1cm 时的吸光度，为摩尔吸光系数，用 ε 表示，单位为 L/(mol · cm)。

$$A = \varepsilon cl \tag{9-9}$$

通常 $\varepsilon > 10^4$ 为强吸收；$\varepsilon < 10^2$ 为弱吸收；$10^2 > \varepsilon > 10^4$ 为中强吸收。

2. 百分吸光系数（$E_{1cm}^{1\%}$） 在一定波长时，溶液浓度（质量百分浓度 g/100mL）为 1、液层厚度为 1cm 时的吸光度，为百分吸光系数，用 $E_{1cm}^{1\%}$ 表示，单位为 L/(g · cm)。

$$A = E_{1cm}^{1\%}cl \tag{9-10}$$

吸光系数两种表示方式之间的关系是：

$$\varepsilon = \frac{M}{10}E_{1cm}^{1\%} \tag{9-11}$$

四、偏离朗伯－比尔定律的主要因素

波长和入射光强度一定时，根据朗伯－比尔定律，当液层厚度一定时，吸光度 A 与吸光物质的浓度 c 成正比，以吸光度为纵坐标、浓度为横坐标作图，得到一条通过原点的直线，称为标准曲线（也称校正曲线或工作曲线）。但在实际工作中，常会出现偏离直线的现象而引起误差，导致偏离的主要因素有化学因素与光学因素。

1. 化学因素 朗伯－比尔定律只适用于稀溶液。因为在高浓度（$c > 0.01$mol/L）时，吸收质点的平均距离减小，邻近质点的电荷分布彼此会相互影响，从而改变了它们对特定辐射的吸收能力。

随着溶液浓度的改变，溶液中有些吸光物质可因浓度的改变而发生离解、缔合、溶剂化以及配合物生成等变化，引起吸光物质存在形式的变化，从而偏离朗伯－比尔定律。如苯甲酸在溶液中有如下解离平衡：

$$C_6H_5COOH + H_2O \rightleftharpoons C_6H_5COO^- + H_3O^+$$

λ_{max}(nm)	273	268
ε	970	560

其酸式与酸根阴离子具有不同的吸收特性，当稀释溶液或改变溶液 pH 时，解离平衡移动，酸式与酸根阴离子浓度改变，吸光度偏离朗伯－比尔定律。

2. 光学因素 光学因素包括以下几方面：

（1）非单色光 朗伯－比尔定律只适用于单色光，但实际上真正的单色光是难以得到的，实际分析中都是具有一定谱带宽度的复合光，由于吸光物质对不同波长光的吸收能力不同，就导致了对吸收定律的偏离。

（2）杂散光　从单色器得到的单色光中，还有一些不在谱带范围内，与所需波长相隔甚远的光，称为杂散光。它是由于仪器光学系统的缺陷或光学元件受灰尘、霉蚀的影响而引起的。在透光率很弱的情况下，会产生明显的作用。

（3）散射光和反射光　浑浊溶液由于散射光和反射光而偏离吸收定律。

（4）非平行光　倾斜光通过吸收池的实际光程比垂直照射的平行光的光程长，使吸光度增加，偏离吸收定律。

第三节　紫外－可见分光光度计

紫外－可见分光光度计是在紫外－可见光区，可任意选择不同波长的光测定吸光度的仪器。

一、紫外－可见分光光度计的基本构造

各种型号的紫外－可见分光光度计，均包括五个基本部分：光源、单色器、吸收池、检测器及信号显示系统。

（一）光源

光源是提供入射光的装置。分光光度计对光源的基本要求是：①能够发射连续辐射；②应有足够的辐射强度及良好的稳定性；③光源的使用寿命长，操作方便。可见区光源包括钨灯和碘钨灯，波长范围为350～2500nm。紫外区光源包括氢灯和氘灯，波长范围为150～400nm。氘灯光强度比氢灯大，使用寿命长，应用更广。

（二）单色器

单色器是将来自光源的复合光按波长的长短顺序分散为单色光的光学装置。由入射狭缝、准光器、色散元件、聚焦元件和出射狭缝等几个部分组成，如图9－4。其核心部分是色散元件，起分光作用。色散元件主要是棱镜和光栅，棱镜由玻璃或石英制成，色散后的光谱疏密不均；光栅由抛光表面密刻许多平行条痕（槽）而制成，利用光的衍射作用和干扰作用使不同的光有不同的方向，色散后的光谱是均匀分布的。

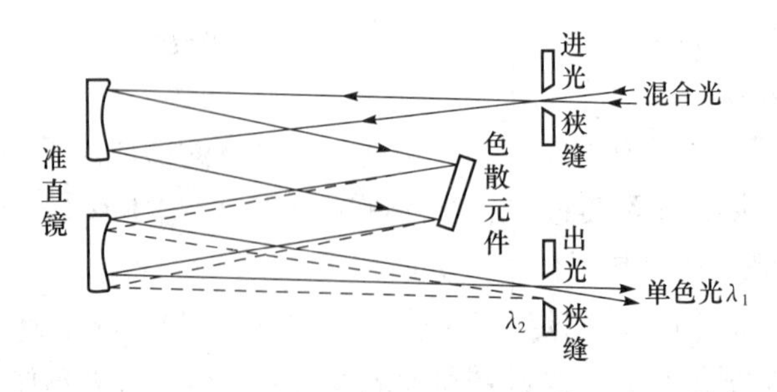

图9－4　单色器光路示意图

（三）吸收池

吸收池是用于盛放被测溶液的无色、透明、耐腐蚀的池皿。吸收池一般由玻璃和石英两种材料做成，玻璃池对紫外线有吸收，只能用于可见光区，石英池可用于可见光区及紫外光区。

（四）检测器

检测器是一种将接收到的光信号转变成电信号的装置。目前常用的检测器有光电管和光电倍增管、光二极管阵列检测器等。光电管是由一内表面涂上一层光敏材料的镍片作为阴极，置于圆柱形中心的一金属丝作为阳极，密封于高真空的玻璃或石英管中构成的。光电管具有灵敏度高、光敏范围宽、不易疲劳等优点。国产光电管有两种，即紫敏光电管，用锑、铯做阴极，适用范围200～625nm；红敏光电管，用银、氧化铯作阴极，适用范围625～1000nm。光电倍增管是一种加上多级倍增电极的光电管，灵敏度比光电管更高，可检测微弱光信号。

（五）显示系统

显示系统的作用是放大信号并以适当的方式指示或记录，包括直流检流计、电位调零装置、数字显示及自动记录装置等。现在许多分光光度计配有计算机，可以进行数据的采集和处理。

二、分光光度计的类型

紫外－可见分光光度计可分为两大类，即单波长分光光度计和双波长分光光度计；单波长分光光度计又可分为单光束和双光束两类。下面简要介绍几种主要类型仪器的光路原理。

1. 单光束分光光度计　此类仪器国产的如722型、751型、7530型等。其光路示意如图9－5所示，经单色器分光后的一束平行光，轮流通过参比溶液和样品溶液。此类分光光度计结构简单，操作方便，维修容易，适用于常规分析。

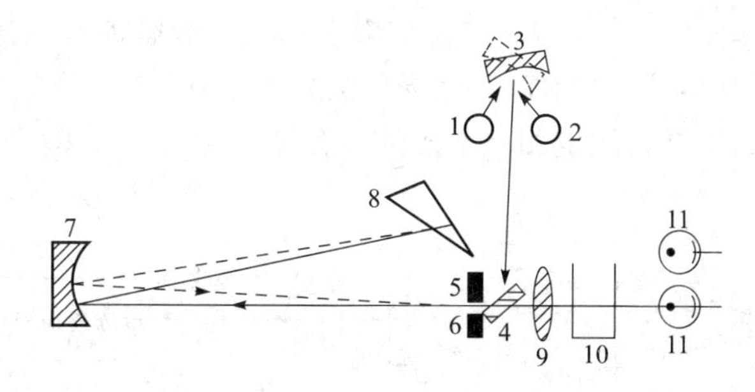

图9－5　单光束紫外－可见分光光度计光路图

1. 氢弧灯　2. 钨灯　3、4. 反射镜　5、6. 上下狭缝　7. 准直镜　8. 石英棱镜　9. 透镜　10. 吸收池　11. 光电管

2. 双光束分光光度计 此类仪器国产的有710型、730型等。730型光学系统如图9-6所示。从单色器色散后的单色光用一个旋转扇形镜将它分成交替的两束光分别通过样品池和参比池，再用一同步旋转扇形镜将两束光交替照射光电倍增管，使光电管产生一个交变脉冲信号，经放大、记录吸收光谱。扇形镜快速、匀速旋转，使单色光能在较短时间内交替通过样品与参比溶液，消除光源强度变化所引起的误差。

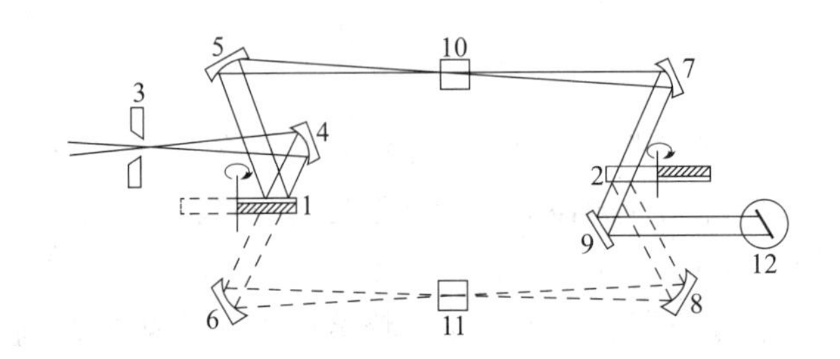

图9-6 双光束紫外-可见分光光度计光路图

1、2. 同步斩光器（旋转扇形镜） 3. 单色器出光狭缝 4、5、6、7、8. 凹面镜
9. 平面镜 10、11. 参比与样品吸收池 12. 光电倍增管

3. 光电二极管阵列分光光度计 光电二极管阵列（PDA）属于光学多通道检测器，是在晶体硅上紧密排列的一系列光电二极管检测管，例如HP8453型二极管阵列，在190～820nm范围内，由1024个二极管组成。当光透过晶体硅时，二极管输出的电讯号强度与光强度成正比。每一个二极管相当于一个单色器的出光狭缝，两个二极管中心距离的波长单位称为采样间隔，因此二极管阵列分光光度计中，二极管数目愈多，分辨率愈高。可在极短时间内获得190～820nm范围内的全光光谱。其光路原理如图9-7所示。

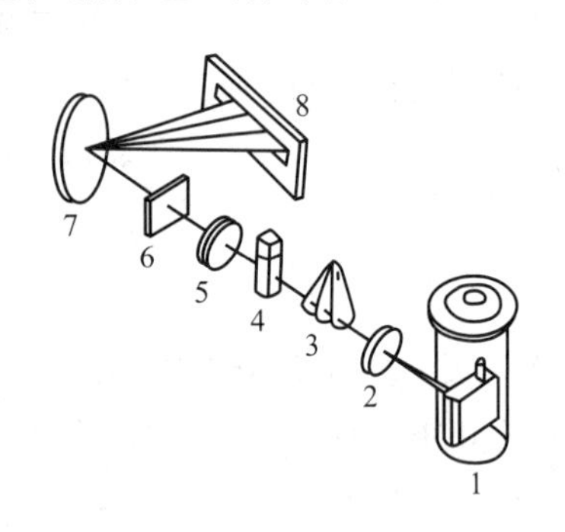

图9-7 二极管阵列分光光度计光路图

1. 光源：钨灯或氘灯 2、5. 消色差聚光镜 3. 光闸 4. 吸收池 6. 入口狭缝 7. 全息光栅 8. 二极管阵列检测器

4. 双波长分光光度计 双波长分光光度计是由同一光源发出的光分别经过两个单色器，分为两束波长不同的单色光（λ_1、λ_2），交替地通过同一试样溶液（同一吸收池）后照射到同一光电倍增管上，最后得到的是溶液对λ_1和λ_2两束光的吸光度差值ΔA（即$A_{\lambda_1}-A_{\lambda_2}$）。

如图9-8所示，双波长测定相互干扰的混合试样时，由于用两个波长的光通过同

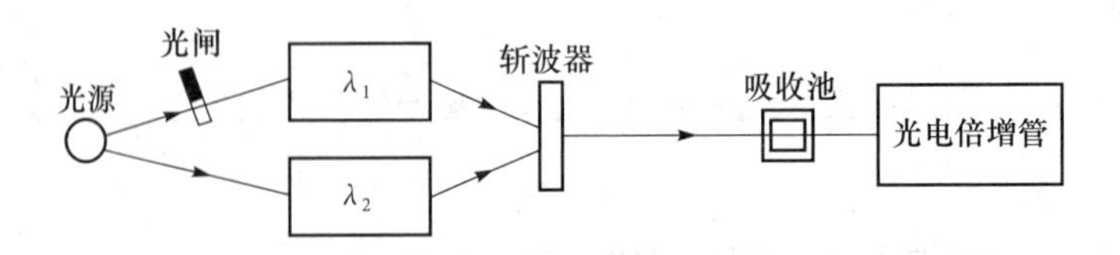

图9-8 双波长分光光度计光学系统图

一吸收池，可以消除因吸收池的参数差异、位置差异、污垢及制备参比溶液等带来的误差，显著提高测定的准确度。另外，由于是由同一光源得到的两束单色光，故可以减小因光源电压变化产生的影响，得到高灵敏度和低噪音的信号。

第四节　比色法分析条件的选择

紫外－可见分光光度法只能测定在紫外－可见区有吸收的物质，对于无吸收的物质或者吸收很弱的物质，可通过适当试剂与待测物的显色反应，生成在紫外－可见区有较强吸收的产物再进行光度测定。显色反应可表示为：

$$\underset{\text{待测物}}{M} + \underset{\text{显色剂}}{R} \rightleftharpoons \underset{\text{有色产物}}{MR}$$

若生成有色产物，则可在可见光区测定。通过显色反应进行定量测定的方法称为比色法。显色反应有多种类型，如配位反应、氧化还原反应、缩合反应等，最常用的是配位反应。

一、显色条件的选择

（一）显色反应的要求

显色反应必须符合如下条件：①被测物质和显色反应生成的有色产物之间必须有确定的计量关系；②反应产物必须有足够的稳定性以保证测量结果有良好的重现性；③有色产物颜色与显色剂的颜色必须有明显的差别；④有较高的灵敏度（$\varepsilon = 10^3 \sim 10^5$）；⑤显色反应必须有较好的选择性，以减少干扰因素。

（二）显色反应的条件

1. 显色剂的用量　为保证显色反应完全，常需加入过量显色剂。但显色剂用量过高会影响测定准确度。因此，必须严格控制显色剂的用量。显色剂的用量常通过实验选择，在固定被测组分浓度和其他条件下，改变显色剂用量分别测定吸光度，绘制吸光度随显色剂浓度的变化曲线，如图 9－9 所示。根据实验结果应该选择吸光度达到恒定时的显色剂用量，即在 a 与 b 之间范围内选择合适的显色剂用量。

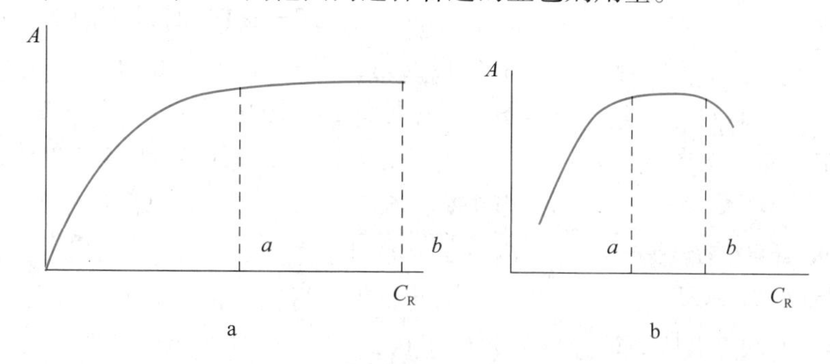

图 9－9　吸光度与显色剂浓度的关系

2. 溶液的酸度 溶液的酸度对显色反应影响较大，许多显色剂是酸碱指示剂或配位剂，溶液酸度会直接影响显色剂存在的形式，显色产物的颜色随酸度变化而改变。比如 Fe^{3+} 与显色剂水杨酸的配合物，其组成和颜色随溶液的 pH 不同而变化，pH <4 时溶液呈紫红色，pH4 ~7 时溶液呈橙红色，pH8 ~ 10 时溶液呈黄色，pH >12 时，则生成 $Fe(OH)_3$ 沉淀。有些反应如氧化还原反应等则需要用缓冲溶液来保持溶液合适的 pH 值。合适的 pH 值通常通过绘制 A - pH 关系曲线来确定，选择曲线平坦部分对应的 pH 值为最适 pH 范围。

3. 显色时间 由于各种显色反应的速度不同，反应完全所需时间不同。有些有色产物能保持长时间稳定，有的显色产物在放置一段时间后会发生变化，使颜色逐渐褪色或加深。因此，必须通过实验绘制 $A-t$（min）关系曲线来确定适宜的显色时间，常选择吸光度较大且稳定的时间区域为最佳显色时间。

4. 显色温度 显色反应一般在室温下进行，但反应速度太慢或常温下不易进行的显色反应需要升温或降温。可作 $A-T$（℃）曲线，选择 A 较大且稳定的温度范围。

5. 溶剂 不同溶剂可能会影响被测物的吸收，从而呈现不同颜色。有些显色产物的稳定性也与溶剂有关。如硫氰酸铁配合物在丁醇中比在水溶液中稳定。通常通过实验选择合适的溶剂（常为有机溶剂）。

二、测量条件的选择

（一）测量误差及 A 范围的选择

分光光度计的测量误差（$\Delta T\%$）来自仪器噪声，浓度的相对误差（$\Delta c/c$）与 ΔT 的关系可由朗伯 - 比尔定律导出，关系式为：

$$\frac{\Delta c}{c} = \frac{\lg e}{\lg T}\frac{\Delta T}{T} = \frac{0.434}{\lg T}\frac{\Delta T}{T} \quad (9-12)$$

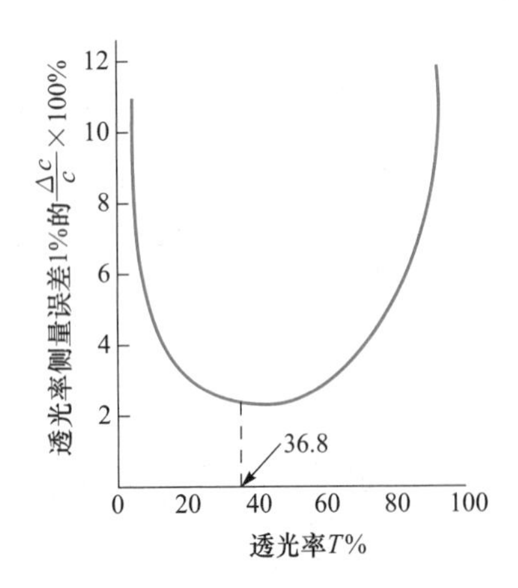

图 9-10 结果相对误差与透光率的关系图

由式 9-12 可知，测量结果的相对误差取决于透光率 T 及其测量误差 ΔT 的大小。ΔT 一般为 ±0.2 %~±1%，由于透光度 T 的刻度是均匀等分而吸光度 A 的刻度是非等分的，所以同样的 ΔT 在不同的透光度 T 时对应的 ΔA 不同，因此所引起的 $\Delta c/c$ 不同。设 $\Delta T = \pm 1\%$ 时，不同 $T\%$ 时所对应的 $\Delta c/c$ 可通过式 9-12 计算得到，将 $\Delta c/c$ 对 $T\%$ 作图，得一曲线，如图 9-10。

当 $T\% = 36.8\%$，即 $A = 0.434$ 时，$\Delta c/c$ 最小；当 $T\%$ 在 65% ~20% 之间，即 A 在 0.2 ~0.7 范围内，$\Delta c/c$ 较小。

因此，为获得较高的准确度，实际测定时，可通过控制溶液的浓度及吸收池厚度使 A 处于 0.2 ~0.7 范围内。

（二）测量波长选择

分光光度法定量分析中，测量波长一般选择被测物最大吸收波长（λ_{max}），灵敏度较高，准确度也较高，λ_{max}处A随波长变化不大；如有多个最大吸收波长，则根据“吸收较大、干扰较小”的原则选择测量波长。如：3,3－二氨基联苯（DAB）和硒生成的配合物（Se－DAB）λ_{max}在340nm处，此处DAB也有很强的吸收。在这种情况下，测量波长应选用次大吸收波长420nm，否则干扰将引起较大测量误差。

（三）狭缝宽度

理论上，狭缝宽度越小，单色性越纯。但狭缝太小，透射光太弱使信噪比降低，定量灵敏度降低。因此，必须选择合适的狭缝宽度。通过实验测定A随狭缝宽度的变化规律，狭缝宽度在某个范围内，A值恒定，狭缝宽度增大至一定程度时A减小。合适的狭缝宽度是在吸光度不减小时的最大狭缝宽度。

三、参比溶液的选择

参比溶液（空白溶液）是用来调节工作零点，即$A=0$，$T=100\%$的溶液，以消除溶液中其他基体组分、吸收池和溶剂对入射光的反射和吸收所带来的误差。实际分析中，常根据试样溶液的性质选择合适的参比溶液。

1. 溶剂参比　当溶液中只有待测组分在测定波长下有吸收，而其他组分无吸收时，可选用纯溶剂作参比溶液，以消除溶剂、吸收池的干扰。

2. 试剂参比　如果显色剂或其他试剂在测量波长处有吸收，而待测试样溶液无吸收，则用不加待测组分的其他试剂作参比溶液。

3. 试样参比　如果试样基体（除待测组分外的其他共存组分）在测量波长处有吸收，而显色剂或其他试剂无吸收，则用不加显色剂的试样溶液作参比溶液。

4. 平行操作参比　用溶剂代替试样溶液，以与试样完全相同的分析步骤进行平行操作，用所得的溶液作参比溶液。

第五节　紫外光谱法的应用

一、定性分析

利用紫外光谱对有机化合物进行定性鉴别的主要依据是有机化合物的特征吸收光谱，如吸收光谱的形状、吸收峰的数目、吸收峰的波长位置和相应的吸光系数等。结构完全相同的化合物应具有完全相同的吸收光谱和特征数据。但是吸收光谱完全相同并不一定是同一化合物，因为紫外吸收光谱仅与分子结构中发色团、助色团等相关的官能团有关，不能表征分子的整体结构。定性分析的方法常采用比较法。

（一）比较吸收光谱

若两个样品是同一物质，其吸收光谱应完全一致。利用这一特性，用同一溶剂将试样与标准品配制成相同浓度的溶液，分别测定其吸收光谱，然后比较二者光谱图的一致性。如图9-11所示，醋酸可的松、醋酸氢化可的松与醋酸泼尼松的λ_{max}（240nm）、ε值（1.57×10^4）与$E_{1cm}^{1\%}$值（390）几乎完全相同，但比较它们的吸收曲线可看出其中的一些差别，据此可以得到鉴别。

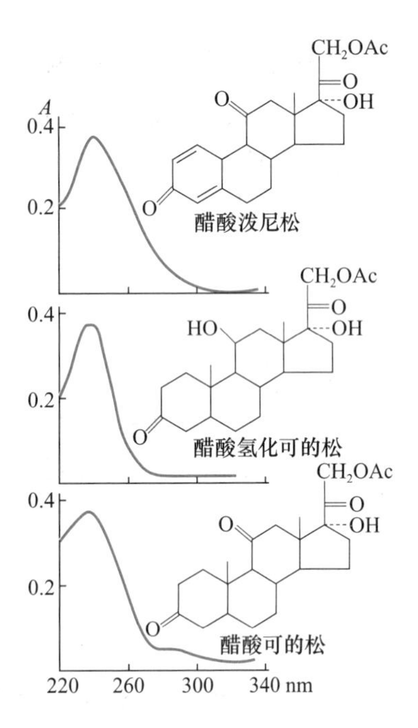

图9-11 三种甾体激素的UV吸收光谱

（二）比较吸光度比值

有些化合物存在多个吸收峰，可用在不同吸收峰（或峰与谷）处测得吸光度的比值A_1/A_2或$\varepsilon_1/\varepsilon_2$作为鉴别的依据。《中国药典》对维生素$B_{12}$的鉴别，配成25μg/mL的溶液，分别测定278nm、361nm和550nm处的吸光度A_1、A_2和A_3，A_2/A_1应为1.70~1.88；A_2/A_3应为3.15~3.45。

二、定量分析

（一）单组分定量分析方法

常用的定量分析方法有标准曲线法、标准对照法、吸光系数法等。

1. 标准曲线法 标准曲线法又称工作曲线法或校正曲线法。本法应用广泛，简便易行，而且对仪器精度的要求不高；但不适合组成复杂的样品分析。

（1）测定方法 首先配制一系列不同浓度的标准溶液（或称对照品溶液），在相同条件下分别测定吸光度。

浓度	c_1	c_2	c_3	c_4	c_5
吸光度	A_1	A_2	A_3	A_4	A_5

以浓度为横坐标，相应的吸光度为纵坐标，绘制标准曲线（如图9-12）；或者对吸光度及浓度数据进行回归分析，建立回归方程，吸光度与浓度的相关系数r可以反映标准曲线的优劣，r越接近1，表明标准曲线的线性关系越好。在相同的条件下测定待测溶液的吸光度，从标准曲线或回归方程中求出被测组分的浓度。

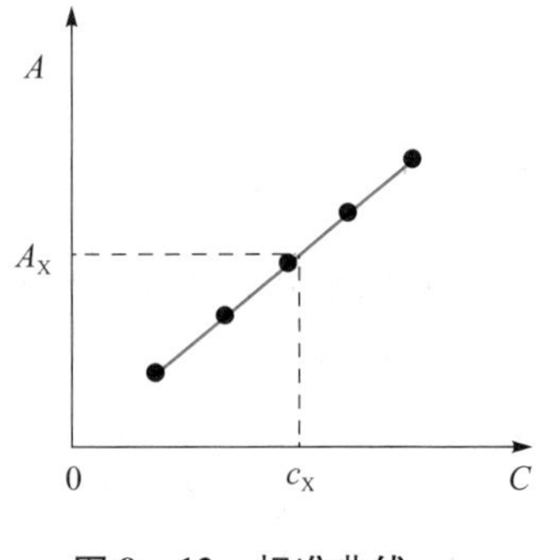

图9-12 标准曲线

（2）注意事项 ①绘制一条标准曲线至少需要5~7个点，并不得随意延长。②待测溶液浓度应在标准曲线线性范围内。③待测溶液和标准溶液必须在相同条件下进行测定。

2. 标准对照法 在相同条件下配制标准溶液和待测溶液，在选定波长处，分别测其吸光度，根据光吸收定律 $A = Kcl$，标准溶液和待测溶液是同种物质，仪器及测定条件完全一致，故 l 和 K 均相等，则：

$$c_{样} = \frac{A_{样}\ c_{标}}{A_{标}} \quad (9-13)$$

标准对照法应用的前提是方法学考察时制备的标准曲线应过原点。

3. 吸光系数法　若 l 和吸光系数 ε 或 $E_{1cm}^{1\%}$ 已知，则可根据朗伯－比尔定律求出被测组分的浓度。

例 9－2　维生素 B_{12} 的水溶液在 361nm 处的 $E_{1cm}^{1\%}$ 值是 207，盛于 1cm 吸收池中，测得溶液的吸光度为 0.456，则溶液浓度为：

$$c = 0.456/(207 \times 1) = 0.00220\ (g/100mL)$$

应注意计算结果是 100mL 中所含质量（g），这是百分吸光系数的定义所决定的。

通常 ε 和 $E_{1cm}^{1\%}$ 可以从手册或有关文献中查到；也可将供试品溶液的吸光度换算成样品的百分吸光系数 $E_{1cm}^{1\%}$ 或摩尔吸光系数 ε_x，然后与纯品（对照品）的吸光系数相比较，求算样品中被测组分含量。

例 9－3　维生素 B_{12} 样品 25.0mg 用水溶成 1000mL 后，盛于 1cm 吸收池中，在 361nm 处测得吸光度 A 为 0.511，则：

$$(E_{1cm}^{1\%})_{样} = \frac{0.511}{2.50 \times 10^{-3} \times 1} = 204.4$$

$$样品\ B_{12}\% = \frac{(E_{1cm}^{1\%})_{样}}{(E_{1cm}^{1\%})_{标}} \times 100\% = \frac{204.4}{207} \times 100\% = 98.7\%$$

以上三种定量方法中，吸收系数法最简单省时，但是这种方法的使用要求仪器和测量体系都符合朗伯－比尔定律，否则有较大的测量误差。标准曲线法操作相对麻烦，但对于不适合使用吸收系数法的测量，可以获得较为准确的测量结果。如果标准曲线通过原点，则对于常规检测，不必每次都作标准曲线，可使用标准对照法，只通过一个标准溶液的对照来获得测量结果，以此提高分析工作的效率。

（二）多组分定量分析

混合组分的吸收光谱相互重叠的情况不同，测定方法也不相同，常见混合组分吸收光谱相干扰情况有以下三种：

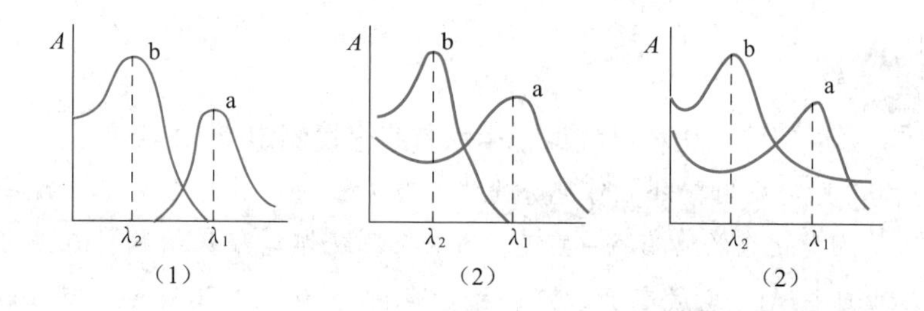

图 9－13　混合组分吸收光谱的三种重叠情况示意图

1. 第一种情况：各种吸光物质吸收曲线不相互重叠或很少重叠，则可按单组分的测定方法，分别在λ_1及λ_2处测定，计算 a 及 b 组分的浓度。

2. 第二种情况：部分重叠，先在λ_1处测 A，可得 c_a，再在λ_2处测得混合组分的吸光度 A_{a+b}，根据吸收定律加和性，即可求得 c_b。

3. 第三种情况：两吸收曲线互相重叠，但服从朗伯－比尔定律，有如下常见方法：

（1）解方程组法　若试样中需要测定两种组分，则选定两个波长λ_1及λ_2，测得试液的吸光度为 A_1 和 A_2，则可解方程组求得组分 a、b 的浓度 c_a、c_b：

λ_1处有：　$A_1^{a+b} = A_1^a + A_1^b = E_1^a c_a + E_1^b c_b$

λ_2处有：　$A_2^{a+b} = A_2^a + A_2^b = E_2^a c_a + E_2^b c_b$

解得：

$$c_a = \frac{A_1^{a+b} \cdot E_2^b - A_2^{a+b} \cdot E_1^b}{E_1^a \cdot E_2^b - E_2^a \cdot E_1^b}$$

$$c_b = \frac{A_2^{a+b} \cdot E_1^a - A_1^{a+b} \cdot E_2^a}{E_1^a \cdot E_2^b - E_2^a \cdot E_1^b}$$

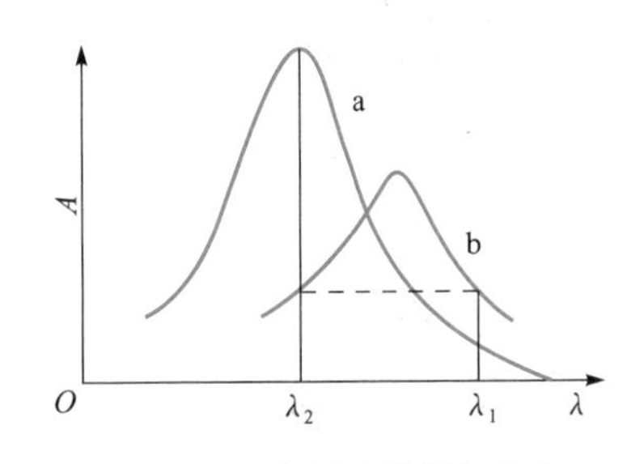

图 9－14　作图法选择λ_1和λ_2

（2）等吸光度双波长（消去）法　如图 9－14 所示，含 a、b 两组分的混合物吸收光谱相互重叠，若要消除 b 的干扰以测定 a，可从 b 的吸收光谱上选择两个吸光度相等的波长（测量波长和参比波长）λ_1和λ_2，测定混合物的吸光度差值，然后根据 ΔA 值来计算 a 的含量。

在λ_2处有：　$A_2 = A_2^a + A_2^b$

在λ_1处有：　$A_1 = A_1^a + A_1^b$

由于组分 b 在λ_1和λ_2处，$A_2^b = A_1^b$，所以，$\Delta A = A_2 - A_1 = A_2^a - A_1^a = (E_2^a - E_1^a) c_a \cdot l$

等吸收点法的关键步骤是测量波长和参比波长的选择，其选择原则如下：①干扰组分 b 在这两个波长应具有相同的吸光度，即 $\Delta A^b = A_1^b - A_2^b = 0$；②被测组分在这两个波长处的吸光度差值 ΔA^a 应足够大。

被测组分 a 在两波长处的 ΔA 值愈大愈有利于测定。同样方法可消去组分 a 的干扰，测定 b 组分的含量。

三、紫外－可见分光光度法的应用

应用示例

山楂叶提取物中总黄酮含量测定

《中国药典》采用紫外－可见分光光度法对山楂叶提取物中总黄酮含量进行测定。黄酮类化合物具有 5－羟基、3－羟基或邻二羟基结构，在亚硝酸钠碱性溶液中可与 Al^{3+} 生成高灵敏度的橙红色配合物，在 500nm 处有吸收，吸光度与黄酮含量成正比，可以用标准曲线定量。

【项目任务实施】 快速检测酱油样品中的苯甲酸是否超标？

1. **样品溶液** 采用萃取和蒸馏法将酱油中的苯甲酸在酸性条件下蒸馏分离，提取液用 0.01mol/L NaOH 溶液定容。

2. **标准曲线的绘制** 配制不同浓度的标准溶液，用 0.01mol/L NaOH 溶液稀释至刻度。以 0.01mol/L NaOH 溶液为参比液，于 225nm 处测吸光度，绘制标准曲线。

3. 以 0.01mol/L NaOH 溶液为参比液，于 225nm 测吸光度，测得的样品溶液的吸光度，由标准曲线求出相应的苯甲酸含量

项目设计

请您设计“奶粉中蛋白质的含量分析”方案。

本章小结

1. 紫外－可见分光光度法是根据物质分子对紫外及可见光谱区（200～760nm）电磁辐射的吸收特征和吸收程度进行定性、定量的分析方法。

2. 物质对光的吸收遵循朗伯－比尔定律，即：当一束平行单色光通过均匀溶液时，溶液的吸光度与吸光物质的浓度及液层厚度成正比关系。其数学表达式为：$A=Kcl$。平行单色光和稀溶液是吸收定律的基本条件；偏离吸收定律的因素主要包括化学因素和光学因素。

3. 紫外－可见分光光度法定性鉴别的主要依据包括：吸收光谱的形状、吸收峰的数目、各吸收峰的波长位置、吸收强度和相应的吸光系数值等。

4. 常用的单组分定量分析方法包括：标准对照法、吸光系数法、标准曲线法等。

5. 紫外－可见分光光度计的主要部件包括：光源、单色器、吸收池、检测器及信号显示系统。其主要类型有：单光束、双光束和二极管阵列分光光度计等。

能力检测

一、选择题

1. 一般可见分光光度计，其波长范围是（ ）

A. 200～400nm　　B. 180～600nm　　C. 270～780nm　　D. 400～760nm

2. 若吸光物质在一定条件下，表现出强吸光能力，则其摩尔吸光系数为（ ）

A. $>10^5$　　B. $>10^4$　　C. $10^5>\varepsilon>10^4$　　D. $10^4>\varepsilon>10^3$

3. 分光光度法中，要使所测得的物质其浓度相对误差 $\Delta c/c$ 较小，宜选用的吸光度读数范围为（　　）

A. 0～0.2　　B. 0.1～0.5　　C. 0.2～0.7　　D. 0.7～1.5

4. 绘制一条标准曲线，通常要测定（　　）

A. 3～4 个点　　B. 4～5 点　　C. 5～7 点　　D. 8～10 点

5. 分子吸收辐射后，外层价电子跃迁时所产生的光谱波长范围通常在（　　）

A. 无线电波区　　B. X 射线区　　C. 红外光区　　D. 可见－紫外光区

6. 下列各基团不属于助色团的是（　　）

A. —OH　　B. —OR　　C. —NHR　　D. $—NO_2$

7. 下列各基团不属于发色团的是（　　）

A. C═C　　B. C═O　　C. —OH　　D. —COOH

8. 在测试条件下，显色剂或其他试剂、溶剂等对测定波长的光有吸收，对待测组分的测定有干扰，应选择（　　）

A. 蒸馏水空白　　B. 试样空白　　C. 溶剂空白　　D. 试剂空白

9. 在测试条件下，溶液中只有被测组分与显色剂的发色产物对测定波长的光有吸收，而显色剂本身及溶液中其他组分均对测定波长的光无吸收，可选择（　　）

A. 平行操作空白　　B. 试样空白　　C. 溶剂空白　　D. 试剂空白

二、填空题

1. 当光照射到物质上时，光与物质之间产生光的________、________、________、________等现象，可见－紫外分光光度法主要是利用了________现象。

2. 紫外吸收光谱是由________能级跃迁产生的。

3. 偏离朗伯－比耳定律的主要因素有________和________。

4. 朗伯－比耳定律表达式为 $A=Klc$，当 c 以 mol/L、l 以 cm 为单位时，则 K 称为________吸光系数。

5. 用可见－紫外分光光度计在 254nm 处测定某试样溶液时，应选用________材料制成的吸收池。

三、判断题

1. 分光光度法中，选择测定波长的原则是：吸收最大，干扰最小。

2. 为了减少偏离朗伯－比耳定律的光学因素，谱带宽度应越宽越好。

3. 标准曲线法制 $A-c$ 曲线，从曲线上查出样品溶液中被测组分的浓度比用线性回归方程计算样品被测组分的浓度更准确更客观。

4. 紫外－可见分光光度法属于分子吸收光谱。

5. 棱镜色散后的光谱是各谱线间距离相等的均匀分布的连续光谱。

四、计算题

1. 已知某溶液中 Fe^{2+} 浓度为 200μg/100mL，用邻菲罗啉显色测定 Fe^{2+}，比色皿厚度为1cm，在波长508nm处测得吸光度A为0.413，计算Fe^{2+}－邻菲罗啉络合物的摩尔吸光系数和以Fe^{2+}计的百分吸光系数。

2. 一符合朗伯－比耳定律的有色溶液放在2cm的比色皿中，测得百分透光率为60%，如果改用1cm的比色皿，其$T\%$和A各为多少？

3. 准确称取某试样7.36mg于100mL容量瓶中，加水稀释至刻度线，摇匀。取此稀释液5.00mL于50mL的容量瓶中，加浓盐酸2.0mL，加水稀释至刻度线，摇匀。取此稀释液在0.5cm石英池于323nm波长处测得吸光度为0.327。计算样品中该化合物的百分含量。（由文献查得该样品百分吸光系数为907）

实训十　邻二氮菲分光光度法测定水中的微量铁

一、实验目的

1. 熟悉分光光度法测定含量的操作方法及原理。
2. 掌握标准曲线的绘制和回归直线方程的计算、评价及使用。

二、实验原理

在可见光区，除某些物质对光有吸收外，很多物质本身无吸收，但可在一定条件下，加入显色剂或经过处理使其显色，然后再进行测定。铁是药物和水中常见的一种杂质，含量大时易产生特殊气味，因此对药物和饮水中的铁要进行检查和测定。在一定pH条件下，Fe^{3+}可预先用还原剂（盐酸羟胺或对苯二酚等）将其还原为Fe^{2+}离子，Fe^{2+}离子与邻菲罗啉生成稳定的橙红色配合物。

$$4Fe^{3+} + 2NH_2OH \rightleftharpoons 4Fe^{2+} + 4H^+ + N_2O + H_2O$$

$$Fe^{2+} + 3\,(\text{N N}) \longrightarrow \left[Fe \leftarrow (\text{N N})_3 \right]^{2+}$$

显色时溶液的pH值应为2～9，若酸度过高（$pH < 2$）显色缓慢而色浅；若酸度过低，二价铁离子易水解。Fe－邻菲罗啉配合物最大吸收波长为510nm，$\varepsilon = 1.11 \times 10^4$。在一定浓度范围内，配合物吸光度与铁离子浓度成正比。因此，可采用标准曲线法进行定量分析。

三、仪器与试剂

722型分光光度计；容量瓶25mL 7只；吸量管25mL 3支、1mL 1支；洗瓶、洗耳球各1只。

铁标准溶液：准 … 0702g分析纯硫酸亚铁铵$[(NH_4)_2Fe(SO_4)_2 \cdot 6H_2O]$于100mL烧杯中，加 … Cl 50mL使完全溶解，移入1L容量瓶中，再加1mol/L的

HCl 50mL，用水稀释到刻度，此溶液 1mL 含 10μg 铁。

HAc－NaAc 缓冲溶液（pH =4.6）；0.1% 邻菲罗啉水溶液：1% 盐酸羟胺水溶液。

四、操作步骤

1. 吸收曲线的绘制 吸取铁标准液 2.00mL 于 25mL 容量瓶中，加入 1mL 1% 盐酸羟胺溶液、2.5mL 0.1% 邻菲罗啉溶液、2.5mL HAc－NaAc 缓冲溶液，用水稀释至刻度，摇匀。用 722 型分光光度计，以蒸馏水为参比，在 440～500nm 和 520～560nm 间，每隔 20nm 测定一次吸光度，在 500～520nm 间，每隔 2nm 测定一次吸光度。以波长为横坐标，吸光度为纵坐标，绘制吸收曲线，从而选择适宜的测量波长。

2. 显色剂浓度的影响 取 7 支 25mL 容量瓶，各加入 2.00mL 铁标准液和 1mL 1% 盐酸羟胺溶液，摇匀，分别加入 0.10mL、0.50mL、1.00mL、2.00mL、3.00mL、4.00mL、5.00mL 0.1% 邻菲罗啉溶液，然后各加 2.5mL HAc－NaAc 缓冲溶液，用水稀释至刻度，摇匀。用 722 型分光光度计，以蒸馏水为参比，在 510nm 下，测定各溶液的吸光度。以显色剂邻菲罗啉的体积为横坐标，吸光度为纵坐标，绘制吸光度－显色剂用量曲线，从而确定显色剂的用量。

3. 显色时间 吸取铁标准液 2.00mL 于 25mL 容量瓶中，加入 1mL 1% 盐酸羟胺溶液、2.5mL 0.1% 邻菲罗啉溶液、2.5mL HAc－NaAc 缓冲溶液，用水稀释至刻度，摇匀。立即在 510nm 波长下，以蒸馏水为参比，测定溶液的吸光度。然后放置 5 分钟、10 分钟、30 分钟、60 分钟，测定相应的吸光度。以时间为横坐标，吸光度为纵坐标，绘制吸光度－时间曲线，从曲线上观察此配合物的稳定性，确定比色时间。

4. 标准曲线的绘制 分别吸取铁标准液 0.00、1.00、2.00、3.00、4.00、5.00mL 于 6 支 25mL 容量瓶中。依次分别加入 1mL 盐酸羟胺溶液、2.5mL 邻菲罗啉溶液、2.5mL HAc－NaAc 缓冲溶液，用水稀释至刻度，摇匀，放置 10 分钟。以试剂空白为参比，在 510nm 波长处测定吸光度。以吸光度为纵坐标，铁含量为横坐标，绘制标准曲线，或求回归直线方程。

5. 铁含量的测定 精密吸取自来水 5mL 于 25mL 容量瓶中，按照绘制标准曲线的操作步骤依次加入各种试剂，使之显色，用水稀释至刻度，摇匀。以试剂空白为参比测定其吸光度，由标准曲线或回归直线方程求得相应的铁浓度，并计算自来水中的铁含量。

五、数据处理

序号	1	2	3	4	5	样品
浓度						
吸光度 A						

线性回归方程：

含量计算：

六、检测题

1. 校准曲线和标准对照法分别适用于何种情况？

2. 试述比色皿的正确操作。

3. 本实验中邻菲罗啉、盐酸羟胺分别起什么作用？加入 HAc－NaAc 缓冲液的目的是么？

4. 从标准曲线回归直线方程截距和相关系数评价你的实验条件和操作。

实训十一 紫外分光光度法测定阿司匹林中水杨酸的含量

一、实验目的

1. 熟悉紫外分光光度法测定药物含量的操作方法及原理。

2. 掌握标准曲线法定量的原理及回归直线方程的计算及使用。

二、实验原理

某些含生色团的有机物在紫外区有吸收，可直接根据光吸收定律定量测定其含量。已知水杨酸对照品溶液在 304nm ± 2nm、235nm ± 2nm 的波长处有最大吸收，阿司匹林对照品溶液在 277nm ± 2nm、228nm ± 2nm 的波长处有最大吸收。将二者的对照品溶液放置 24 小时，再分别扫描吸收图谱，发现阿司匹林对照品溶液在 304nm 的波长处有明显吸收，说明此溶液放置过程中发生了水解反应，有水杨酸产生，然而在 277nm 的波长处的变化不大，故可选定 304nm 的波长为测定游离水杨酸的波长，按照标准曲线法定量测定阿司匹林肠溶片中的水杨酸含量。

三、仪器与试剂

UV－1601 紫外分光光度计（日本岛津）；阿司匹林对照品；水杨酸对照品；阿司匹林肠溶片（规格：50mg）。

四、操作步骤

1. 测定波长的选择 精密称取水杨酸对照品与阿司匹林对照品适量，加冰醋酸－甲醇（1∶10）溶液分别制成每 1mL 约含 10μg 的水杨酸溶液和每 1mL 约含 100μg 的阿司匹林溶液，在 200～400nm 范围内进行光谱扫描，得到二者的吸收曲线。

2. 标准曲线绘制 精密称定水杨酸对照品约 15.2mg，置 100mL 量瓶中加冰醋酸－甲醇（1∶10）溶液使溶解并稀释至刻度，摇匀。精密吸取 0.5、1.0、2.0、3.0、5.0、8.0、10.0mL 分别置 50mL 量瓶中，各加冰醋酸－甲醇（1∶10）溶液稀释至刻度，摇匀，在 304nm 的波长处测定吸收度，以浓度和吸收度作线性回归，得回归方程。

3. 测定游离水杨酸 取待测阿司匹林肠溶片适量（约相当丁阿司匹林0.1g），置100mL量瓶中摇匀，过滤，在304nm的波长处测定吸收度，用标准曲线求得含量结果。

五、数据处理

序号	1	2	3	4	5	样品
浓度						
吸光度 A						

线性回归方程：

含量计算：

六、检测题

1. 试比较用标准曲线法及吸光系数法定量的优缺点。
2. 试述本实验选择304nm为测定波长的原因？
3. 从标准曲线回归直线方程截距和相关系数评价你的实验条件和操作。

第十章　经典液相色谱法

【项目任务】　快速检测辣椒油样品中是否含有苏丹红

苏丹红是一类工业染料，它分为Ⅰ号、Ⅱ号、Ⅲ号和Ⅳ号。苏丹红为油溶性，常用于地板蜡、鞋油、机油等产品的染料，具有强烈的致癌性。如果人食用会造成肝细胞的DNA突变，严重危害身体健康，故我国及许多国家都早已禁止其用于食品生产。然而，一些不法食品厂家因利益所驱，在辣椒食品中添加苏丹红。采用什么方法能快速、简便检测辣椒油中是否含有苏丹红？可采用本章所介绍的薄层色谱法。

色谱分析法简称色谱法或层析法，是一种物理或物理化学的分离分析方法，色谱法广泛用于多组分复杂混合物的分离和分析。其原理是根据各物质在两相中的分配系数不同而进行分离、分析。经典色谱法的分离过程和其含量测定过程是离线的，现代色谱法分离、测定是在线的。色谱法作为一种重要的分离、分析技术，广泛地应用于医药卫生、生命科学、环保、食品和材料学等各个领域。

第一节　色谱分析法及其基本概念

一、色谱分析法的产生和发展

色谱法一词是1906年由俄国植物学家茨维特提出的，他在分离植物色素时，将植物色素的石油醚提取液倒入装有碳酸钙的直立玻璃管中，再加入石油醚淋洗，使其自由流下，结果色素中各组分互相分离，在管的不同部位形成各种不同颜色的色带，如图10－1所示。分段收集管柱中淋洗出的各色带的洗脱液，便可以分离得到石油醚提取液中的叶绿素、叶黄素、胡萝卜素等各种色素。称这种分离方法为“色谱法”。将固定不动的碳酸钙一相，称为固定相，流经固定相的洗脱液，称为流动相，填充有固定相的管柱称为色谱柱。20世纪30年代和40年代相继出现了薄层色谱法与纸色谱法，色谱法开始被人们重

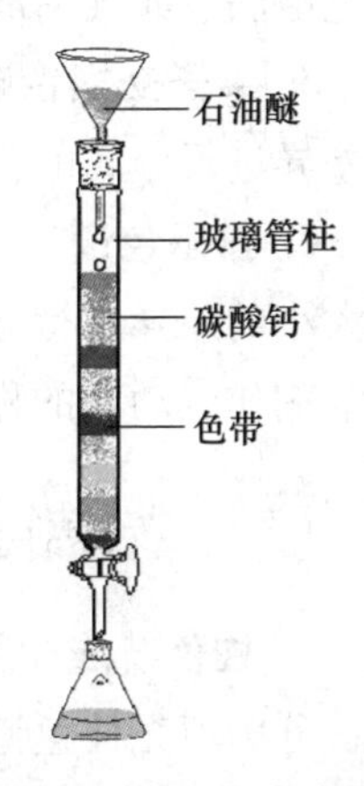

图10－1　植物色素的分离

视。现在，色谱法不仅用于有色物质的分离，更大量用于无色物质的分离，但色谱法一词仍沿用。

20 世纪 50 年代建立了气相色谱法，提出色谱理论，奠定了现代色谱法的基础；60 年代推出了气相色谱 - 质谱联用技术；70 年代高效液相色谱法迅速发展，弥补了气相色谱法的不足，扩大了色谱法的应用范围；80 年代末出现超临界流体色谱、高效毛细管电泳色谱技术。色谱法从发明以来，经历了一个世纪的发展，到今天已经成为最重要的分离、分析技术之一被广泛应用。《中国药典》中收载的用色谱法进行纯度检查、定性鉴定或含量测定的品种越来越多。

二、色谱法分类

色谱法种类很多，可以从不同的角度进行分类。

（一）按固定相和流动相物理状态分类

1. 气相色谱法（GC） 流动相为气体的色谱法。气相色谱法按固定相状态的不同，又分为气 - 固色谱法（GSC）和气 - 液色谱法（GLC）。

2. 液相色谱法（LC） 流动相为液体的色谱法。按固定相状态的不同，又分为液 - 固色谱法（LSC）和液 - 液色谱法（LLC）。

3. 超临界流体色谱法（SFC） 流动相为超临界状态的流体的色谱法。超临界状态的流体不是一般的气体或流体，而是临界压力和临界温度以上高度压缩的气体，其密度比一般气体大得多而与液体相似，故又称为“高密度气相色谱法”。

（二）按色谱过程的分离原理分类

1. 吸附色谱法 用吸附剂作固定相，利用不同组分在吸附剂上吸附能力的差异而进行分离的色谱法。如气 - 固色谱法、液 - 固色谱法。

2. 分配色谱法 固定相为液态，利用不同组分在两相间分配系数的差异进行分离的色谱法。如气 - 液色谱法、液 - 液色谱法。

3. 离子交换色谱法 以离子交换剂为固定相，利用不同组分离子对固定相亲和力的差异进行分离的色谱法。

4. 排阻色谱法 用多孔性凝胶作固定相，又称凝胶色谱法。利用不同组分分子体积大小的差异进行分离的方法。其中，以水溶液作流动相的称为凝胶过滤色谱法，以有机溶剂作流动相的称为凝胶渗透色谱法。

（三）按操作的形式分类

1. 柱色谱法 固定相装在管柱中，构成色谱柱。根据管柱的粗细及固定相填充方式，分为填充柱色谱法、毛细管柱色谱法。

2. 平面色谱法 固定相涂铺或结合在平面载体上，固定相呈平面状。分为薄层色谱法和纸色谱法。

三、色谱法基本原理

（一）色谱过程

不同组分是怎样在色谱柱中分离的呢？现以吸附色谱为例，讨论色谱分离过程。

把含 A、B 两组分的试样溶液加到吸附色谱柱的顶端，A、B 均被吸附剂吸附，呈现 A、B 混合色带。如图 10－2 所示，然后用流动相洗脱，被吸附的 A、B 混合组分重新溶解进入流动相而解吸，并随流动相前移，遇到新的吸附剂再被吸附。流动相不断地流动，A、B 两组分不断地吸附－解吸－再吸附－再解吸。由于 A、B 组分在性质和结构上的差异，与固定相吸附作用力的大小不同，被流动相运载移动的速率不同，产生差速迁移。如果 A 组分被吸附的力小于 B 组分，则 A 组分移动速率快，B 组分移动速率慢，由于吸附－解吸过程的不断重复，A、B 组分吸附能力的微小差异积累起来，结果 A 组分先流出色谱柱，B 组分后流出色谱柱，A、B 两组分得到分离。

如果在色谱柱后连接一检测器，检测从色谱柱流出的各组分的量随时间（或流动相体积）的变化，并绘制成曲线，称为色谱流出曲线，如图 10－2 中曲线。曲线上的每一个峰相应于混合物中的一个组分，每一个组分的流出时间（或流出体积）称为保留时间 t_R（或保留体积 V_R）。

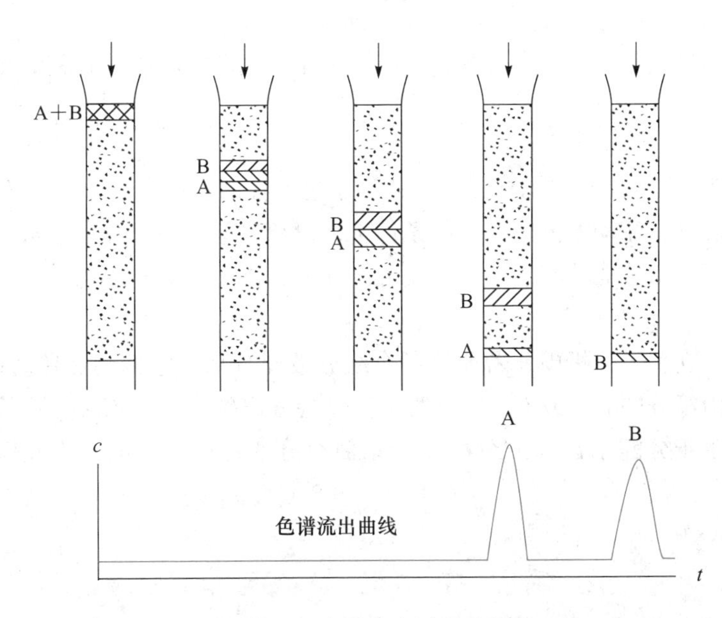

图 10－2　色谱分离过程示意图

因此，色谱法是利用混合物中各组分在固定相和流动相中吸附、分配、离子交换、亲和力、分子尺寸等的差异，使固定相对各组分的保留作用不同，因此产生差速迁移而导致各组分彼此分离，差速迁移是色谱法分离的基础。

（二）分配系数和分配比

1. 分配系数 K 色谱过程的实质是混合物中的各组分不断在相对运动的两相间分配平衡的过程，分配过程常用分配系数描述。

在一定温度、压力下，组分在两相之间分配达平衡时，组分在固定相中的浓度与其在流动相中的浓度之比，称分配系数，以 K 表示。

$$K = \frac{c_s}{c_m} \tag{10-1}$$

色谱分离的原理不同，分配系数的含义不同。吸附色谱中，分配系数为吸附平衡常数；离子交换色谱中，分配系数为交换常数；排阻色谱中为渗透系数。

分配系数 K 与组分、固定相、流动相的性质及温度有关，它与色谱柱中固定相和流动相的体积无关。在固定相、流动相及温度一定的条件下，K 是组分的特征常数。分配系数小的组分滞留在固定相中的时间短，在柱内移动的速度快，先流出柱子，保留时间短。如果两个组分的分配系数相同，则它们的色谱峰完全重合；反之，分配系数相差越大，相应组分的色谱峰相距越远，分离越好。

2. 分配比 k 分配比是在一定的温度和压力下，组分在两相间达到分配平衡时，在固定相和流动相中的质量之比，以 k 表示。

$$k = \frac{m_s}{m_m} \tag{10-2}$$

分配比 k 不仅与温度、压力有关，还与固定相、流动相的体积有关。

$$k = \frac{m_s}{m_m} = \frac{c_s V_s}{c_m V_m} = K\frac{V_s}{V_m} \tag{10-3}$$

k 值大，组分在固定相中的质量大，相当于色谱柱的容量大，所以 k 又称容量因子。

在色谱柱温度、流动相流速一定的条件下，保留时间取决于分配系数或分配比。在一定实验条件下，组分的分配系数 K（或分配比 k）越大，组分在色谱柱内的保留时间越长。

综上所述，在色谱分析中，若要使各个组分彼此分离，它们的保留时间必须不同，而保留时间是由组分的 K（或 k）决定的，所以待分离组分 K（或 k）不等是色谱分离的先决条件。由于分配系数（或分配比）是由组分的性质决定的，因此保留值可作为定性的参数。

第二节 柱色谱法

经典液相柱色谱法是最早建立起来的色谱法，又称柱层析。由于柱色谱法色谱柱样品容量大，方法简单，操作方便，广泛用于样品的分离和纯化。根据色谱分离原理的不同，分为吸附柱色谱法、分配柱色谱法、离子交换柱色谱法、尺寸排阻柱色谱法。

一、吸附柱色谱法

吸附柱色谱法是以固体吸附剂为固定相，以液体为流动相的柱色谱法。

（一）基本原理

吸附剂通常是比表面积较大的多孔固体颗粒，其表面有许多的吸附点位或称吸附中心，对不同极性的物质有不同的吸附能力。例如吸附剂硅胶，其表面活性基团硅醇基，对不同物质的吸附能力不同。

当试样中的组分分子被流动相带到吸附剂表面时，组分分子（X）与吸附在吸附剂表面的流动相分子（Y）竞争占据吸附点位，当组分被吸附与解吸下来的速度相等时，达到吸附平衡，即吸附和解吸平衡，以 s 表示固定相，m 表示流动相，吸附平衡常数以 K_a 表示，则

$$X_m + nY_s \rightleftharpoons X_s + nY_m$$

$$K_a = \frac{[X_s][Y_m]^n}{[X_m][Y_s]^n}$$

K_a 又称吸附系数，$[X_m]$、$[X_s]$ 为组分分子在流动相和固定相中的浓度，$[Y_m]$、$[Y_s]$ 为流动相分子在流动相和固定相中的浓度。吸附发生在吸附剂表面，由于流动相分子是大量的，$[Y_m]^n/[Y_s]^n$ 视为常数，K_a 为组分分子在固定相和流动相中分配达平衡时的浓度比，即分配系数。K_a 与吸附剂的活性、组分性质、流动相性质有关，不同极性的组分在同一色谱柱中的 K_a 值不同。组分的 K_a 值越大，越容易被吸附，在色谱柱中的保留时间越长。

（二）固定相及其选择

在吸附色谱中，为了使试样中性质相似的组分能够分开，必须选择适当的固定相（吸附剂）和流动相（洗脱剂）。

1. 吸附剂的要求　吸附剂要经过纯化和活化处理，应有较大的表面积和足够的吸附能力，对不同组分有不同的吸附能力，不溶于流动相，不与样品组分和流动相起化学反应，粒度均匀，不易破碎，具有一定的机械强度。

2. 常用吸附剂　吸附剂可分为极性和非极性两大类。极性吸附剂包括各种无机氧化物，如硅胶、氧化铝、氧化镁及聚酰胺等；非极性吸附剂最常见的是活性炭。

（1）硅胶　色谱用硅胶具有硅氧交联结构（—Si—O—Si—），其骨架表面孔穴具有吸附活性的硅醇基（—Si—OH），硅胶是具有微弱酸性的极性吸附剂。硅胶性能稳定，具有很好的惰性，吸附容量大，容易制成各种不同尺寸的颗粒，是色谱法最常用的吸附剂。硅胶一般适于分离酸性和中性物质，如有机酸、酚类、氨基酸、萜类和甾

体等。

硅胶表面的硅醇基，可与极性化合物形成氢键而具有吸附性。硅醇基与水分子形成水合硅醇基（$-\overset{|}{\underset{|}{Si}}-OH \cdot H_2O$）后，不再具有吸附其他物质的能力，使硅胶的吸附能力降低或失去吸附活性（称为失活），硅胶的活性与含水量有关。加热硅胶到110℃左右时，硅胶表面吸附的水分子能被可逆地除去，使硅胶恢复吸附能力，这一过程称为活化。硅胶的活化一般在110℃左右加热30分钟，加热温度不能过高，超过500℃时，硅醇基不可逆地失去水分子，硅醇结构变为硅氧烷结构，使硅胶失去吸附活性。

$$-\overset{\overset{OH}{|}}{\underset{|}{Si}}-O-\overset{\overset{OH}{|}}{\underset{|}{Si}}- \xrightarrow[500℃]{-H_2O} -Si-O-Si- \text{（两个 Si 之间以 O 桥连）}$$

(2) 氧化铝　色谱用氧化铝是由氢氧化铝在300℃～400℃时脱水制得，它的吸附能力比硅胶强。色谱用氧化铝通常分为中性、酸性和碱性三种，其中以中性氧化铝最为常用。酸性氧化铝（pH 4～5）一般适用于分离酸性化合物，如氨基酸、某些酯类、酸性色素等。碱性氧化铝（pH 9～10）适用于碱性化合物的分离，如生物碱。中性氧化铝用于生物碱类、挥发油、萜类、油脂类、树脂类、皂苷类、酯类等化合物分离。

与硅胶相似，氧化铝的吸附能力也与其含水量有关，见表10－1。一般将硅胶和氧化铝的活性分为五级（Ⅰ～Ⅴ）。Ⅰ级含水量最少，活性最高，对极性化合物的吸附能力最强。

表10－1　硅胶和氧化铝的含水量与吸附活性的关系

活性级别	硅胶含水量	氧化铝含水量
Ⅰ	0	0
Ⅱ	5	3
Ⅲ	15	6
Ⅳ	25	10
Ⅴ	38	15

分离极性较小化合物，一般选择活性较大的吸附剂，以免组分流出太快难以分离；分离极性较大的化合物，一般选用活性较小的吸附剂，以免吸附太牢不易洗脱。分离酸性物质选择酸性吸附剂，碱性物质则相反。

(3) 聚酰胺　聚酰胺是一类结构中含有重复单位酰胺键（—CO—NH—）的高分子聚合物。色谱用聚酰胺是一种白色多孔性非晶形粉末，它是用锦纶丝溶于浓盐酸中制成的。不溶于水和一般有机溶剂，易溶于浓无机酸、甲酸及热的乙酸。聚酰胺分子表面的酰氨基和末端胺基可以和酚类、酸类、醌类、硝基化合物等形成强度不等的氢键，因此聚酰胺常用于分离和提纯中草药中的酚类、黄酮、生物碱、萜类及糖类等。

(4) 大孔吸附树脂　大孔吸附树脂是以苯乙烯、甲基苯乙烯、甲基丙烯酸甲酯等为原料，加入一定量致孔剂聚合而成的高分子吸附树脂，多为具有大孔网状结构和较大比表面积的球状颗粒，是吸附性和分子筛相结合的分离材料。依靠树脂骨架和被吸附的分子（吸附质）之间的范德华力，通过树脂巨大的比表面积进行物理吸附，达到分离提取的目的。大孔吸附树脂常用于提取中草药有效成分如皂苷类、黄酮类、生物碱类，具有操作简便、成本较低、树脂可反复使用等优点，适于工业化规模生产。大孔吸附树脂的型号和种类较多，根据分离的要求选择。

（三）流动相及其选择

在液固吸附色谱法中，可选择的吸附剂种类有限，样品中各组分能否分离关键在于流动相的选择。

1. 对流动相的要求　流动相的纯度应较高，对样品有一定溶解度，化学性质稳定，不与试样及固定相发生化学反应，黏度小，易流动，有一定挥发性，便于组分的回收。

2. 流动相的选择　流动相的洗脱过程，是流动相分子与试样组分分子竞争吸附剂表面的吸附点位的过程，强极性流动相分子占据吸附点位的能力强，洗脱能力强，使组分保留时间短，所以吸附色谱流动相的洗脱能力主要由其极性决定。常用溶剂的极性大小顺序为：

石油醚 < 环己烷 < 四氯化碳 < 苯 < 氯仿 < 乙醚 < 乙酸乙酯 < 丙酮 < 乙醇 < 甲醇 < 水

选择流动相时要考虑试样组分的极性，一般依据相似相溶原理选择流动相。对极性大的试样采用极性较强的流动相；对极性小的试样，采用极性较弱的流动相。对于难分离的复杂试样，往往一种溶剂难分离各组分，可以选择两种或两种以上的溶剂组成混合流动相，通过改变其组成和配比达到较好的分离效果。

综上所述，吸附柱色谱分离条件的选择，应从试样、吸附剂、流动相三方面综合考虑。一般的选择规律是：如果试样组分极性较大，可选择吸附性较弱（即活性较低）的吸附剂和极性较大的流动相；如果试样组分极性较弱，可选择吸附性较强（即活性较高）的吸附剂和极性较小的流动相。

（四）操作方法

1. 装柱　色谱柱的大小规格由待分离样品的量和吸附难易程度来决定。一般柱管的直径为0.5～10cm，长度为直径的10～40倍。填充吸附剂的量约为样品重量的30～40倍，固定相高度为柱管高度的3/4。装柱前柱底要垫一层脱脂棉以防吸附剂外漏，并垂直固定在铁架台上，脱脂棉上铺一层厚0.5cm的石英砂（或一块滤纸），然后将吸附剂装入色谱柱，吸附剂上面再加一层石英砂（或滤纸）。吸附剂要填充得均匀、紧密适度，不能有气泡、裂缝，否则样品可能顺缝隙流动而不吸附，影响样品的分离。有两种装柱方法。

（1）干法装柱　将吸附剂通过漏斗装入柱内，中间不应间断，形成一细流慢慢加入管内。也可用质软的物体（如橡皮槌）轻轻敲打柱身使吸附剂装填连续均匀、紧密。柱装好后，打开下端活塞，然后倒入洗脱剂洗脱，以排尽柱内空气，并保持一定液面。

（2）湿法装柱　将洗脱剂装入柱内，打开下端活塞，使洗脱剂缓慢流出。然后把

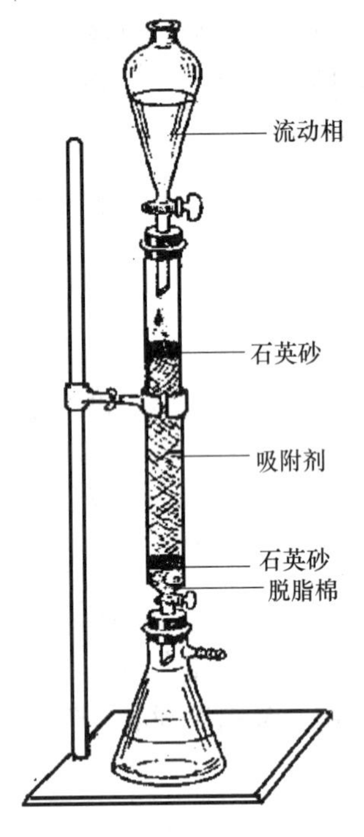

图 10－3 柱色谱操作

吸附剂慢慢连续地倒入柱内，吸附剂依靠重力和洗脱剂的带动，在柱内自由沉降，此间要不断把流出的洗脱剂加回柱内保持一定的液面，直至把吸附剂加完并在柱内沉降不再变动为止。

2. 加样 将欲分离的样品溶于少量洗脱剂中，制成体积小、浓度高的样品溶液。当色谱柱液面刚好流至石英砂平面相切时，立刻关闭活塞，将样品溶液加入色谱柱吸附剂上面。加样时，注意沿着柱内壁慢慢加入，始终保持吸附剂上端表面平整。

3. 洗脱和收集 洗脱剂沿柱管内壁缓慢地加入柱内，直到充满。先打开柱下端活塞，让洗脱剂慢慢流经柱体，洗脱开始，保持洗脱剂流速 1 ~ 2 滴/秒，并用锥形瓶收集洗脱液。上端不断添加洗脱剂，以保持液面的高度恒定，特别应注意不可使柱面暴露于空气中，柱色谱操作如图 10－3 所示。如单一溶剂洗脱效果不好，可用混合溶剂洗脱（一般不超过三种溶剂），通常采用梯度洗脱。洗脱剂的洗脱能力由弱到强逐步递增。

分离有色物质，可按色带分段收集洗脱液，两色带之间要另收集，可能两组分有重叠。对无色物质的收集，一般采用分等份连续收集洗脱液，每份洗脱液的体积毫升数等于吸附剂的克数。洗脱完毕，采用薄层色谱法对各收集液进行鉴定，合并含相同成分的收集液，除去溶剂，便得到各组分的较纯样品。

课堂互动

吸附色谱，要求吸附剂粒度均匀。如果不均匀，对分离有何影响？如果粒度很小，结果如何？

二、分配柱色谱法

分配柱色谱法的固定相和流动相均为液体，为液液色谱法。依据固定相和流动相极性的不同，分为正相色谱法和反相色谱法。若固定相的极性大于流动相的极性，为正相色谱法；而流动相的极性大于固定相的极性，为反相色谱法。分配柱色谱法比吸附柱色谱法适用范围广，例如有些极性大的化合物，吸附剂对其强烈的吸附作用，分离效果不好，可以用分配色谱法分离。

（一）分离原理

分配柱色谱法利用试样各个组分在互不相溶的固定相和流动相中溶解度的差异而实现分离，即不同的组分在两相中有着不同的分配系数而实现分离的。当流动相携带着试样中的各种组分通过色谱柱时，试样各组分就在流动相和固定相之间分配平衡，如同液液萃取过程，所不同的是这种分配平衡是在相对移动的两相间进行，并且反复多次地溶解-萃取-再溶解-再萃取。由于不同的组分分配系数不同，固定相对其保留作用不同，产生差速迁移，从而得到分离。

（二）固定相和载体

分配柱色谱法的固定相是涂布在惰性载体表面上的液体，又称固定液。要求所选用的固定液是待分离组分的良好溶剂，且不溶或很难溶于流动相。常用的固定液有水、甲醇、甲酰胺、聚乙二醇、辛烷、硅油和角鲨烷等。

固定液须涂布在惰性物质（称载体）的表面上，载体又称担体，起负载或支持固定液的作用。载体是惰性、多孔、有较大表面积的固体颗粒。常用的载体有硅胶、纤维素、多孔硅藻土和高分子聚合物等。

（三）流动相

分配色谱法的流动相与固定相的极性应相差较大，才能互不相溶。由于流动相也参与被分离组分的分配作用，流动相极性的微小变化都会使组分的保留值出现较大的改变。因此，可通过选择流动相实现较好的分离效果。流动相可以是单一溶剂，也可以用混合溶剂，以改变各组分被分离的情况与洗脱速率。为防止色谱过程中流动相带走固定液，流动相在使用前应以固定液饱和。

流动相对被分离组分要有足够大的溶解度，但应小于固定液对组分的溶解度，这样固定液对各组分有较好的保留作用，从而获得较好的分离效果。

常用的流动相有：水、不同 pH 的水溶液、石油醚、醇类、酮类、酯类、卤代烷及苯或它们的混合物。

三、离子交换柱色谱法

离子交换柱色谱法的固定相为离子交换树脂，流动相为水溶液。离子交换色谱法适用于离子型化合物的分离。

（一）离子交换色谱法原理

在离子交换色谱法的分离过程中，被分离物质在流动相中电离产生的组分离子，与固定相上的可交换离子连续地进行竞争交换。由于试样中不同离子与交换树脂的交换能力不同，在柱内的迁移速度就不同。交换能力弱的迁移速度快，保留时间短，先流出色谱柱；交换能力强的迁移速度慢，保留时同长，后流出色谱柱，因此得到分离。

（二）固定相

固定相离子交换树脂为具有网状结构的高分子聚合物，网状结构的骨架部分一般很稳定。对于酸、碱、弱氧化剂、弱还原剂及有机溶剂一般比较稳定。例如常用的聚苯乙烯型离子交换树脂，以苯乙烯为单体，二乙烯苯为交联剂聚合而成的球形网状结构。如果在网状骨架结构上引入可解离的活性基团，即为离子交换树脂。依据活性基团中可交换离子的电荷不同，离子交换树脂分为阳离子交换树脂和阴离子交换树脂，相应的色谱方法分别称阳离子交换色谱法和阴离子交换色谱法。

1. 阳离子交换树脂 如果在网状结构骨架上引入酸性的活性基团，如磺酸基—SO_3H 或羧基—COOH 等，这些基团的 H^+ 可以和溶液中阳离子发生交换反应，故称为阳离子交换树脂。由于不同酸性基团解离度不同，又有强酸性阳离子交换树脂和弱酸性阳离子交换树脂之分。例如，含有—SO_3H，为强酸性阳离子交换树脂；含—COOH，为弱酸性阳离子交换树脂。如含有磺酸基的阳离子交换反应：

$$R—SO_3^- H^+ + M^+ \underset{再生}{\overset{交换}{\rightleftharpoons}} R—SO_3^- M^+ + H^+$$

当树脂上 H^+ 都被交换后，树脂失去活性。若用稀酸溶液处理树脂，结合的 M^+ 被 H^+ 置换，树脂交换能力恢复，这一过程称为树脂的再生。

2. 阴离子交换树脂 如果在树脂骨架上引入的是碱性基团，如季铵基（—$N^+R_4OH^-$）、胺基等，则这些碱性基团上的 OH^- 可以和溶液中的阴离子发生交换反应，故称为阴离子交换树脂。阴离子交换树脂也分为强碱性阴离子交换树脂和弱碱性阴离子交换树脂。例如，活性基团是季铵基，为强碱性阴离子交换剂，活性基团为伯胺或仲胺的为弱碱性阴离子交换剂。

$$R—N^+R_3OH^- + X^- \rightleftharpoons R—N^+R_3X^- + OH^-$$

3. 主要性能指标 常用交联度和交换容量表示离子交换树脂的性能。

（1）交联度 离子交换树脂中交联剂的含量称为交联度，以质量百分比表示。例如广泛应用的聚苯乙烯树脂，是用二乙烯苯作为交联剂，将聚苯乙烯交联起来而形成的网状结构的聚合物。树脂网状结构上的网孔大小与交联度有关。若交联度大，表明树脂网状结构紧密，网孔小，离子交换速度慢，选择性好；若交联度小，则树脂网孔大，选择性差。一般离子交换树脂的交联度4% ~8%。

（2）交换容量 单位量树脂能参加交换反应的活性基团数称为交换容量，常以每克干树脂或每毫升溶胀后的树脂能交换离子的毫摩尔数表示，单位为毫摩尔/克或毫摩尔/毫升，交换容量反映了树脂交换反应的能力。

（三）流动相

离子交换色谱法的流动相通常为一定 pH 和离子强度的缓冲溶液。可通过调节流动相的 pH 或离子强度，调节试样组分的保留值。如果在流动相中加入甲醇或乙醇等有机溶剂，也可改变试样组分的保留值，提高选择性。

四、尺寸排阻色谱法

尺寸排阻色谱法的固定相为多孔性凝胶，又称凝胶色谱法。是依据组分分子大小顺序而分离的液相色谱法，主要用于分离蛋白质、多糖及其他大分子物质。

（一）分离原理

色谱用凝胶有许多不同大小的孔穴或立体网状结构。凝胶的孔穴大小与被分离组分大小相当，不同大小的组分分子渗到凝胶孔内的深度不同。组分随流动相进入色谱柱，尺寸大的组分分子不能渗入凝胶的小孔中，可渗入到凝胶的大孔内或完全被排斥，只能沿凝胶颗粒之间的空隙随流动相向下流动，先流出色谱柱。尺寸小的组分分子，可以渗进大孔和小孔而被滞留，最后流出。因此，样品各组分按照由大到小的顺序先后流出色谱柱而得到分离。

（二）固定相

尺寸排阻色谱法的固定相为多孔性凝胶，一般分为软质、半软质和硬质凝胶。商品凝胶的种类很多，有葡聚糖凝胶、聚丙烯酰胺凝胶、琼脂糖凝胶、聚苯乙烯凝胶等，各种类凝胶还可分不同的型号，不同类型的凝胶在性质及分离范围有很大差别。凝胶的主要性能参数包括吸水率、颗粒大小和分子量范围等。商品凝胶是干燥的颗粒，使用前需在洗脱液中膨胀。

（三）流动相

尺寸排阻色谱的流动相只起运载作用，能溶解试样，黏度小，能润湿凝胶，防止组分与固定相的吸附作用。常用的流动相有四氢呋喃、甲苯、N,N－二甲基甲酸胺、三氯甲烷、水。

五、柱色谱应用示例

《中国药典》中养阴清肺丸芍药苷的鉴别，其丸剂用甲醇提取后，用内径1cm、长12cm固定相为GDX－102大孔吸附树脂（60～80目）的色谱柱，35%的甲醇洗脱，分离提取芍药苷，然后采用薄层色谱法鉴别。

中药材有效成分的提取可采用柱层析，如《中国药典》中三七总皂苷的提取方法，先将三七粉碎成粗粉，用70%的乙醇提取，滤液减压浓缩后，过苯乙烯型大孔吸附树脂柱，先用水洗脱，水洗液弃去，再以80%的乙醇洗脱，乙醇洗脱液脱色、精制，减压浓缩至浸膏，干燥，即得三七总皂苷的提取物。

第四节　薄层色谱法

将固定相涂铺或结合在平面载体上的液相色谱法称为平面色谱法。平面色谱法包括薄层色谱法和纸色谱法。

薄层色谱法是将固定相涂铺在光洁的玻璃或塑料平板上，铺好固定相的板称为薄层板（或薄板），被分离的试样溶液点在薄层板的一端，再用溶剂把试样展开，从而使试样各组分分离。该方法是目前应用最广泛的色谱法之一。其主要特点：①快速：展开一次只需几分钟到几十分钟。②灵敏：用样量几微克至几十微克。③分离效果较好：能分离结构相似的物质，且斑点集中。④简便：所用仪器简单，操作方便。⑤显色方便：对于无色的试样，展开后可直接喷洒显色剂。

一、薄层色谱法的原理

薄层色谱法根据所用固定相及其分离原理的不同，可分为吸附、分配、离子交换及凝胶色谱法。以固定相为吸附剂的吸附薄层色谱法最为常用。下面以吸附色谱为例介绍薄层色谱法原理。

（一）色谱过程

将一定粒度的吸附剂均匀地涂铺在表面光洁的玻璃平板上，制成薄层板，将含有A、B两组分的试样溶液点在薄板一端（称为点样），然后把点样后的薄层板放入密闭容器（称为层析缸）中，使薄层板的底端浸入适当的溶剂（即流动相，又称展开剂）中。展开剂在薄层的毛细管作用下，缓缓地在薄层上向前移动。当展开剂经过样点时，就带着A、B两组分一起向前移动（称为展开）。由于A、B两组分的极性不同，吸附剂对A、B两组分的吸附能力不同，而展开剂对A、B两组分的解吸附能力也不同，即A、B两组分的吸附系数K不同。在展开过程中，A、B两组分在两相之间不断发生吸附、解吸附、再吸附、再解吸，因此，产生差速迁移，K值大的组分随展开剂移动速度慢；K值小的组分随展开剂移动速度快，展开一段时间后，A、B两组分迁移的距离不同，而被完全分离，在薄板上形成A、B组分的两个斑点（如图10-4）。各组分斑点在薄层板上的位置用比移值（R_f）表示。

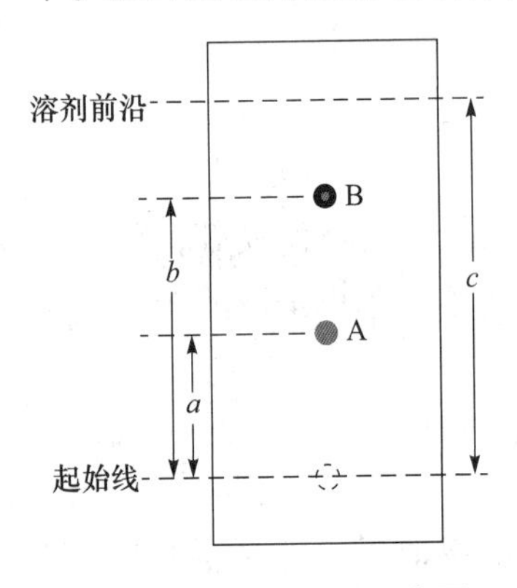

图10-4 R_f值测量示意图

（二）比移值

比移值：
$$R_f = \frac{\text{原点到斑点中心的距离}}{\text{原点到溶剂前沿的距离}} \tag{10-4}$$

上述含A、B两组分的试样溶液经展开后各自的R_f值可分别表示为：

$$R_{f(A)} = \frac{a}{c} \qquad R_{f(B)} = \frac{b}{c}$$

物质的比移值在0~1之间。比移值是薄层色谱法定性参数，比移值的大小与该组分的分配系数大小有关。在确定的色谱条件下，R_f值应为一常数。在实际分离中，利用R_f值的特征性对各组分进行定性鉴定，各组分的R_f值应控制在0.2~0.8之间，最佳范围是0.3~0.5。

由于影响R_f值的因素较复杂，在实际工作中很难控制实验条件严格一致。为了消除误差，采用相对比移值R_s进行定性：

$$R_s = \frac{原点到组分斑点中心的距离}{原点到对照物斑点中心的距离}$$

或：

$$R_s = \frac{组分的 R_f 值}{对照物的 R_f 值}$$

所采用的对照物可以是样品的一个组分，也可以是另外加入的对照物，对照物与试样在同一色谱条件下展开，所以 R_s 重现性好，R_s 值可以大于 1。

二、固定相

薄层色谱所用固定相与柱色谱相似，区别在于薄层色谱固定相颗粒更小，粒度更均匀，所以分离效率更高。吸附薄层色谱法中常用硅胶、氧化铝作吸附剂。

薄层色谱固定相是通过加入一定量的黏合剂或烧结方式使吸附剂牢固地吸在薄层板上而不脱落。普通薄层板可以自己涂布，也有各种规格的高效薄层色谱板市售商品。

三、展开剂

展开剂的选择是薄层色谱分离好坏的关键。薄层色谱所用的展开剂主要是低沸点的有机溶剂。在吸附薄层色谱中，选择展开剂的原则与吸附柱色谱法相似，展开剂的选择要从被分离试样组分极性、吸附剂活性和展开剂极性三个方面综合考虑。

斯特尔（Stahl）设计了一个选择色谱条件的简图。简图表示被分离试样组分极性、吸附剂活性和展开剂极性这三者之间的关系，见图 10－5。使用这个简图时，首先根据被分离试样组分极性，将三角形的一个角固定在相应的位置，则三角形的另两个角就指明了相应的吸附剂活性和展开剂极性。

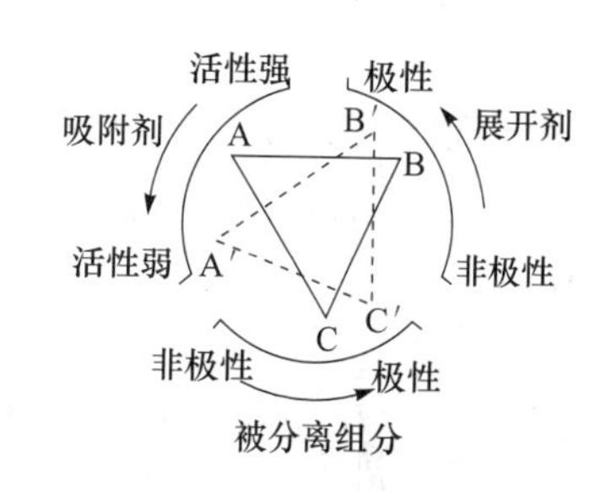

图 10－5　被分离试样组分极性、吸附剂活性和展开剂极性之间的关系

在展开时，通常先用单一溶剂作展开剂，其优点是溶剂简单，分离重现性好。当单一溶剂不能很好分离时，可考虑改变展开剂的极性或选用多元混合溶剂展开，以达到满意的分离效果。

四、操作方法

薄层色谱法的操作方法一般可分制板、点样、展开、显色四个步骤。

（一）薄层板的类型、制备和活化

1. 类型　薄层板分为不加黏合剂的软板和加黏合剂的硬板两种类型，以硬板常用，两种薄板均可自制。常用的黏合剂有煅石膏、羧甲基纤维素钠和聚丙烯酸。薄层色谱法常用硅胶有：硅胶 G（含黏合剂煅石膏）、硅胶 H（不含黏合剂）、硅胶 HF_{254}（不含黏合剂但有荧光剂）以及硅胶 GF_{254}（含黏合剂和荧光剂）。

2. 制板 软板是将吸附剂直接平铺在光洁的玻璃或塑料板上即可，软板的薄层不牢固，只能近水平展开，分离效率差，所以很少用。通常硬板的制备方法是将1份固定相和3份水（或加有黏合剂的水溶液），在研钵中按同一方向研磨混合成糊状，将糊状物均匀地涂铺在洁净玻璃板上，要求薄层厚度（0.2～1mm）均匀一致。否则，展开时溶剂前沿不齐，色谱结果不能重复。铺板的方法有倾注法、刮层平铺法和涂铺器铺层法。

3. 活化 把涂好的薄层板放在水平的台面上，室温下晾干后，置烘箱内一定温度下加热活化。例如，硅胶板需要在105℃～110℃活化30分钟左右，氧化铝薄板200℃加热4小时活性可达Ⅱ级。活化后的薄层板放入干燥器中备用。

（二）点样

先将试样用适当的低沸点溶剂配成溶液，应避免以水为溶剂，以防样点扩散。用毛细管或微量注射器吸取试样溶液，然后轻轻接触薄层的起始线（距底边1～1.5cm），将试样液加到薄层板上，一般为圆点状或窄细的条带状。如果试样溶液较稀，可分几次点完，要求样点越小越好，一般圆点直径不超过0.2～0.3cm，各样点间距离2cm左右。要控制好点样量，点样量过小则试样组分斑点难以检出，点样量过大会造成斑点拖尾，甚至不能完全分离。

（三）展开

薄层板样点上的溶剂挥干后，即可进行展开。展开为试样组分分离的过程，一般在用展开剂蒸气饱和的密闭的层析缸内进行。层析缸多为长方形的，有单槽层析缸和双槽层析缸。

图10－6 上行展开法

常用上行展开法，即先将展开剂加入直立层析缸内，然后将薄层板的点样端朝下，浸入展开剂约0.5cm，注意样点不能浸入展开剂中。薄层板另一端斜靠于层析缸的一边壁上，迅速盖上缸盖，进行展开，见图10－6所示。待展开10～20cm时，取出薄层板，在前沿处作记号，待溶剂挥干后显色。

对于复杂试样，如果一次展开不能完全分离时，可采用二次展开或双向展开。二次展开是在第一次展开后，待薄层板上的溶剂挥干后，用相同展开剂或不同展开剂再展开一次。

当展开剂为混合溶剂时，要防止“边缘效应”的产生。“边缘效应”是指同一物质点在同一薄层板上不同处时，中部的点比板边缘处的点移动慢的现象，即同一物质在薄层板中部的 R_f 值小于边缘两侧的 R_f 值。产生这种现象的原因是由于层析缸内未被展开剂的蒸气饱和。

（四）显色

展开后的斑点如果有颜色，可直接观察和确定斑点的位置以及颜色深浅。如果没有颜色，则须用显色方法来确定斑点。常用方法如下：

1. 紫外光照射法　在紫外光（一般用254nm）照射下，观察薄层板上有无荧光斑点或暗斑。如果试样能产生荧光，可观察到荧光斑点；如果试样不产生荧光而吸附剂中含荧光物质（如硅胶 GF_{254}），则薄层板呈现荧光，组分斑点为暗斑。

2. 气熏显色法　多数有机化合物遇碘蒸气会显出黄到黄棕色斑点。可将碘置于密闭容器中，待容器中的碘蒸气饱和后，放入展开后的干燥薄层板，碘可使斑点显色，但其显色反应往往是可逆的，斑点很快消失。取出薄层板，立即标记斑点。

3. 喷洒显色剂法　薄层板上的展开剂挥干后，用喷雾器将适当的显色剂溶液均匀地喷洒在薄层板上，使斑点显现出来。

五、定性和定量分析

（一）定性分析

薄层色谱法的定性依据是组分的 R_f 值。由于 R_f 值受很多因素影响，重现性较差，很难控制实验条件与文献的 R_f 值测定条件一致，因此，文献 R_f 值只能作为定性的参考。

在实际工作中，常采用组分纯品对照定性，将试样与纯品（对照品）在同一薄层板上进行展开，这样试样与对照品在相同的操作条件下进行分离和测定，根据二者测得的 R_f 值对照确认。如果试样组分的 R_f 值与对照品的 R_f 值相同，则可认为该组分与对照品为同一物质。有时为了可靠起见，采用多种不同的展开剂进行展开，还可采用相对比移值进行定性。

（二）定量分析

薄层色谱的定量方法有：

1. 目视比较法　在同一薄层板上，比较试样组分和标准品的斑点大小及颜色深浅，估计试样组分的大致含量。此法属半定量方法。

2. 斑点洗脱法　将斑点位置的吸附剂全部刮下，然后用溶剂将吸附剂中的试样组分完全洗脱下来，再用分光光度法或其他分析方法进行定量。此法比目视法定量准确，但操作麻烦。

3. 薄层扫描法　使用薄层扫描仪定量，薄层扫描仪是对薄板斑点进行扫描的一种分光光度计。薄层扫描法是以一定波长和一定强度的光束照射薄层上的斑点，测量照射前后光束强度的变化。由于光束强度的变化与斑点的大小和颜色深浅有关，所以能准确地测得斑点的含量。薄层扫描法的灵敏度和准确度都很高，已成薄层色谱定量的主要方法。

六、应用与示例

在《中国药典》中，降低了薄层色谱法所占的比例，这似乎表明薄层色谱法将逐渐被现代色谱法替代，但是在实际工作中，薄层色谱法以其快速、简便、不需特殊设备等优势，一直被广泛应用。

例如，检查患者是否巴比妥安眠药中毒时，取胃内容物或尿样，用盐酸酸化后乙醚萃取，蒸干乙醚，残渣用乙醇溶解，在硅胶板上点样，用氯仿乙醇展开后，以硫酸汞二苯偶氮碳酰肼试剂显色，并用标准品对照，依次检出巴比妥、苯巴比妥、戊巴比妥和异巴比妥。鉴别速度快，对抢救中毒患者极为重要。

《中国药典》中药材何首乌的鉴别方法，取何首乌供试品粉末 0.25g，加乙醇 50mL，加热回流 1 小时，滤液浓缩至 3mL，作为供试品溶液。另取何首乌对照药材 0.25g，同法制成对照药材溶液。吸取上述两种溶液各 2μL，分别点于同一硅胶（以羧甲基纤维素钠为黏合剂）薄层板上使成条状，以三氯甲烷－甲醇（7∶3）为展开剂，展至约 3.5cm，取出，晾干，再以三氯甲烷－甲醇（20∶1）为展开剂，展至约 7cm，取出，晾干，置紫外光灯（365nm）下检视。供试品色谱中，在与对照药材色谱相应的位置上，显相同颜色的荧光斑点。

【完成项目任务】 快速检测辣椒油样品中是否含有苏丹红

样品经溶剂提取、固相萃取净化后，在高效硅胶 G 板上点样展开，将样品与苏丹红标准品比较，根据斑点 R_f 值定性。

1. 样品处理 准确称取 1g 样品于小烧杯中，加入 5mL 正己烷溶解，用氧化铝固相萃取柱净化，丙酮－正己烷洗脱，洗脱液浓缩至 0.5mL 待测。

2. 点样量 取 20μL 对照品及样品浓缩液点于高效硅胶 G 板上。

3. 展开 采用正己烷＋乙醚＋氯仿（体积比为 7∶1∶0.5）体系展开，斑点的 R_f 值相差较大，并且苏丹红色素与辣椒制品中的其他色素斑点均能分离 。

4. 定性 标准品苏丹红Ⅰ号 R_f 值为 0.49、苏丹红Ⅱ号 R_f 值为 0.57、苏丹红Ⅲ号 R_f 值为 0.31、苏丹红Ⅳ号 R_f 值为 0.41。

样品斑点与标准品斑点 R_f 比较是否相同定性，如果样品中有与以上斑点 R_f 相同者，则样品含有苏丹红。

第五节 纸色谱法

一、基本原理

纸色谱法是以滤纸作载体的平面色谱法，又称纸层析法。滤纸有较强的吸水性，通常所吸附水分的 6% 能通过氢键与纸纤维上的羟基结合，由于结合的牢固，一般情况下很难脱去。所以，纸色谱法的固定相通常就是滤纸纤维上吸附的水。在分离一些极性较小的物质时，为了增加试样组分在固定相中的溶解度，也可以使滤纸吸附甲酰胺、丙二醇等作为固定相。

纸色谱法的流动相可以用有机溶剂，也可用与水相混溶的溶剂作为流动相。由于滤纸纤维间的毛细管作用，流动相在滤纸上携带试样组分向前移行，不同组分在两相间的分配系数不同，产生差速迁移，因而彼此分离。所以纸色谱法的分离原理属于分配色谱法的范畴。纸色谱法的分离过程与薄层色谱法基本相似，组分的 R_f 值为定性的依据。

二、操作方法

（一）滤纸的选择

层析滤纸有不同的型号，根据其厚度可分为厚型滤纸和薄型滤纸。根据其纸纤维松紧程度可分为快速、中速和慢速滤纸。厚型滤纸载样量大，适宜作定量或制备；薄型滤纸则适宜作定性。

应根据分离对象和展开剂性质选择滤纸。对于 R_f 值相差较小的混合物，宜选用慢速滤纸；而对于 R_f 值相差较大的组分，宜选用快速或中速滤纸。

（二）点样、展开、定性和定量

点样、展开操作以及定性和定量方法与薄层色谱基本相似。

三、纸色谱法应用

由于纸色谱法具有设备简单、操作方便、需要样品量少等优点，所以在生化、医药中常用于水溶性或极性较大的有机物的分离和检测。

《中国药品检验标准操作规范》中对肌苷的降解产物次黄嘌呤用纸色谱法对其进行限量检查。吸取 10mg/mL 的肌苷水溶液 10μL，点在 3cm×20cm 色谱用滤纸上，以水为展开剂，上行展开。取出，吹干，置 254nm 紫外灯下检视，除紫色主斑点外，应不出现其他斑点。

项目设计

请您设计“饮料中人工色素的检测”方案。

本章小结

1. 色谱法是根据各物质在两相中的分配系数不同而进行分离、分析的方法。分配系数的大小反映了固定相对组分的保留作用的大小。分配系数大的组分在色谱柱内的移动速度慢；分配系数小的组分在色谱柱内的移动速度快。差速迁移是色谱法分离的基础，各组分分配系数或分配比不等是色谱分离的先决条件。

2. 液相柱色谱法特点：样品容量大，设备简单，操作方便，成本低，适宜样品的分离和提纯，也可初步定性。

3. 柱色谱法分类：吸附色谱法（固定相为固体吸附剂）、分配柱色谱法（固定相是涂布在载体表面上的固定液）、离子交换色谱法（固定相为离子交换树脂）、尺寸排阻色谱法（多孔性凝胶）。

4. 平面色谱法分为薄层色谱法（固定相均匀地涂铺在表面光洁的玻璃或塑料平板上）和纸色谱法（固定相为滤纸纤维上吸附的水）。平面色谱法依据比移值 R_f 定性。

能力检测

一、选择题

1. 薄层色谱法对待测组分进行定性时，依据（　　）定性

A. 保留时间　　B. 比移值

C. 斑点至原点距离　　D. 溶剂前沿至原点距离

2. 吸附色谱法是依据物质的（　　）不同而进行分离

A. 极性　　B. 溶解性　　C. 离子交换能力　　D. 分子大小

3. 吸附色谱中，吸附常数 K 值小的组分（　　）

A. 极性小　　B. 溶解度大　　C. 被吸附得牢固　　D. 迁移速度快

4. 用色谱法分离 A、B 两组分，能分离的前提条件是（　　）

A. $K_A = K_B$　　B. $K_A > K_B$　　C. $K_A < K_B$　　D. $K_A \neq K_B$

5. 分配柱色谱的分离原理是（　　）

A. 萃取原理　　B. 尺寸排阻原理　　C. 离子交换原理　　D. 吸附与解吸原理

6. 已知 A、B、C 三种物质的分配系数分别为 120 、160 和 200，三种物质的 R_f 值关系为（　　）

A. A > B > C　　B. A < B < C　　C. B < A < C　　D. A = B = C

二、填空题

1. 液相色谱中，如使用硅胶或氧化铝为固定相，其含水量越低，则活度级数________。

2. 在吸附薄层色谱法中，分离弱极性物质，选择________的吸附剂和________的展开剂。

3. 将色谱柱后流出的各组分的量随时间变化绘制成的曲线，称为________。

4. 在同一色谱柱上，A、B 两组分 $K_A < K_B$，则________组分先流出色谱柱。

5. 如果两个组分的分配系数相同，则它们的色谱峰________。

三、判断题

1. 组分的分配系数 K 越大，组分在色谱柱内的保留时间越长。

2. 在吸附薄层色谱法中，如果分离强极性物质，应选择吸附活性强的吸附剂和极性强的展开剂。

3. 用纸色谱分析时，点样量越多分离得越好。

4. 色谱法是根据各物质在两相中的分配系数不同而进行分离的方法。

5. 纸色谱法在层析滤纸上进行分离，分离机理属于吸附色谱。

四、计算题

某物质在薄层色谱板上，从原点迁移了4.3cm，溶剂前沿距离原点8.6cm，计算该物质的R_f。

实训十二　磺胺类药物的分离与鉴定

一、实验目的

1. 掌握薄层色谱法的分离原理及操作方法。
2. 熟悉薄层色谱分离的影响因素。

二、实验原理

薄层色谱法是将吸附剂均匀地涂布于玻璃板上制成薄层板，待点样展开后，与相应的对照品作对比，用以进行药物鉴定、杂质检查或含量测定的方法。

由于磺胺类药物结构不同，极性也不同，可以利用薄层色谱法分离混合物中不同的磺胺类药物，通过各成分斑点的比移值进行定性分析。比移值R_f的计算公式为：

$$R_f = \frac{\text{原点到斑点中心的距离}}{\text{原点到溶剂前沿的距离}}$$

三、仪器和试剂

1. 仪器　层析缸，玻璃板（10cm×7cm），点样用毛细管，紫外荧光灯，乳钵，牛角匙，铅笔，格尺。

2. 试剂与药品　硅胶GF_{254}，羧甲基纤维素钠溶液（0.75%，g/mL），磺胺甲噁唑（SMZ）对照品甲醇溶液（0.02g/mL），甲氧苄啶（TMP）对照品甲醇溶液（4g/mL）。

复方磺胺甲噁唑片样品溶液：取本品细粉适量（约相当于SMZ 0.2g），加甲醇10mL，溶解，过滤，取滤液作为供试品溶液。

展开剂：氯仿－甲醇－二甲基甲酰胺（20∶20∶1）。

四、操作步骤

1. 薄层板的制备　称取羧甲基纤维素钠0.75g，置于100mL水中，加热使其溶解，混匀，放置1周以上待澄清备用。取10g硅胶GF_{254}置于乳钵中，加上述羧甲基纤维素钠上清液30mL，充分研磨均匀成糊状。取糊状的吸附剂适量放在清洁的玻璃板上，快速左右倾斜及震荡，使其均匀流布于整块玻璃板上而获得均匀的薄层板，厚度约为0.25mm，平放，室温晾干，110℃活化1小时，贮于干燥器中备用。

2. 点样 在距薄层板底边 1.5cm 处，用铅笔轻轻划一起始线，并在点样处作一记号为原点。取 3 根毛细管，分别蘸取磺胺甲噁唑、甲氧苄啶对照品溶液及样品溶液点于各原点记号上，斑点直径不超过 3mm。

3. 展开 待溶剂挥发后，将薄层板放入盛有 30mL 展开剂的层析缸中饱和 10 ~ 15 分钟，再将点有样品的一端浸入展开剂中。展开剂要接触到吸附剂的下沿，但切勿接触到样点。盖上盖子，展开。待层析液上行至距薄层板上沿约 1cm 左右时，用镊子取出，立即用铅笔划出溶剂前沿，待展开剂挥干后，于紫外荧光灯下观察，做标记。

4. 定性 用格尺量取各个斑点中心至原点的距离及溶剂前沿至原点的距离，记录，计算各个斑点的 R_f 值，定性分析样品组成。

【要点提示】

1. 在乳钵中混合 GF_{254} 和羧甲基纤维素钠黏合剂时，注意须充分研磨均匀，并朝同一方向研磨，勿使产生气泡。

2. 点样时点要细，直径不要超过 3mm，间隔 0.5cm 以上，浓度不可过大，以免出现拖尾、混杂现象。且点样时，切勿损坏薄层表面。

3. 展开用的层析缸要洗净烘干，放入板前，要先加展开剂，展开剂用量要适宜，盖上玻璃盖，让层析缸内形成一定的蒸气压。

【思考题】

1. 影响 R_f 值的主要因素有哪些?

2. 展开时，展开剂为何不可浸没样品原点?

第十一章　气相色谱法

【项目任务】 检测蔬菜水果中有机磷农药残留量是否超标

有机磷农药的品种很多，作为一大类高效、广谱的杀虫剂，广泛应用于蔬菜和水果生产。在蔬菜和水果生长的不同时期，会出现不同的虫害，需要用到不同品种的有机磷农药。农药被施用后，绝大部分因多种原因而转化，但有极少量的农药会残留在蔬菜和水果内，如果农药残留量超标，长时间摄食会影响人体的健康，甚至引起食物中毒。能否在蔬菜和水果上市之前检测蔬菜和水果中的农药残留量呢？回答是肯定的，可以采用本章介绍的气相色谱法同时测定样品中多种有机磷农药的残留量。

气相色谱法（gas chromatography，简称 GC）是以气体作流动相的柱色谱法。它是20世纪50年代初期创立并迅速发展起来的一种分离分析方法，最早仅用于石油产品的分离分析，目前已广泛应用在石油化工、医药卫生、生物化学、药物分析、食品分析和环境监测等领域。在药物分析中，气相色谱法已成为有关物质检查、原料药和制剂的含量测定、中草药挥发性成分分析、体内药物代谢分析、药物制备和纯化的重要手段之一。

第一节　概　　述

一、气相色谱法的分类和特点

（一）气相色谱法的分类

1. 根据固定相状态不同，可分为气－液色谱和气－固色谱。

2. 根据色谱柱的粗细和填充情况，可分为填充柱色谱和毛细管柱色谱。填充色谱柱多用内径4～6mm的不锈钢管制成的螺旋形管柱或U型管柱，常用柱长2～4m。毛细管色谱柱常用内径0.1～0.5mm的玻璃或石英毛细管，柱长几十米至近百米。毛细管柱又可分为填充毛细管柱、开管毛细管柱等。

3. 根据分离机制不同，可分为分配色谱和吸附色谱等，它们的主要区别在于固定相。前者为液态，后者为固态。

（二）气相色谱法的特点

气相色谱法具有分离效能高、选择性高、灵敏度高、试样用量少、分析速度快（几秒至几十分钟）、用途广泛等优点。气相色谱法适用于分析具有一定蒸气压且对热稳定性好的试样。由于试样蒸气压限制，能用气相色谱法直接分析的有机物占全部有机物的20%左右。

二、气相色谱仪的基本组成

气相色谱仪由载气系统、进样系统、分离系统、检测系统和温度控制系统等五大系统组成，如图 11－1 中的 A、B、C、D、E 所示。

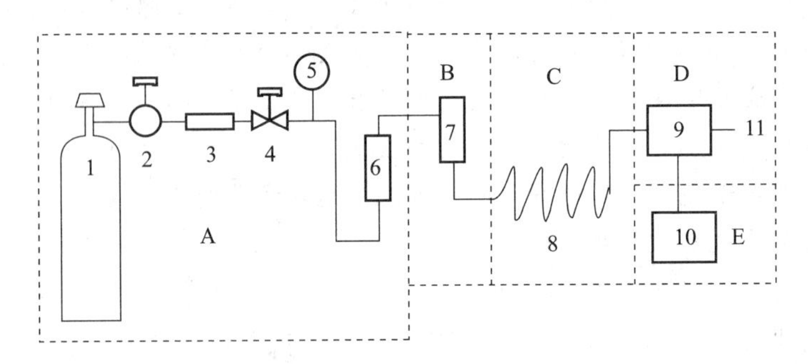

图 11－1　气相色谱仪示意图

1. 载气钢瓶　2. 减压阀　3. 净化器　4. 针型阀　5. 压力表　6. 转子流量计　7. 进样系统　8. 分离系统　9. 检测系统　10. 记录系统　11. 尾气出口

1. 载气系统　气相色谱仪的载气系统是一个连续运行的密闭管路系统。载气由高压气瓶（或气体发生器）出来后，经减压阀、压力表、净化器、气体流量调节阀、转子流量计、汽化室、色谱柱、检测器，然后放空。

2. 进样系统　包括进样器和汽化室。试样进入汽化室，瞬间汽化后被载气带入分离系统。

3. 分离系统　包括色谱柱和柱室。试样气体经过色谱柱后，各组分被分离开。

4. 检测系统　由检测器、讯号转换与处理器、记录仪组成。它们将载气中被分离的组分浓度或质量转换为电信号，由记录器记录成色谱图和数据，供定性、定量分析用。

5. 温度控制系统　对汽化室、色谱柱室、检测器等加热、恒温和自动控制温度的变化。

气相色谱仪的两个主要部件是色谱柱和检测器，前者被喻为仪器的“心脏”，后者被喻为仪器的“眼睛”。现代气相色谱仪都应用计算机和相应的色谱软件，控制实验条件和处理数据。

三、气相色谱法的一般流程

在气相色谱法中，高压气瓶（或气体发生器）提供的载气（用来载送试样的惰性气体，如氢气、氮气等），经压力调节器降压，进入净化器脱水并净化，再经稳压阀调至适宜的流量，进入汽化室，试样在汽化室瞬间汽化，载气携带试样气体进入色谱柱，试样各组分在色谱柱中被分离后依次进入检测器，检测器将各组分的浓度或质量的变化转变为电压或电流的变化，经放大器放大后由记录器记录下来，得到气相色谱图，最后载气放空。

四、气相色谱法的常用术语

（一）气相色谱图及有关术语

气相色谱图又称色谱流出曲线，指试样各组分经过检测器时所产生的电压或电流强度随时间变化而变化的曲线。在气相色谱图中，可显示峰数、峰位、峰高、峰宽及峰面积等参数，如图 11 -2 所示。

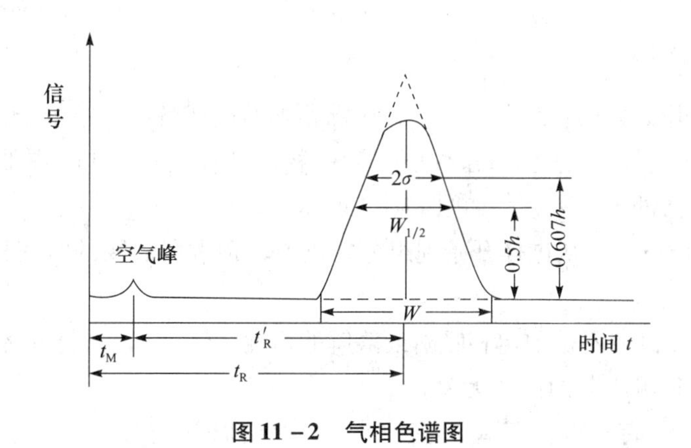

图 11 -2　气相色谱图

1. 基线　在操作条件下，仅有载气流经检测器时所产生的响应信号曲线。基线能反映气相色谱仪中检测器的噪音随时间的稳定情况，稳定的基线应是一条平行于横轴的直线。

2. 色谱峰　色谱图上的凸起部分。正常色谱峰为对称形正态分布曲线。非正常色谱峰有两种，一是前延峰，前沿平缓，后沿陡峭；另一是拖尾峰，前沿陡峭，后沿拖尾。拖尾因子（也叫对称因子）是衡量色谱峰对称性的参数，其求算方法见图 11 -3 及式 11 -1。

$$f_s = \frac{W_{0.05h}}{2A} = \frac{A+B}{2A} \qquad (11-1)$$

f_s 在 0.95 ~1.05 之间，为对称峰或正常峰；$f_s < 0.95$，为前延峰；$f_s > 1.05$，为拖尾峰。

3. 峰高（h）　色谱峰的峰顶至基线的垂直距离称为峰高。

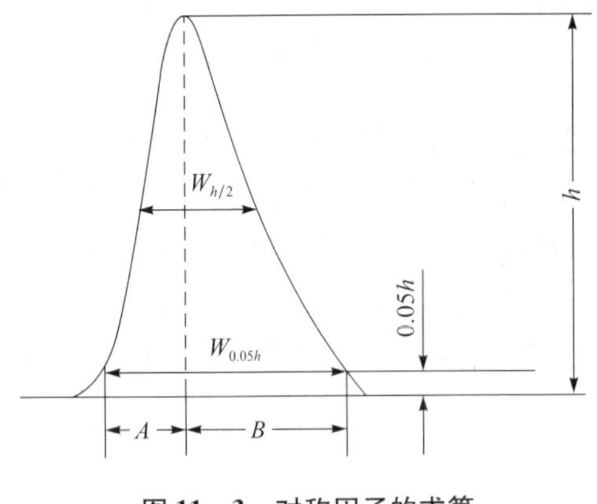

图 11－3 对称因子的求算

4\. 峰面积（A） 色谱峰与基线所包围的面积称为峰面积。峰高和峰面积两个参数常用于定量分析。

5\. 标准差（σ） 正态分布曲线上两拐点间距离的一半，正常峰的 σ 为峰高的 0.607 倍处的峰宽之半，如图 11－2 所示。σ 越小，区域宽度越小，说明流出组分越集中，越有利于分离，柱效越高。

6\. 半峰宽（$W_{1/2}$） 峰高一半处的宽度称为半峰宽。

$$W_{1/2} = 2.355\sigma \tag{11－2}$$

7\. 峰宽（W） 通过色谱峰两侧拐点作切线，在基线上的截距称为峰宽。

$$W = 4\sigma \text{ 或 } W = 1.699W_{1/2} \tag{11－3}$$

$W_{1/2}$ 与 W 都是由 σ 派生而来，除用于衡量柱效外，还用于计算峰面积。

一个组分的色谱峰可用峰高（或峰面积）、峰位和峰宽三个参数表达。

（二）保留值

保留值一般用试样中各组分在色谱柱中滞留的时间或各组分被带出色谱柱所需要载气的体积来表示。在相同的色谱条件下，同一物质的保留值相同，故保留值表明了峰位，是气相色谱法的定性参数，如图 11－2 所示。

1\. 保留时间（t_R） 从进样开始到组分的色谱峰顶点所需要的时间称为该组分的保留时间。

2\. 死时间（t_M） 不被固定相吸附或溶解的惰性气体（如空气）的保留时间称为死时间。死时间与待测组分的性质无关。

3\. 调整保留时间或校正保留时间（t'_R） 保留时间与死时间之差称为调整保留时间。

$$t'_R = t_R - t_M \tag{11－4}$$

在实验条件（温度、固定相等）一定时，调整保留时间只决定于组分的本性，故它们是色谱法定性的基本参数。

4\. 保留体积（V_R） 从进样开始到某个组分的色谱峰顶点的保留时间内所流过色谱柱的载气体积。

$$V_R = t_R \times F_c \tag{11－5}$$

式 11－5 中，F_c 为载气流速（mL/min），F_c 大时，t_R 则变小，两者乘积不变，因此，V_R 与载气流速无关。

5\. 死体积（V_M） 从进样器到检测器的路途中，未被固定相占有的空间称为死体积。它包括进样器至色谱柱间导管的容积、色谱柱中固定相颗粒间隙、柱出口导管及检测器内腔容积等，可以理解为在死时间内流过的载气体积，它与被测物的性质无关。

$$V_M = t_M \times F_c \tag{11-6}$$

死体积越大，说明色谱峰越扩张（展宽），柱效越低。

6. 调整保留体积（V'_R） 保留体积与死体积的差称为调整保留体积。

$$V'_R = V_R - V_M = t'_R \times F_c \tag{11-7}$$

V'_R与载气流速无关。保留体积扣除死体积后，更能够合理地反映被测组分的保留特性。

保留值由色谱分离过程中的热力学因素所控制。在一定的色谱条件下，任何一种物质都有一个确定的保留值，因此，保留值可用作定性参数。

（三）相平衡参数

1. 容量因子（k） 容量因子是指在一定温度和压力下，组分在两相间的分配达平衡时的质量之比。它与t'_R的关系可用下式表示：

$$k = \frac{t'_R}{t_M} \tag{11-8}$$

由公式11－8可以看出，k值越大，组分在柱中保留时间越长。

2. 分配系数比（α） 分配系数比是指混合物中相邻两组分A、B的分配系数或容量因子或调整保留时间之比，可用下式表示。

$$\alpha = \frac{K_A}{K_B} = \frac{k_A}{k_B} = \frac{t'_{RA}}{t'_{RB}} \tag{11-9}$$

由11－9可以看出$\alpha = 1$时，相邻两组分不能分离。越接近1，两组分分离效果越差。

第二节　气相色谱法的基本理论

气相色谱法的基本理论主要有热力学理论和动力学理论。热力学理论用相平衡观点来研究分离过程，以塔板理论为代表。动力学理论用动力学观点来研究各种动力学因素对柱效的影响，以范第姆特（Van Deemter）速率理论为代表。

一、塔板理论

1941年，马丁（Martin）和辛格（Synge）提出了塔板理论。该理论把色谱柱假设为一个具有许多塔板的分馏塔，将色谱柱分为n（称为理论塔板数）个小段，在每个小段（称为一块塔板）的间隔内，试样混合物在气液两相中产生分配并达到平衡，经过多次的分配平衡后，分配系数小（即挥发性大）的组分先到达塔顶，即先流出色谱柱。组分的分配系数越大，流出色谱柱的时间越长。只要色谱柱的理论塔板数足够多，不同组分的K值即使差异微小，也可得到良好的分离。

（一）塔板理论的基本假设

1. 试样各组分在色谱柱的每个塔板高度H内，能够很快达到分配平衡。H称为理论塔板高度，简称板高。

2. 载气以间歇式通过色谱柱，每次进入量为一个塔板体积。
3. 试样都加在第 0 号塔板上，且试样在色谱柱方向的扩散（纵向扩散）忽略不计。
4. 组分在各塔板上的分配系数是常数。

课堂互动

塔板理论的基本假设与实际情况是否相符合？

（二）理论塔板数和塔板高度的计算

理论塔板数和塔板高度是衡量柱效的指标，由塔板理论可导出塔板数和峰宽度的关系：

$$n = \left(\frac{t_R}{\sigma}\right)^2 \text{ 或 } n = 5.54\left(\frac{t_R}{W_{1/2}}\right)^2 \qquad (11-10)$$

理论塔板高度（H）可由色谱柱长（L）和理论塔板数计算：

$$H = \frac{L}{n} \qquad (11-11)$$

公式 11－10 中，保留时间、标准差或半峰宽的单位应该一致。当用相对保留时间 t'_R 代替保留时间 t_R 计算时，得到的是有效理论塔板数 n_{eff} 和有效理论塔板高度 H_{eff}。在相同的色谱条件下，不同组分的保留时间和半峰宽不同，因此，用不同组分计算出来的塔板数和塔板高度也不相同。某组分在给定的色谱柱的 n_{eff} 越大，说明该组分在柱中进行分配平衡的次数越多，对分离越有利，但不能表示该组分的实际分离效果。因为各组分在色谱柱中能否分离，主要取决于各组分的分配系数的差异。

例 11－1 某色谱柱长 2m，在柱温为 100℃，记录纸速为 3.0cm/min 的实验条件下，测得苯的保留时间为 1.5 分钟，半峰宽为 0.30cm，求理论塔板数和塔板高度。

解：由公式 11－10 得：

$$n = 5.54 \times \left(\frac{1.5}{0.3/3.0}\right)^2 = 1.2 \times 10^3$$

$$\text{或 } n = 5.54 \times \left(\frac{1.5 \times 3.0}{0.3}\right)^2 = 1.2 \times 10^3$$

由公式 11－11 得：

$$H = \frac{2}{1.2 \times 10^3} = 1.7 \times 10^{-3}\text{m} = 1.7\text{mm}$$

塔板理论能够成功地解释色谱流出曲线的形状、浓度极大点的位置（保留值）以及对柱效的评价（塔板数）问题，但某些基本假设与实际色谱过程不完全符合，因此，它只能定性地给出塔板数和塔板高度的概念，不能解释柱效与载气流速的关系，更不能说明影响柱效的因素。

二、速率理论

1956 年，荷兰学者范第姆特等人在塔板理论的基础上，对影响塔板高度的各种动力学因素进行了研究，导出了塔板高度与载气流速的关系，成为速率理论的核心。其速率方程式为：

$$H = A + \frac{B}{u} + Cu \tag{11-12}$$

式11－12也称为范第姆特方程式或范氏方程。其中，A、B、C均为常数，其中A为涡流扩散项，$\frac{B}{u}$为纵向扩散项，Cu为传质阻力项。u为载气线速度。在u一定时，A、B、C三个常数越小，则塔板高度（H）越小，柱效越高，峰越锐。反之，柱效越低，峰越宽。它可以从填充均匀程度、载体粒度、载气种类、载气流速、柱温、固定液液膜厚度等方面来说明对柱效的影响。

1. 涡流扩散项（A）　组分分子通过色谱柱时，遇到填充物颗粒后会不断改变流动方向，形成类似“涡流”的运动，使相同组分的分子经过不同长度的途径流出色谱柱，从而使色谱峰扩张，这种现象称为涡流扩散。因此，涡流扩散项也称多径项。

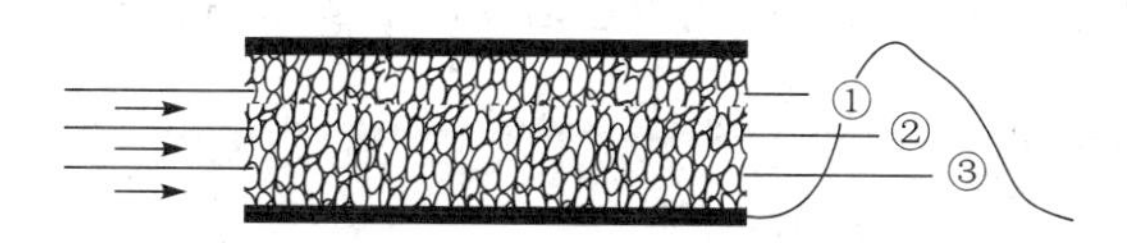

图11－4　涡流扩散对柱效的影响

$$A = 2\lambda d_p \tag{11-13}$$

式11－13中，λ为填充不规则因子，填充越均匀，λ越小。d_p为填料（固定相）颗粒平均直径。只有当采用粒度适当且颗粒均匀的填料，并尽量填充均匀，是减少涡流扩散、提高柱效的有效途径，对开管（空心）毛细管柱来说，A项为零。

2. 纵向扩散项（B/u）　试样组分被载气带入色谱柱后，随载气在色谱柱中前进时，由于存在浓度梯度，组分分子沿色谱柱产生纵向扩散，使色谱峰扩张，塔板高度增大，称为纵向扩散。

$$B = 2rD_g \tag{11-14}$$

式11－14中，r为扩散阻碍因子，毛细管空心柱因无扩散障碍$r=1$，填充柱$r<1$。D_g为组分在载气中的扩散系数。纵向扩散项与分子在载气中停留的时间及扩散系数成正比，扩散系数与载气分子量的平方根成反比，随柱温升高而增大，随柱压增大而减小。

为了缩短组分分子在载气中的停留时间，采用较高的载气流速，选择分子量大的载气（如N_2），控制较低的柱温，可降低纵向扩散项，增加柱效。

3. 传质阻力项（Cu）　试样混合物被载气带入色谱柱后，试样中组分分子在气－液两相中溶解、扩散、分配、平衡及转移的整个过程称为传质过程。影响该过程速度的阻力，称为传质阻力。由于传质阻力的存在，增加了组分在固定液中的停留时间，使其滞后于在两相界面迅速平衡并随同载气流动，故使色谱峰扩张。载气流速对传质阻力项影响很大，当载气流速增大时，传质阻力使色谱峰变宽，柱效降低。

传质阻力的大小常用传质系数来衡量。传质系数包括气相传质阻力系数C_g和液相

传质阻力系数 C_l，由于 C_g 较小，可以忽略，所以 $C \approx C_l$。

$$C_l = \frac{2k}{3(1+k)^2} \times \frac{d_f^2}{D_l} \quad (11-15)$$

式 11－15 中，k 为容量因子，d_f 为固定液液膜厚度，D_l 为组分在固定液中的扩散系数。可见，适当减少固定相用量，降低固定液液膜厚度和增加组分在固定液中的扩散系数，是可以减少传质阻力项的主要方法。但固定液不能太少，否则会使色谱柱寿命缩短。

综上所述，速率方程式能够阐明使色谱峰扩张而降低柱效的因素，对于选择分离条件具有指导意义。

第三节 色 谱 柱

色谱柱由固定相与柱管组成，是气相色谱仪的主要部件之一。

一、气－液色谱填充柱

将固定液涂渍在载体上作为固定相填充而成的色谱柱称为气－液色谱填充柱。

（一）固定液

1. 对固定液的要求 固定液一般都是高沸点液体，在操作温度下为液态。

（1）在操作温度下蒸气压低，流失慢，柱寿命长。

（2）稳定性好，即自身稳定且不与试样各组分发生化学反应。

（3）对试样各组分有足够的溶解能力，且不同组分的分配系数的差别要足够大。

（4）黏度要小，凝固点低。

2. 固定液的分类 常用的分类方法是化学分类法和极性分类法。

（1）化学分类法 是以固定液的化学结构为依据进行分类的方法。按官能团名称不同分为烃类、聚硅氧烷类、醇类、酯类等，此种方法的优点是便于依据“相似相溶”的原则选择固定液。

（2）极性分类法 是以固定液的相对极性为依据进行分类的方法，这种方法在气相色谱法中应用最广泛。常用固定液的相对极性见表 11－1。

表 11－1 常用固定液的相对极性

固 定 液	相对极性	级别	最高使用温度（℃）	应用范围
鲨鱼烷（SQ）	0	0	140	标准非极性固定液
甲基硅橡胶（SE－30）	13	+1	350	非极性化合物
邻苯二甲酸二壬酯（DNP）	25	+2	100	中等极性化合物
聚乙二醇（PEG－20M）	68	+3	250	氢键型化合物
己二酸二乙二醇聚酯（DEGA）	72	+4	200	极性化合物
β,β′－氧二丙腈（ODPN）	100	+5	100	标准极性固定液

知识链接

1959年，罗胥耐德（Rohrschneider）首次提出固定液的极性分类法。该法规定：强极性的β,β′-氧二丙腈的相对极性为100，非极性的鲨鱼烷的相对极性为0，然后测得其他固定液的相对极性在0~100之间。从0~100分成五级，每20为一级，用“+”表示。0或+1为非极性固定液；+2、+3为中等极性固定液；+4、+5为极性固定液。

3. 固定液的选择 选择固定液时，一般遵循“相似相溶”原则，即组分的结构、极性与固定液相似时，在固定液中的溶解度大，保留时间长；反之溶解度小，保留时间短。

（1）分离非极性物质，选用非极性固定液，组分一般按沸点顺序流出色谱柱，沸点低的组分先流出色谱柱。

（2）分离中等极性物质，选用中等极性固定液，组分基本上仍按沸点顺序流出色谱柱，但对于沸点相同的组分，极性弱的组分先流出色谱柱。

（3）分离强极性物质，选用极性强的固定液，组分按极性由小到大的顺序流出色谱柱。

（4）分离能形成氢键的物质，选用氢键型固定液，形成氢键能力弱的组分先流出色谱柱。

（5）分离复杂试样，可采用混合固定液。一般有混涂、混装及串联等三种方法。混涂是将两种固定液按一定比例混合，而后涂在载体上。混装是将涂有不同固定液的载体，按一定比例混匀后装入柱管中。串联是将装有不同固定液的色谱柱串联起来。无论哪种方法都是为了提高分离效果，达到分离的目的。

（二）载体

载体也称担体，是一种化学惰性的多孔性固体微粒，其作用是提供一个较大的惰性表面，使固定液能以液膜状态均匀地分布其表面，构成气-液色谱的固定相。

1. 对载体的要求 比表面积大，表面没有吸附性能（或很弱），不与试样或固定液起化学反应，热稳定性好，颗粒均匀，具有一定的机械强度。

2. 载体的类型 常用的是硅藻土型载体。先将天然硅藻土压成砖型，再经高温（900℃）煅烧后粉碎、过筛即可。根据制备方法不同，可分为红色载体和白色载体。

红色载体是天然硅藻土煅烧而成，由于含有氧化铁，载体呈淡红色，故称为红色载体。其特点是结构紧密，机械强度大，表面孔穴密集，孔径较小（约1μm），比表面积大（约为4.0m^2/g），涂固定液多，在同样大小柱中分离效率高。但表面有吸附活性中心，与极性固定液配合使用时，会造成固定液分布不均匀，分离极性化合物时，常有拖尾现象，故红色载体常与非极性固定液配合使用，分析非极性或弱极性物质。

白色载体是在煅烧天然硅藻土时加入助溶剂（碳酸钠），煅烧后，氧化铁生成了无色的铁硅酸钠配合物，载体呈白色，故称为白色载体。其特点是颗粒疏松，机械强度较差，表面孔径大（约8～9μm），比表面积小（$1.0m^2/g$），吸附性弱。常与极性固定液配合使用，分析极性物质。

3. 载体的钝化 载体应该是惰性的，其作用仅是负载固定液。但硅藻土表面具有某些活性作用点，会引起色谱峰拖尾，因此在涂渍固定液前需要预处理，这种处理过程称为载体的钝化。常用的钝化方法有酸洗法、碱洗法和硅烷化法。

（三）气－液填充柱的制备

1. 固定液的涂渍 先选择好用于溶解固定液的溶剂，根据固定液与载体的配比，固定液一般为载体的3%～20%，以能完全覆盖载体表面为下限，称取一定量的载体和固定液，将固定液溶于溶剂中，待完全溶解后，再将载体缓慢加入，轻轻搅匀，均匀涂渍，待溶剂完全挥发后，则涂渍完毕。在涂渍过程中，溶剂挥发不可太快，以免涂渍不匀。常用载体溶剂有氯仿、乙醚、丙酮、乙醇、苯等。

2. 色谱柱的填充 一般多采用抽气法填充，即用玻璃棉将空柱的出口一端塞牢，经缓冲瓶与真空泵连接。在入口一端（接汽化室一端）装上漏斗，徐徐倒入涂有固定液的载体，边抽边轻敲柱管，直至装满为止。应将固定相填充均匀、紧密，减少空隙和死体积。

3. 色谱柱的老化 为了除去残留溶剂及固定液的低沸程馏分和易挥发性杂质，并使固定液更均匀地分布于载体或管壁上，填充后的色谱柱需进行加热老化。色谱柱老化时，将柱入口与进样室相连，接通载气，出口不接检测器，以免老化时排出的残余溶剂及挥发性杂质污染检测器。在低于固定液最高使用温度20℃～30℃的条件下加热4～8小时。然后，将出口与检测器连接，继续接通载气，至基线平直为止。

二、气－固色谱填充柱

气－固色谱填充柱的固定相常用硅胶、氧化铝、高分子多孔微球及化学键合相等。在药物分析中，较多应用高分子多孔微球。

由于在柱管内填充了填料（固定相），载气流经色谱柱的路径是弯曲与多径的，从而引起涡流扩散，使柱效降低。同时，填充柱的传质阻力大，也使柱效降低。

三、毛细管色谱柱

目前应用的开管型毛细管柱主要是涂壁毛细管柱和载体涂层毛细管柱，后者应用更广。载体涂层毛细管柱具有以下特点：

1. 柱渗透性好 毛细管柱通常是空心柱。由于是空心，柱阻力很小，可以适当增加柱长，还可用高载气流速进行快速分析。

2. 柱效高 一根填充柱的理论塔板数仅为几千，而毛细管柱最高可达10^6。柱效高的原因是：①无涡流扩散项；②传质阻力小；③色谱柱比填充柱长。填充柱一般为2～6m，毛细管柱一般为30～100m。

3. 柱容量小 由于色谱柱细，故固定液含量只有几十毫克，因此进样量不能多。

4. 定量重复性差 由于进样量少，故毛细管柱多用于定性，较少用于定量。

第四节 检 测 器

检测器是将色谱柱分离后的各组分的浓度或质量的变化转换为电信号的装置，是气相色谱仪的主要部件之一。气相色谱仪检测器的种类很多，按响应特性可分为两大类：一是浓度型检测器，测量的响应值与载气中组分的浓度成正比，如热导检测器和电子捕获检测器等。二是质量型检测器，检测的响应值与单位时间内进入检测器的组分质量成正比，如氢焰离子化检测器和火焰光度检测器等。

一、热导检测器（TCD）

热导检测器是浓度型检测器，它利用被检组分与载气的热导率不同来检测组分的浓度变化。其优点是结构简单、测定范围广、线性范围宽、试样不被破坏等，是目前常用的检测器之一。其缺点是灵敏度低、噪音较大。

（一）结构和检测原理

热导检测器主要组成部分是热导池。热导池由池体和热丝（热敏元件，钨丝或铼钨丝）构成。池体多采用高热容量材料（如铜块或不锈钢块）制成。热导池具有大小相同、形状对称的两个池槽，将两根材质、电阻完全相同的热丝装入池槽即构成双臂热导池，如图 11－5 所示。其中，一臂作为测量臂接在色谱柱后，让组分和载气通过，另一臂作为参考臂接在色谱柱前，仅让载气通过。两臂的电阻分别为 R_1 和 R_2。将 R_1、R_2 与两个阻值相等的固定电阻 R_3、R_4 组成惠斯登电桥，如图 11－6 所示。当电流通过热丝，热丝发热而温度升高，热丝温度升高所产生的热量，与热导池中因载气的传导等因素散失的热量，达到相对平衡时，热丝的温度恒定电阻值恒定。如果只有载气进入，则两热丝的温度相同，因而电阻值也相同，电桥处于平衡状态，此时检流计 G 中无电流通过，记录器显示为基线。当载气携带组分进入测量池时，由于组分与载气的热导率不同，使测量池中热丝的温度发生变化，其阻值随之改变，而参比池中的热丝阻值仍保持不变。因此，电桥平衡被破坏，检流计 G 指针发生偏转，当组分完全通过测量臂后，指针恢复至零。若将这个信号过程放大后输出给记录器，即得到组分的流出曲线。

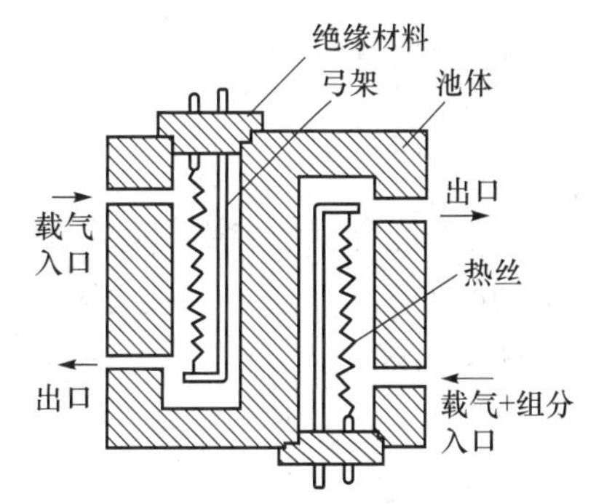

图 11－5 热导池检测器结构示意图

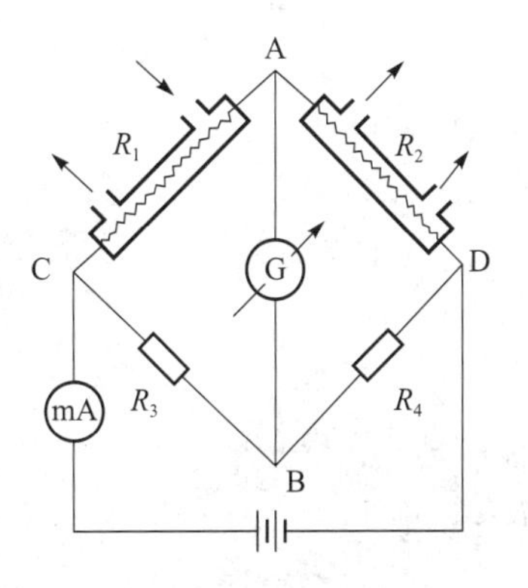

图 11－6 热导池检测器电桥原理示意图

（二）实验条件及其选择

1. 电桥电流 增加桥路电流是提高 TCD 灵敏度的主要途径，但桥路电流过大，会引起噪音增大及热丝氧化。因此，在灵敏度允许的情况下，应尽量采取较低的桥路电流。

2. 载气和载气流速 载气与组分的热导率差别越大，TCD 灵敏度越高，因此，最好选择氢气或氦气作载气。选用氮气作载气除灵敏度降低以外，当温度或载气流速较高时，可能出现不正常色谱峰（W 峰或倒峰）。

3. 检测器的温度 TCD 对池温的稳定性要求很高，一般温控精度应为 ±1℃，先进的 TCD 温控精度优于 ±0.01℃。

二、氢焰离子化检测器（FID）

氢焰离子化检测器简称氢焰检测器，是利用有机物在氢焰的作用下，化学电离而形成离子流，借测定离子流强度而进行检测，是质量型检测器。其优点是灵敏度高、噪音小、响应快、线性范围宽等，是目前常用的检测器之一。其缺点是一般只用于测定含碳有机物，而且检测时试样组分被破坏。

（一）结构和检测原理

氢焰检测器的主要部件是离子室。离子室一般用不锈钢制成，室内主要有火焰喷嘴、极化极（负极）和收集极（正极），极化极和收集极之间加有恒定的极化电压，如图 11－7 所示。

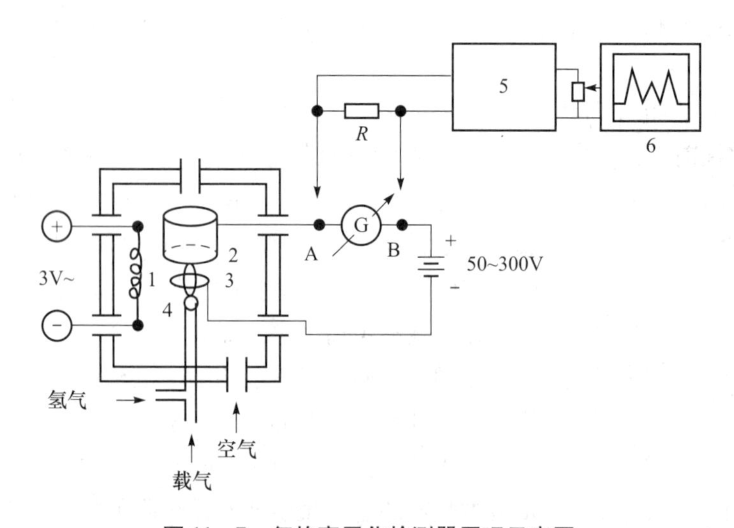

图 11－7 氢焰离子化检测器原理示意图

1. 点火线圈 2. 收集极 3. 极化环 4. 氢火焰 5. 微电流放大器 6. 记录仪

离子室内的电流强度与进入检测器中组分的量及其含碳量有关，因此，利用电子放大系统测量离子流的强度，即可得到气体组成变化的信号。当没有组分通过检测器时，氢气在空气中燃烧，在电场作用下，也能产生极微弱的离子流，称为检测器的本底，又称基流。当有组分通过检测器时，离子流强度急剧增加，离子流的强度与单位时间内进入检测器中组分的质量成正比。因此在组分一定时，测定电流强度可以对组分进行定量分析。

（二）实验条件及其选择

1. 气体流量　氢焰检测器要使用三种气体。一般氮气为载气，氢气为燃气，空气为助燃气。三种气体流量的比例直接影响仪器的灵敏度和稳定性。通常氮气、氢气、空气的比例约为1：1.5：10。

2. 极化电压　氢火焰中生成的离子只有在电场作用下向两极定向移动，才能产生电流。因此，极化电压的大小直接影响响应值。极化电压一般选100V到300V之间。

3. 载气流速　对于质量型检测器，峰高取决于单位时间内进入检测器中组分的质量。当进样量一定时，峰高与载气流速成正比。因此，如用峰高定量，需保持载气流速恒定；如用峰面积定量，则与载气流速无关。

在实际工作中，无论用哪一种检测器，都必须满足灵敏度高、稳定性好、噪音低、线性范围宽、死体积小等要求。

第五节　分离条件的选择

在气相色谱分析中，理论塔板数 n 只能表明某物质在该色谱柱中柱效的高低，不能说明两种物质通过色谱柱后是否能分离，常用分离度作为色谱柱的总分离效能指标，判断难分离物质的分离情况。

一、分离度（R）

分离度又称分辨率，是衡量气相色谱仪分离效果的参数，定义为相邻两组分色谱峰的保留时间之差与两组分色谱峰基线宽度总和之半的比值。

$$R=\frac{t_{R_2}-t_{R_1}}{\frac{1}{2}(W_1+W_2)}=\frac{2(t_{R_2}-t_{R_1})}{W_1-W_2} \qquad (11-16)$$

式11－16中，t_{R_1}、t_{R_2}分别为组分A、B的保留时间，W_A、W_B分别为组分A、B色谱峰基线宽度。可以看出，两个组分的保留时间相差越大、峰宽度越窄，则分离度越高，两组分分离越完全。当$R=1.0$时，分离程度达98%；$R=1.5$时，分离程度达99.7%。在定量分析中，为了能获得较好的精密度和准确度，应使$R\geqslant1.5$，如图11－8所示。

二、分离条件

1. 色谱柱的选择　主要是固定相和柱长的选择。选择固定相时，需注意极性和最高使用温度。一般可按相似性原则和主要差别（如沸点）选择固定相。如分析高沸点化合物，可选择高温固定相。分析难分离试样时，可选用毛细管柱。

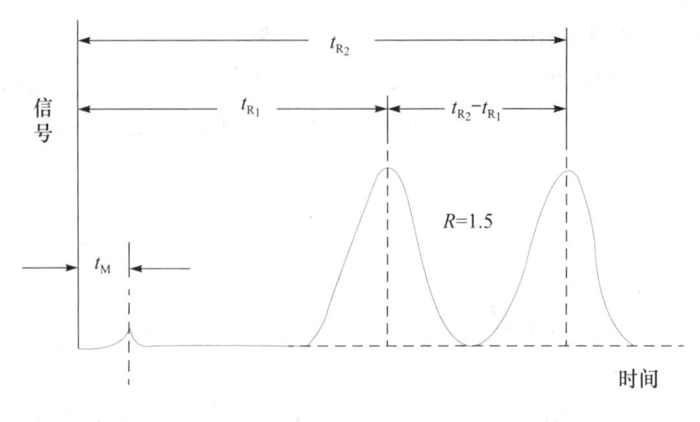

图 11－8 分离度 *R* 示意图

增加柱长能增加塔板数，使分离度提高。但柱长过长，峰变宽，柱阻力增加，分析时间延长。

2. 柱温的选择 柱温对分离度影响很大，是条件选择的关键。首先要考虑柱温不能超过固定液的最高使用温度，以免固定液流失。

提高柱温，可增加分析速度，但分配系数会降低，加剧分子扩散，使柱效降低，不利于分离。降低柱温，传质阻力项增加而使峰变宽，甚至产生拖尾峰。因此，选择柱温的基本原则是：在使最难分离的组分能够在符合要求的分离度前提下，以保留时间适宜及不拖尾为度，尽可能采用较低柱温。

3. 载气种类的选择 当流速较小时，纵向扩散项是色谱峰扩张的主要因素，故此时应采用分子量较大的载气，如氮气；当流速较大时，传质项为主要因素，则宜采用分子量较小的载气，如氢气或氦气。

4. 载气流速的选择 载气流速对柱效和分析时间有明显影响，在实际工作中，为缩短分析时间，载气流速常高于最佳流速。

第六节 定性与定量分析方法

一、定性分析方法

气相色谱定性分析是鉴定试样中各组分，即每个色谱峰代表的是何种化合物。气相色谱法通常只能鉴定范围已知的未知物，对未知混合物的定性常需结合其他方法来进行。常见的定性方法有如下几种。

1. 已知物对照法 即在相同的色谱条件下，向试样中加入待测组分的纯物质，进样，与前一个谱图对比，如果某色谱峰变高，而其他峰不变，这个峰就是待测组分的色谱峰。

2. 相对保留值定性法 即在试样中加入参比组分（其保留值应与被测组分相近），用二者调整保留值之比定性。在柱温和固定相一定时，相对保留值为定值，可作为定性的较可靠参数。

3. 利用文献值对照定性法　即在文献资料相同的条件下测得的数据与文献中记载的作对比，如果二者相同，则可初步认定是同一物质。优点是避免了寻找已知标准物质和参比组分的困难，缺点是很难控制测定条件与文献记载的条件完全一致。

4. 两谱联用定性　气相色谱分离效率很高，但定性能力则显不足；红外吸收光谱、质谱及核磁共振谱是定性的有力工具，但对试样纯度要求严格。因此，把气相色谱仪作为分离手段，把质谱仪、红外分光光度计、核磁共振波谱仪等作为检测器，对组分进行定性，这种方法称为色谱-质谱及色谱-光谱联用，简称两谱联用。如气相色谱-质谱联用仪（GC-MS），气相色谱-红外光谱联用仪（GC-IR）等。它为解决复杂试样的分离与定性提供了快速、有效、可靠的现代分析手段。

二、定量分析方法

1. 定量分析的依据　气相色谱定量分析的依据是，在实验条件恒定时，进入检测器的待测组分 i 的含量（质量或浓度）与其色谱峰面积（A）或峰高（h）成正比。以峰面积为例，即

$$m_i = f_i A_i \tag{11-17}$$

式中 f_i 为组分 i 的定量校正因子。在实际测定工作中，由于同一种物质在不同类型检测器上所测得的响应灵敏度不同，而不同物质在同一检测器上的响应灵敏度也不同，导致相同质量的不同物质所产生的峰面积（或峰高）不同。因此必须引入定量校正因子 f。

定量校正因子分为绝对校正因子和相对校正因子，在实际工作中常采用相对校正因子，其定义为：待测物质的质量与峰面积比值与标准物质的质量与峰面积比值之比。可用下式表示：

$$f_i = \frac{m_i/A_i}{m_S/A_S} = \frac{m_i \times A_S}{m_S \times A_i} \tag{11-18}$$

《中国药典》附录中，用浓度 c 代替质量 m。组分的定量校正因子也可以从相关手册或文献中查到，也可以自己测定。

2. 定量计算方法　气相色谱常用的定量方法有归一化法、外标法、内标法、内标对比法等。

（1）归一化法　如果试样中所有组分都能产生信号，得到相应的色谱峰，则可按下式计算各组分的含量。

$$\omega_i = \frac{A_i f_i}{A_1 f_1 + A_2 f_2 \cdots + A_n f_n} \times 100\% \tag{11-19}$$

（2）外标法　用待测组分的纯品作对照品，与对照品和试样中待测组分的响应信号相比较进行定量的方法称外标法。此法分为标准曲线法及外标一点法。

标准曲线法是取对照品配制一系列浓度不同的标准溶液，以峰面积或峰高对浓度绘制标准曲线。再按相同的操作条件进行试样测定，根据待测组分的峰面积或峰高，从标

准曲线上查出其对应的浓度。

外标一点法是用一种浓度的 i 组分的标准溶液，与试样溶液在相同条件下多次进样，测得峰面积的平均值，用下式计算试样溶液中 i 组分的含量：

$$c_i = \frac{c_S A_i}{A_S} \tag{11-20}$$

式中 c_i 与 A_i 分别为试样溶液中 i 组分的浓度及峰面积的平均值。c_S 与 A_S 分别为标准液的浓度及峰面积的平均值。

（3）内标法　当在一个分析周期内试样中所有组分不能全部出峰，或检测器不能对每个组分都产生响应，或只需测定试样中某些组分的含量，则可采用内标法。所谓内标法是以一定量的试样中不存在的纯物质作内标物，加到准确称取的试样中，与待测组分和内标物的响应信号对比，测定待测组分含量的方法。

内标法的优点是定量结果较准确，只要被测组分及内标物出峰，就可定量。因此特别适合微量组分或杂质的含量测定。其缺点是每次分析都要准确称取试样和内标物的质量，而且内标物不易寻找。

（4）内标对比法　先称取一定量的内标物（S），加入到标准液中，配成含相同内标物的标准品溶液。再将相同量内标物，加入到同体积的试样液中，组成试样溶液。将两种溶液分别进样，按下式计算出试样溶液中待测组分的含量：

$$(c_i\%)_{试样} = \frac{(A_i/A_S)_{试样}}{(A_i/A_S)_{标准}} \times (c_i\%)_{标准} \tag{11-21}$$

《中国药典》规定可用此法测定药品中某个杂质或主成分的含量。对于正常峰，可用峰高 h 代替峰面积 A 计算含量。

三、应用与示例

1. 无水乙醇中微量水分的测定（内标法）

色谱条件　色谱柱：401 有机载体（或 GDX－203），柱长 2m，柱温 120℃。汽化室温度 160℃。检测器：热导池。载气：H_2，流速为 40～50mL/min。

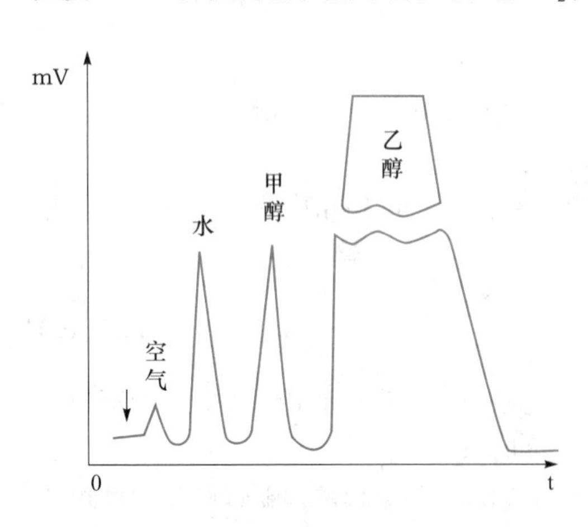

图 11－9　无水乙醇中微量水分的测定

试样配制　准确量取被检无水乙醇 100.0mL，称重为 79.37g。用减重法加入无水甲醇（内标物）约 0.25g，精密称定为 0.2572g，混匀，进样。实验所得色谱图如图 11－9 所示。

测得数据如下：

水：$A_水 = 6368.70$，$h_水 = 4.60$cm。甲醇：$A_{甲醇} = 8563.67$，$h_{甲醇} = 4.30$cm。

以峰面积表示的相对质量较正因子 $f_水 = 0.55$，$f_{甲醇} = 0.58$，计算质量百分含量：

$$\omega_{H_2O} = \frac{f_水 A_水}{f_{甲醇} A_{甲醇}} \times \frac{m_水}{m}$$

$$\omega_{H_2O}=\frac{6368.70\times0.55}{8563.67\times0.58}\times\frac{0.2572}{79.37}\times100\%=0.23\%(W/W)$$

以峰高表示的相对质量较正因子$f_{水}=0.224$，$f_{甲醇}=0.340$，峰形正常，计算质量百分含量：

$$\omega_{H_2O}=\frac{f_{水}h_{水}}{f_{甲醇}h_{甲醇}}\times\frac{m_{水}}{m}$$

$$\omega_{H_2O}=\frac{4.60\times0.224\times0.2572}{4.30\times0.340\times79.37}\times100\%=0.23\%(W/W)$$

2. 曼陀罗酊剂含醇量的测定（内标对比法）

对照品溶液的配制：准确量取无水乙醇 5.00mL，正丙醇（作内标）5.00mL，置100mL 量瓶中，加纯化水稀释至刻度。

供试品（曼陀罗酊剂）溶液的配制：准确量取试样 10.00mL，正丙醇（作内标）5.00mL，置 100mL 量瓶中，用纯化水稀释至刻度。

在相同的色谱条件下，每次取 2μL 对照品溶液、供试品溶液分别进样，测得它们的峰高比平均值分别为 13.3/6.1 及 11.4/6.3。

计算曼陀罗酊剂含醇量：

$$乙醇\%=\frac{(11.4/6.3)}{13.3/6.1}\times5.00\times10=42(V/V)$$

知识链接

根据《中国药典》规定，用气相色谱法及高效液相色谱法进行定性或定量分析之前，应按要求对仪器进行适用性试验，即用规定的对照品对仪器进行调试，使分析状态下色谱柱的最小理论塔板数、分离度、重复性和拖尾因子等达到规定的要求。

【完成项目任务】 气相色谱法测定蔬菜和水果中多种有机磷农药的残留量

检测仪器：气相色谱仪，配火焰光度检测器（FPD）。

色谱条件：石英毛细管柱，30m×0.53mm（内径）×1.0μm（膜厚）。色谱柱温度 140℃（2 分钟），10℃/min 升至 200℃，2℃/min 升至 254℃。检测器温度 250℃。进样口温度 250℃。载气用氮气，流速 5.0mL/min。空气流速 15mL/min，氢气流速 75mL/min。进样量 2μL。

测定步骤：将待测的蔬菜或水果样品粉碎，精密称取后，用乙酸乙酯提取，提取液用活性炭小柱萃取，浓缩至 10mL。

用微量注射器抽取活化后的浓缩液 2μL 进样，根据色谱数据，可以同时检测甲胺磷、乙酰甲胺磷、甲拌磷、氧化乐果、乐果、毒死蜱、甲基对硫磷、马拉硫磷、杀螟硫磷和三唑磷等，如图 11－10 所示，以峰面积的数据外标法定量。

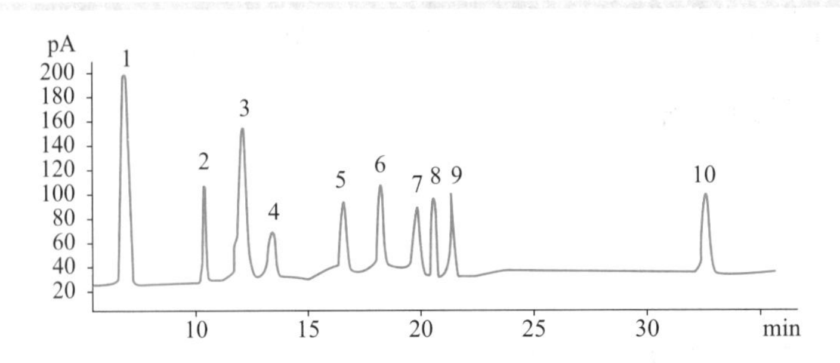

图 11－10　气相色谱法检测农药残留量色谱图

1. 甲胺磷　2. 乙酰甲胺磷　3. 甲拌磷　4. 氧化乐果　5. 乐果
6. 毒死蜱　7. 甲基对硫磷　8. 马拉硫磷　9. 杀螟硫磷　10. 三唑磷

项目设计

请您设计“红酒中甲醇的含量测定”分析方案。

本章小结

1. 气相色谱法是以气体作流动相的柱色谱法。该方法的特点是分离效能高、选择性高、灵敏度高、试样用量少、分析速度快、用途广泛等。

气相色谱法的相关术语比较多，可对照一张色谱图进行系统化理解和记忆。

2. 气相色谱法的基本理论主要有热力学理论和动力学理论。前者推导计算的理论塔板数用于评价柱效，后者的速率方程为选择色谱条件提供依据。

3. 气相色谱仪的组成：载气系统、进样系统、分离系统、检测系统、温控系统。

4. 气相色谱法的定量方法：归一化法、外标法、内标法、内标对比法。

能力检测

一、选择题

1. 气相色谱法可以对试样进行（　　）
A. 定性分析　B. 定量分析　C. 分离并分析　D. 分离混合物

2. 气相色谱仪分离效率的好坏主要取决于何种部件（　　）
A. 进样系统　B. 色谱柱　C. 热导池　D. 检测系统

3. 在气相色谱法中，定性的参数是（　　）
A. 保留值　B. 峰高　C. 峰面积　D. 半峰宽

4. 在气相色谱中，要使两组分分离得好，要求分离度 R 值（　　）
A. 大于 2.0　B. 大于 1 小于 10　C. 大于等于 1.5　D. 小于 2.0

5. 在下列叙述中，那一种说法是错误的（　　）

A. H_2、N_2 等是气相色谱法的流动相

B. 气相色谱法主要用于分离沸点低、热稳定性好的物质

C. 气相色谱法是一个分离效能高、分析速度快的分析方法

D. 气相色谱法是进行无机化学和物理化学研究的重要工具

6. 在下列叙述中，哪一个是错误的（　　）

A. 检测器是气相色谱仪的主要部件　　B. 色谱峰的个数等于试样的组分数

C. 色谱峰的保留值可用于定性分析　　D. 色谱峰的面积可以进行定量分析

7. 气-液色谱固定液应该具备（　　）

A. 气压低、稳定性好

B. 化学性质稳定

C. 溶解度大，对相邻两组分有一定的分离能力

D. 以上都正确

8. 在气-液色谱分析中，良好的载体应具备（　　）

A. 粒度适宜、均匀，表面积大

B. 表面没有吸附中心和催化中心

C. 化学惰性、热稳定性好，有一定的机械强度

D. 以上都正确

9. 气-液色谱中，保留值越大，物质分子间的相互作用力也越大，这些物质是（　　）

A. 组分和载气　　B. 载气和固定液

C. 组分和固定液　　D. 组分和载体、固定液

10. 色谱柱的有效塔板数越多，表示（　　）

A. 柱效能越高，越有利组分分离　　B. 柱效能越高，越不利组分分离

C. 柱效能越低，越有利组分分离　　D. 柱效能越低，越不利组分分离

二、填空题

1. 适当减少固定液用量，降低固定液液膜厚度是减少________的主要方法。

2. 常用硅藻土型载体可分为两个类型。白色载体，常与________固定液配合使用，分析非极性或弱极性物质；红色载体，常与________固定液配合使用，分析极性物质。

3. 气相色谱的仪器一般由________、________、________、________、________等系统组成。

4. 气相色谱法的基本理论主要有________、________。

5. 气相色谱仪的热导检测器属于________型检测器；氢焰离子化检测器属于________型检测器。

三、判断题

1. 试样中各组分能够被相互分离的基础是各组分具有不同的热导系数。

2. 组分的分配系数越大，表示其保留时间越长。
3. 在操作条件下，色谱柱后没有组分流出时的流出曲线称为基线。
4. 速率理论给出了影响柱效的因素及提高柱效的途径。
5. 用气相色谱法做定量分析时，要求分离度 $R \geq 1$ 才能获得较好的精密度和准确度。
6. 非极性物质一般用非极性固定液分离；极性物质，一般用极性固定液分离。
7. 某试样的色谱图上出现三个色谱峰，该试样中最多有三个组分。
8. 分析混合烷烃试样时，可选择极性固定相，按沸点大小顺序出峰。
9. 组分在流动相和固定相两相间分配系数的不同及两相的相对运动构成了色谱分离的基础。
10. 气－液色谱分离机理是基于组分在两相间反复多次的吸附与脱附；气－固色谱分离是基于组分在两相间反复多次的分配。
11. 归一化法定量时，一定要求样品中所有组分不仅能流出柱，且都能对检测器有响应。
12. 在色谱分离过程中，单位柱长内，组分在两相间的分配次数越多，分离效果越好。
13. FID 检测器几乎对所有的化合物均有响应，故属于广谱型检测器。
14. 检测器性能好坏将对组分分离度产生直接影响。
15. 根据速率理论，毛细管色谱柱高效的原因之一是由于涡流扩散项 $A=0$。

四、简答题

1. 气相色谱仪主要包括哪几部分？简述各部分的作用。
2. 简述气相色谱法的特点。
3. 能否根据理论塔板数来判断分离的可能性？为什么？
4. 气相色谱法有哪些常用的定量分析方法？

五、计算题

1. 准确称取纯苯（内标物）及纯化合物 A，称其重量分别为 0.435g 和 0.864g，配成混合溶液，进行气相色谱分析。由色谱图上测得苯和化合物 A 峰面积分别为 $4.0cm^2$ 与 $7.6cm^2$，计算化合物 A 的相对重量校正因子。

2. 冰醋酸的含水量测定，内标物为 A.R. 甲醇，质量 0.4896g，冰醋酸质量 52.16g，水峰高为 16.30cm，甲醇峰高为 14.40cm。已知用峰高表示的重量校正因子 $f_{H_2O}=0.224$，$f_{CH_3OH}=0.340$。计算该冰醋酸中的含水量。

实训十三　气相色谱法测定藿香正气水中乙醇的含量

一、实验目的

1. 熟悉气相色谱仪的工作原理和操作方法。

2. 掌握GC内标对比法测定酊剂中乙醇含量的方法与计算。

3. 学会气相色谱法测定药物含量的基本方法。

二、实验原理

在《中国药典》中，用气相色谱法测定很多药物的含量。因许多药物的校正因子是未知的，特别是在中药制剂中，并非所有的组分都能全部出峰，故可采用内标对比法测定某一组分的含量。本实验采用内标对比法测定藿香正气水中乙醇的含量。

内标对比法定量时，所需要的参数为相对响应值（峰面积或峰高之比），故实验条件波动对结果影响不大，定量结果与进样量重复性无关，同时也不必知道样品中内标物的确切量，只需在各份样品中等量加入即可。

三、主要仪器与试剂

1. 仪器　岛津GC－14C气相色谱仪，火焰离子化检测器（FID），HP－5石英毛细柱，微量注射器（1μL），100mL容量瓶（2个），10mL吸量管（1支）。

2. 试剂　无水乙醇（A. R.，对照品）、正丙醇（A. R.，内标物）、藿香正气水。

四、操作步骤

1. 色谱条件　色谱柱：HP－5石英毛细柱（30m×320μm）；柱温：90℃；汽化室温度：140℃；检测器（FID）温度：120℃；氮气流速：0.5mL/min；氢气流速：30mL/min；空气流速：300mL/min；进样量：1μL。乙醇峰与正丙醇峰的分离度应大于1.5。

2. 溶液配制

（1）*标准溶液制备*　用吸量管精密取无水乙醇5.00mL及无水丙醇5.00mL，置100mL容量瓶中，加纯化水稀释至刻度，摇匀备用。

（2）*试样溶液制备*　用吸量管精密取藿香正气水试样10.00mL及无水丙醇5.00mL，置100mL容量瓶中，加纯化水稀释至刻度，摇匀备用。相当于对试样稀释10倍。

3. 色谱测定　在上述色谱条件下，取标准溶液与试样溶液，分别进样1μL，记录色谱图及其有关参数，计算藿香正气水中乙醇的含量。

五、实验数据与处理结果

	组分名称	峰面积 A			峰面积 A 均值	乙醇含量 $c_i\%$
标准溶液	乙醇					
	丙醇					
试样溶液	乙醇					
	丙醇					

计算公式：$(c_i\%)_{试样}=\dfrac{(A_i/A_S)_{试样}}{(A_i/A_S)_{标准}}\times 5.00\%\times 10$

式中，A_i 和 A_S 分别为乙醇和正丙醇的峰面积（可以用峰高代替）；10 为试样的稀释倍数；5.00% 为标准溶液中乙醇的百分含量（V/V）。

六、注意事项

1. 开机时，要先通载气，再升高汽化室、检测室温度和分析柱温度，为使检测室温度始终高于分析柱温度，可先加热检测室，待检测室温度升至近设定温度时再升高分析柱温度；关机前须先降温，待柱温降至 50℃以下时，才可停通载气并关机。

2. 为获得较好的精密度和色谱峰形状，每次进样速度、留针时间应保持一致，进样时速度要快而果断。

3. 采用内标对比法定量的前提是内标标准曲线通过原点，且测定浓度在其线性范围内；同时，标准溶液浓度与进样的试样溶液中待测组分浓度尽量接近，这样可提高测定准确度。

4. 火焰离子化检测器（FID）属于质量型检测器，其响应值（峰面积或峰高）取决于单位时间内进入检测器的组分质量。因此，当进样量一定时，峰面积与载气流速无关，当用峰高定量时，需保持载气流速稳定。

七、思考题

1. 色谱内标法有哪些优点？在什么情况下采用内标法比较方便？

2. FID 的主要特点是什么？

3. 本实验中，进样量是否需要非常准确？为什么？

第十二章　高效液相色谱法

【项目任务】　阿司匹林原料药中的杂质水杨酸的含量测定

阿司匹林是解热镇痛药，近年又证明它具有抑制血小板凝聚、预防血栓形成、治疗心血管疾病的作用。阿司匹林的化学名为2－乙酰氧基苯甲酸，由水杨酸和乙酸酐在浓硫酸作用下合成，水杨酸是阿司匹林原料药中的主要杂质，且具有较强的腐蚀性，因此需要严格控制阿司匹林原料药中的水杨酸，《中国药典》规定其含量必须低于千分之一。如何测定阿司匹林原料药中微量水杨酸的含量？可采用本章介绍的高效液相色谱法。

第一节　概　　述

高效液相色谱法（high performance liquid chromatography，HPLC）是20世纪60年代末在经典液相柱色谱法的基础上引入气相色谱理论和技术，采用高效固定相、高压输液泵以及高灵敏度检测器而发展起来的现代分离分析方法。该方法具有分离效能高、分析速度快、灵敏度高、操作自动化和应用范围广等特点。

高效液相色谱法与经典液相色谱法的主要差异见表12－1。

表12－1　高效液相色谱法与经典液相色谱法的比较

	经典液相色谱法	高效液相色谱法
柱子	内径1～3cm的玻璃柱	内径2～6mm的不锈钢柱
固定相	粒径＞100μm不均匀颗粒	粒径＜10μm均匀球形颗粒
柱效	低	高
流动相驱动方式	重力或毛细管	高压泵驱动
分析时间	周期长，1～20小时	周期短，0.05～0.5小时
检测	目视或UV	高灵敏度检测器，如荧光
操作方式	非仪器化	仪器化

高效液相色谱法是在气相色谱法（GC）理论和技术上发展起来的，其基本理论一致，不同点为：①流动相不同，GC用气体流动相，载气种类少；HPLC以液体为流动

相，液体种类多，可供选择范围广。②固定相不同，GC 常用毛细管柱，固定相多为液膜；HPLC 多用小粒径的键合相固定相。③适用范围不同，GC 主要用于挥发性、热稳定性好的物质的分析，而这些物质只占有机物总数的 20% 左右；HPLC 只要被测样品能够溶解于溶剂中并可以被检测，就可以进行分析，特别适合难挥发、沸点高、热稳定性差以及离子型化合物的分析，例如可分析氨基酸、蛋白质、生物碱、甾体、脂类、维生素以及核酸等物质。

高效液相色谱法已广泛用于药物的分离分析中，随着高效液相色谱仪的改进，以及 LC－MS、LC－IR、LC－NMR 等联用技术的发展，高效液相色谱法的应用将越来越广泛。

第二节　高效液相色谱仪

高效液相色谱仪主要由高压输液系统、进样系统、色谱分离系统、检测系统和数据处理系统组成，其结构示意图见图 12－1。

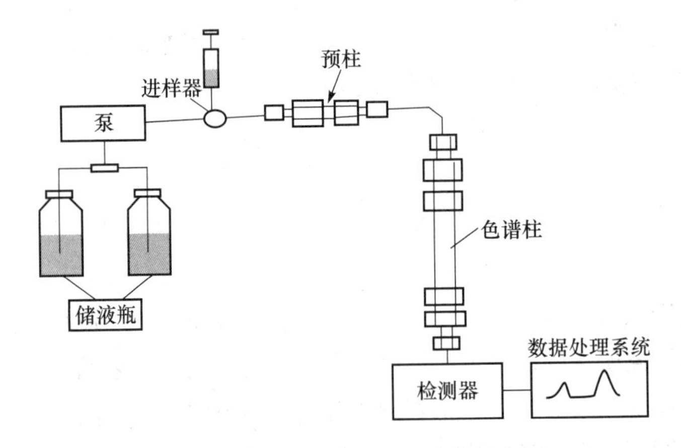

图 12－1　高效液相色谱仪结构示意图

一、高压输液系统

（一）溶剂储液瓶

溶剂储液瓶用来储存流动相溶剂，其材质应耐腐蚀，一般为玻璃或塑料瓶，容积约为 0.5～2.0L，无色或棕色（棕色瓶可以避光，减缓水溶液中菌类的生长）。储液瓶放置的位置应高于泵体，以便保持一定的输液静压差，在泵启动时易于让残留在溶剂和泵体中微量气体通过放空阀排出。

（二）溶剂过滤脱气装置

流动相在装入储液瓶之前必须经过 0.45μm 滤膜过滤，除去流动相中固体杂质，防止堵塞管路系统。同时，在插入储液瓶内的输液管路顶端连有不锈钢或玻璃制成的在线微孔滤头，进一步去除溶剂中灰尘或微粒残渣，防止损坏泵、进样阀或堵塞色谱柱。

HPLC 所使用的流动相必须预先脱气，否则容易在系统内逸出气泡，影响泵的工作以及基线的稳定性，甚至导致仪器不能正常工作。常用的脱气方法有超声波振动、抽真空、吹氦脱气和真空在线脱气等，其中超声波振动脱气比较简单易行。

（三）高压输液泵

高压输液泵是高效液相色谱仪的关键部件之一。泵的性能好坏直接影响到整个系统的质量和分析结果的可靠性。高压输液泵应该具备流量稳定（流量的 $RSD < 0.5\%$）、流量范围宽、密封好、耐高压及耐腐蚀等特点。

高压输液泵按照输液性能可分为恒流泵和恒压泵，目前用得最多的是恒流泵中的柱塞往复泵，其结构如图 12－2 所示。柱塞往复泵的泵腔容积小，易于清洗和更换流动相，特别适合于再循环和梯度洗脱，能方便地调节流量，泵压可达 $400kg/cm^2$。其主要缺点是输出的脉动性较大，现多采用双泵补偿来克服，可采用并联式和串联式，其中后者较多。

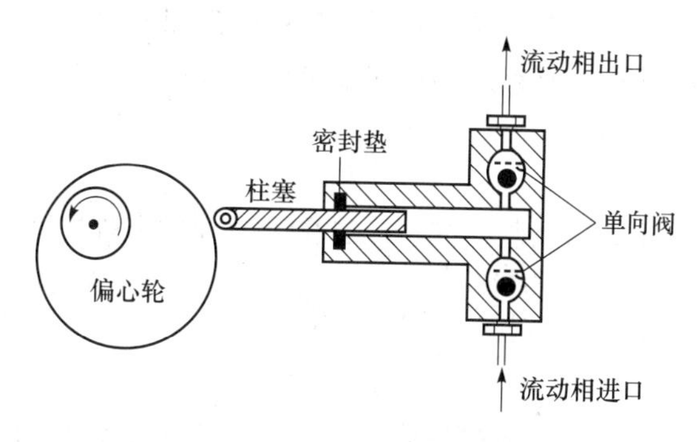

图 12－2 柱塞往复泵结构示意图

二、进样系统

进样器的作用是将试样引入色谱柱，它安装在色谱柱的进口处。常用进样器为六通进样阀和自动进样器。

（一）六通阀手动进样器

六通进样阀是当今色谱仪器中普遍采用的进样装置，如图 12－3。进样时先将阀切换到“采样位置”（load），用微量注射器将样品溶液由针孔注入样品定量环中。然后顺时针转动六通阀手柄 60°后至“进样位置”（inject）时，流动相与样品环接通，样品被流动相带入色谱柱中进行分离，完成进样。进样体积是由定量环的体积控制的。定量环常见的体积为 5μL、10μL、20μL 和 50μL 等，可以根据需要更换不同体积的定量环。六通进样阀具有进样重现性好、耐压高的特点，缺点是具有一定的死体积，容易引起色谱峰展宽。进样时使用的注射器必须用 HPLC 专用平头微量注射器，否则尖头微量注射器会损坏六通阀。

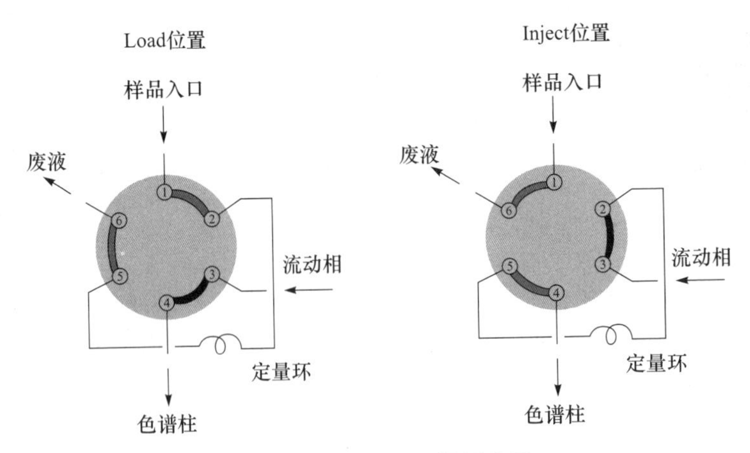

图 12-3 进样六通阀示意图

（二）自动进样器

当大数量试样分析时，可采用自动进样装置。利用计算机控制，可自动进行取样、进样、清洗、复位等一系列操作。操作者只需把样品按照一定的次序放在样品架上，输入程序，启动设备自动进样，而且进样量连续可调，进样重现性好。

三、分离系统

色谱分离系统包括保护柱、色谱柱、柱温箱等。分离系统性能的好坏是色谱分离分析的关键。

（一）保护柱

保护柱是接在分析柱前端的装有与分析柱相同固定相的短柱（5~20mm），能挡住来源于样品和进样阀垫圈的微粒，保护和延长分析柱寿命。保护柱是一种消耗性小柱，在使用一段时间后需要换新的柱芯。

（二）色谱柱

色谱柱是高效液相色谱仪的重要组成部件，由柱管、固定相、密封环、筛板、接头等组成。柱管多为不锈钢材质，其内壁经过镜面抛光。色谱柱两端的柱接头内装有筛板，由不锈钢或钛合金烧结而成，孔径0.2~10μm，小于固定相的粒径，目的防止固定相漏出。

色谱柱按照用途可分为分析型和制备型，它们规格不同。常规分析柱内径2~5mm，柱长10~30cm，窄径柱内径1~2mm，柱长10~20cm；实验室制备柱内径20~40mm，柱长10~30cm。高效液相色谱柱装填固定相时是有方向性的，使用时流动相的方向应与柱子标示的填充方向一致。

（三）柱温箱

柱温是高效液相色谱分析的重要参数。提高柱温，有利于降低流动相的黏度和提高样品的溶解度，缩短分析时间，减小分配系数以及改变组分间的分离度，减低柱压和提高柱效，同时控制柱温可提高组分保留时间的重复性。

知识链接

色谱柱的评价

色谱柱的好坏必须以一定的指标进行评价。购买新柱时，除了明确色谱柱的长度、内径、固定相的种类及粒度外，需要检验柱性能（如柱效、峰不对称度和柱压降等）是否符合要求，检验条件可参考色谱柱附带的说明手册或检验报告。对于烷基键合相色谱柱，常以苯、萘、联苯及菲为样品，以甲醇－水（*V*/*V*，83∶17）为流动相，在检测波长254nm下进行色谱柱的评价。《中国药典》规定，建立高效液相色谱分析方法时，需进行“色谱条件与系统适用性试验”，给出分析状态下色谱柱应该达到的最小理论塔板数、分离度和拖尾因子。

四、检测系统

检测器是检测系统核心部件，其作用是将洗脱液中每一组分的量（或浓度）转变为电信号。检测器可分为通用型和选择型两大类。通用型检测器常见的有示差折光和蒸发光散射检测器等，专用型检测器主要有紫外检测器、荧光检测器和安培检测器等。检测器应该满足灵敏度高、线性范围宽、稳定性好、响应快、噪音低、可作梯度洗脱及基线漂移小等要求。

（一）紫外检测器

紫外检测器（UVD）是HPLC中最常用的检测器，适用于有共轭结构的化合物检测，具有灵敏度高、线性范围宽、对温度和流速波动不敏感等优点，可用于等度和梯度洗脱。缺点是不适用于对紫外光无吸收的样品，不能适用在检测波长下有吸收的溶剂作流动相（溶剂的截止波长必须小于检测波长）。目前常用的有可变波长紫外检测器和二极管阵列检测器。

1. 可变波长检测器（VWD） 这种检测器的光路系统与紫外分光光度计相似，其光路见图12－4，一般采用氘灯为光源，可选择待测组分最大吸收波长为检测波长，可以提高检测灵敏度。但是由于光源发出的光是通过光栅分光后照射流通池中的样品，单色光强度减弱。因此，这种检测器对光电转换元件及放大器要求都较高。该检测器与普通紫外－可见分光光度计不同的部件是流通池，流通池的常规体积为5～8μL，光程长为5～10mm，内径约1mm。

2. 光电二极管阵列检测器（PDAD） 该检测器是20世纪80年代出现的一种光学多通道检测器，其光路见图12－5。其检测原理是由光源发出的紫外线或可见光通过流通池，被组分选择性吸收后，再通过狭缝到光栅进行色散分光，使含有组分吸收信息的

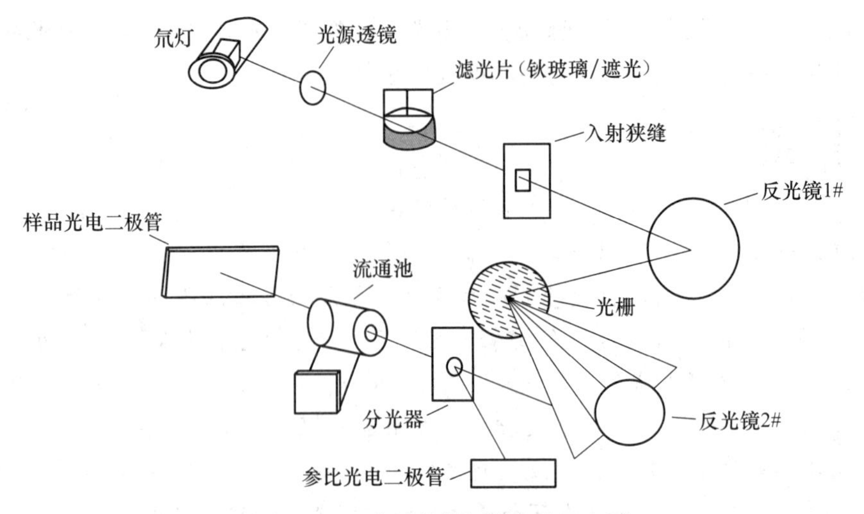

图 12－4　可变波长检测器光路示意图

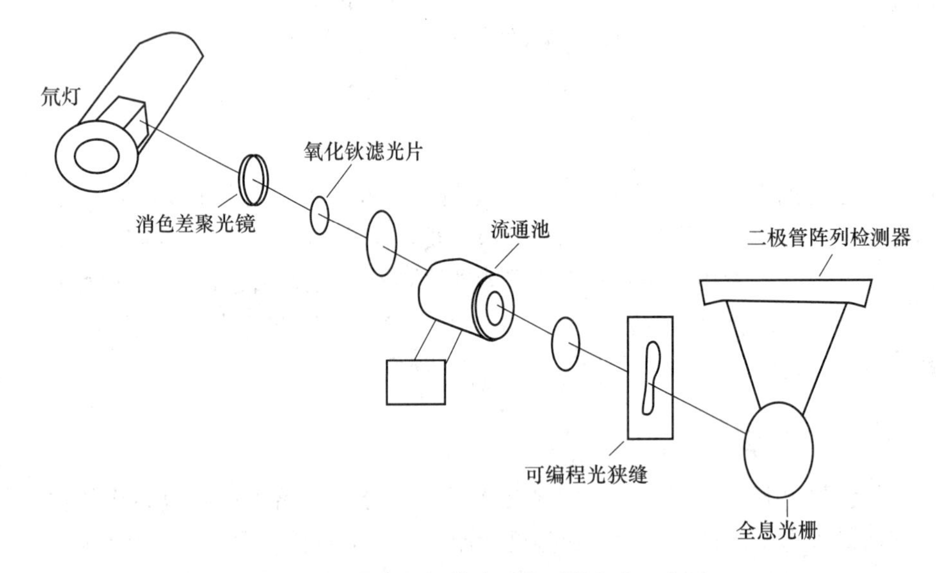

图 12－5　光电二极管阵列检测器光路示意图

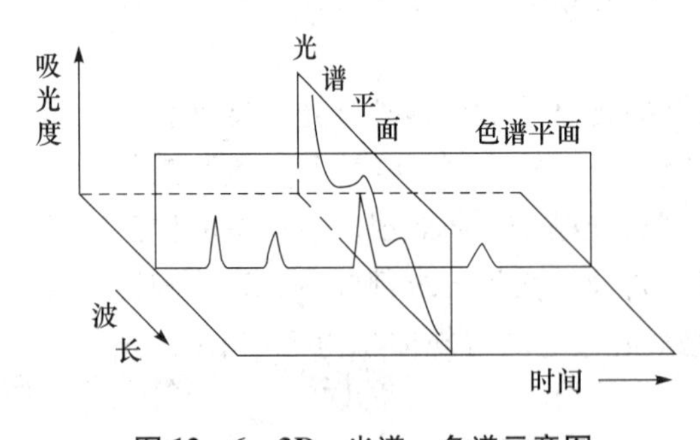

图 12－6　3D－光谱－色谱示意图

全部波长的光透射到二极管阵列上同时被检测，并用电子学方法及计算机技术对二极管阵列快速扫描采集数据，得到三维的光谱－色谱图（见图 12－6）。光谱图可用于组分的定性，色谱峰面积可用于组分的定量。此外，可对每个色谱峰的不同位置（峰前沿、峰顶点和峰后沿等）的光谱图进行比较，若色谱峰纯度高（仅有一个组分），则不同位置的光谱图应该一致，因此通过计算不同位置光谱间的相似度可判断色谱峰的纯度和分离情况。

知识拓展

表 12-2 一些常用溶剂的紫外截止波长

溶剂	正己烷	氯仿	二氯甲烷	四氢呋喃	丙酮	乙腈	甲醇	水
紫外截止波长/nm	190	245	233	212	330	190	205	187

（二）蒸发光散射检测器

蒸发光散射检测器（ELSD）是 20 世纪 90 年代出现的通用型检测器，适用于挥发性低于流动相的组分（主要是糖类、高级脂肪酸、皂苷类化合物）的检测，但是其检测灵敏度比紫外检测器低约一个数量级。其检测原理是将含有待分离组分的流动相雾化、蒸发形成固体微粒后，在强光或激光照射下产生光散射，散射光用光电二极管检测产生电信号，电信号的强度与组分颗粒的大小和数量有关。当载气和流动相的流速恒定时，散射光的强度仅取决于被测组分的浓度。蒸发光检测器可用于梯度洗脱，但不宜采用非挥发性缓冲溶液为流动相。

（三）荧光检测器

荧光检测器（FLD）是一种灵敏度高、选择性好的检测器，是体内药物分析常用的检测器之一。适用于能产生荧光的化合物，或在柱前或柱后衍生转变成能发出荧光的物质，常用于酶、甾体化合物、维生素、氨基酸等成分的分析。

五、数据处理系统

高效液相色谱仪的一个重要特征是仪器自动化，用计算机不但可以控制仪器的设置和运行，还可以进行数据的采集和处理。例如，用计算机控制自动进样器装置按照设定的程序准确进样，控制流动相的流速以及改变流动相的比例，以及改变检测器的检测条件等。同时，利用色谱工作站来采集和处理数据，给出所需要的信息。通常色谱数据处理系统都能进行峰宽、峰高、峰面积、对称因子、保留因子、选择因子和分离度等色谱参数的计算；二极管阵列检测器的色谱数据处理软件，还能进行三维光谱图、光谱图、波长色谱图、比例谱图、峰纯度检查等工作。如今，许多色谱仪的软件系统具有方法认证功能，使分析工作更加规范化，有利于医药领域的分析工作开展。

第三节 高效液相色谱固定相和流动相

固定相和流动相是完成样品分离分析最关键的因素之一，因此，应该根据样品的性质选择合适的固定相和流动相。

色谱柱是高效液相色谱仪的重要部件，其中柱管内的固定相是保证色谱柱柱效的关键。固定相的形状、粒径、孔径、表面积、键合基团的表面覆盖度和类型、含碳量等均将影响组分的保留行为和分离效果。高效液相色谱固定相主要有硅胶、化学键合相和凝胶等，其中化学键合相固定相应用最广泛。

一、化学键合相固定相

化学键合相是指用化学反应的方法将官能团键合在载体表面上所形成的固定相，简称键合相。化学键合相有多种，按键合的官能团分类，可分为非极性、弱极性、极性和离子交换键合相等。根据键合相与流动相相对极性的强弱，键合相色谱有正相键合色谱和反相键合相色谱。正相键合相色谱中，键合固定相极性大于流动相的极性，适合分离极性化合物。反相键合相色谱适合分离非极性或中等极性的化合物，其应用范围比正相色谱法广泛，在高效液相色谱法中，约 70% ~80% 的分析任务是由反相键合相色谱法来完成的。

化学键合相的优点是使用过程中固定相不流失，增加了色谱柱的使用寿命和稳定性；可通过改变键合官能团的类型来改变分离选择性；化学稳定性好，一般在 pH 2 ~8 的溶液中不溶解（若 pH 大于 8 时，载体硅胶溶解；若 pH 小于 2 时，与硅胶相连的化学键易水解脱落）；热稳定性好，在 70℃ 以下不变性；传质过程快，柱效高，载样量大，适合梯度洗脱。

目前，化学键合相广泛采用全多孔硅胶为载体，键合上固定液，两者间化学键类型可分为 Si－O－C、Si－N、Si－C 及 Si－O－Si－C 等。其中，Si－O－Si－C 型键合相稳定性好，容易制备，是目前应用最广的键合相。

（一）非极性键合相

这类键合相表面基团为非极性烃基，如十八烷基、辛烷基、甲基和苯基等常用于反相色谱，适合分离非极性或中等极性的化合物。其中，十八烷基键合相（C18 或 ODS）是最常用的非极性键合相，是由十八烷基硅烷试剂与硅胶表面的硅醇基经多步反应生成的键合相。键合反应示意如下：

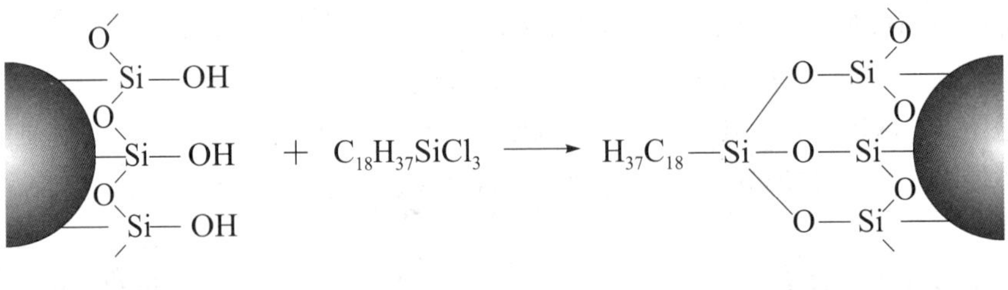

$$-Si-OH \quad + \quad C_{18}H_{37}SiCl_3 \longrightarrow H_{37}C_{18}-Si-O-Si-$$

其他非极性键合相中辛烷基与十八烷基键合相类似，键合基团的链长对组分的保留、载样量、选择性有影响，长链烃基使组分的保留因子 k 值增大，载样量增大，分离选择性提高。苯基键合相（C_6H_5）与极性样品具有诱导极化分子间作用力，极性略大于 ODS。

（二）弱极性键合相

常见的弱极性键合相有醚基和二醇基键合相。这种键合相在不同极性的流动相中，可作正相或反相色谱的固定相。

（三）极性键合相

常用的极性键合相有氨基、氰基键合相等，是分别将氨丙硅烷基［$\equiv Si(CH_2)_3NH_2$］和氰乙硅烷基［$\equiv Si(CH_2)_2CN$］键合在硅胶表面上制成。通常作正相色谱固定相，分离极性化合物。氨基键合相具有氢键接受和给予两种性能，是分离糖类最常用的固定相。氰基键合相的分离选择性与硅胶相似，对双键异构体有良好的分离选择性。

最常见的离子交换键合相以全多孔微粒硅胶为载体，在其表面化学键合上所需的阴、阳离子交换基团。常用的阳离子键合相是强酸性磺酸基（$—SO_3H$），阴离子键合相是强碱性季铵盐（$—NR_3Cl$）。

知识链接

化学键合相的封尾

化学键合相色谱通常以分配机制为主的色谱。由于键合基团的空间位阻使得硅胶表面的硅醇基不能全部参加键合反应，残存的硅醇基对极性组分产生吸附，因此，用硅胶为载体的化学键合相有一定的吸附作用，吸附大小由键合基团的表面覆盖度（参加反应的硅醇基数目占硅胶表面硅醇基总数的比例）而定。为了减少残存的硅醇基，一般在键合反应后，用三甲基氯硅烷等进行钝化处理，称为封尾，这样封尾后键合相吸附作用下降，以固定液的分配作用为主，稳定性增加。

二、流动相

在高效液相色谱法中，流动相对组分有亲和力，参与了固定相对组分的竞争。因此，流动相溶剂的性质和组成对色谱柱效、分离选择性和组分 k 值的影响很大。改变流动相的组成是提高色谱分离度和分析速度的重要手段。

（一）对流动相的基本要求

1. 纯度高、化学惰性好。
2. 对试样有合适的溶解能力，通常要求 k 在 1 ~ 10 范围内，最好控制在 2 ~ 5。
3. 必须与检测器相匹配。如用紫外检测器，就不能使用在检测波长处有紫外吸收的溶剂。
4. 低黏度和低沸点。流动相黏度低，可减小组分的传质阻力，有利于提高柱效。

5. 使用低毒性的溶剂，以保证操作人员的安全。

（二）常用的流动相

在正相键合相色谱中，主体溶剂是石油醚、正己烷或环己烷，用一氯甲烷、二氯甲烷、三氯甲烷或丙酮、甲醇等调节性溶剂，调整流动相的极性。

在反相键合相色谱中，主体溶剂是水或水缓冲液，加入一定比例与水混溶的甲醇、乙腈或四氢呋喃等溶剂调节极性。

（三）流动相的洗脱方式

高效液相色谱分析有等度洗脱和梯度洗脱两种洗脱方式。

等度洗脱是指在同一分析周期内流动相组成和流速保持恒定的洗脱方式，适合于组分数目较少，性质差别不大的样品。

梯度洗脱是在一个分析周期内，按照一定程序连续或阶段地改变流动相组成，使所有组分都能在适宜条件下获得分离，适用于组分数目多、性质差异大的复杂样品。采用梯度洗脱可以缩短分析时间、提高分离度、改善峰形、提高检测灵敏度，但是常常引起基线漂移和重现性降低。

第四节　高效液相色谱仪使用与维护

高效液相色谱仪是由输液管路将高压输液系统、进样系统、分离系统、检测系统连接的一个有机的整体。其中，分离系统的色谱柱在整个管路系统中所占比例小，色谱分离过程存在不可忽略的柱外峰展宽，因此，从进样器到检测器间的管路连接应尽可能地短，且使用毛细管作为输液管路，尽量减小柱外效应。在利用高效液相色谱仪进行样品分离分析时，要按照正确的操作规程使用仪器，注意仪器的维护。高效液相仪的一般操作方法如下：

一、样品的制备

为了避免进样发生异常，样品应溶于流动相。如有大量妨碍分离的组分共存，或待分析的组分量太少，须对样品进行预分离纯化或浓缩等前处理。进样前，必须用 0.45μm 孔径的滤膜过滤样品溶液。

滤膜的材质通常是纤维素或聚四氟乙烯，醋酸纤维素滤膜适用于水溶液，不适用于有机溶剂；再生纤维素滤膜同时适用于水溶性样品和有机溶剂，尤其对蛋白质等样品的吸收低，聚四氟乙烯滤膜适用于所有溶剂，不溶于酸和盐，可过滤各种溶液。

二、流动相制备

流动相原则上是现配现用。通常反相键合相色谱的流动相由水相和调节极性有机相组成，水必须是双蒸水或精制的纯净水，有机相必须是色谱纯级别的精制溶剂。制备的流动相须经0.45μm滤膜过滤，超声脱气10分钟后才可使用。同时，在开启高压输液泵时，注意排除管路中的气泡，打开PURGE阀，调大流速带出气泡，直至储液瓶至泵前端管路中没有气泡为止（通常需要2~3分钟）。排完管路中气泡后，调小流速，用流动相平衡色谱柱。

选用流动相时要保证溶剂间以及溶剂与样品间的相溶性，同时避免使用对不锈钢有腐蚀性的溶剂，如高浓度的硝酸和硫酸、卤化物碱金属溶液等。在使用可燃或有害溶剂时，须注意防火与通风。

三、色谱柱的安装和平衡

色谱柱安装时注意流动相流经的方向应与柱子标示的填充方向一致，装卸色谱柱时，动作要轻，接头拧紧要适度。防止大的机械振动，使柱床产生空隙。使用一根新色谱柱时，注意阅读其使用说明，测定新色谱柱的柱效，以供使用过程中柱效的参照。色谱柱的实际操作压力应该在允许的最高压力之下，最好在最高压力一半以下。在更换流动相时，应注意溶剂互溶性，要将柱内溶剂缓慢过渡到流动相，防止发生盐析现象。采用梯度洗脱要缓慢地将柱内溶剂过渡至流动相，平衡10分钟后，待基线平稳后即可进样。在分析复杂样品时，可以在柱前连接相同固定相的保护柱，减小色谱柱的污染，延长色谱柱的使用寿命。

四、进样

进样通常采用手动进样和自动进样两种方式。自动进样设置好自动进样程序即可。手动进样一般采用平头注射器注入样品。先将环形阀转到load位置，插入注射器，将注射器中的样品缓慢注入到定量环中，然后将环形阀快速旋到inject位置。

六通阀进样时有满阀进样和不满阀进样两种。满阀进样时注入体积应该不小于定量环体积的5~10倍，这样才能完全置换定量环内的流动相消除管壁效应，确保进样的准确度及重现性。不满阀进样时，注入的样品体积应不大于定量环的50%，此法进样的准确度和重现性取决于注射器取样的熟练程度。

五、色谱柱及管路的冲洗

在完成分离分析工作后，需冲洗色谱柱0.5小时以上，以除去柱内杂质。如果流动相有盐类，首先用大比例水相流动相充分冲洗，然后再缓慢过渡到小比例水相的流动相，并用95%的有机相平衡色谱柱后保存。如果C18色谱柱长期不用时，通常保存在100%的甲醇或乙腈中，两端要塞好柱塞子，防止甲醇或乙腈挥发色谱柱干涸。

第五节 定性与定量分析

一、定性分析

高效液相色谱法的定性分析方法与气相色谱法类似，可以分为色谱鉴定法和非色谱鉴定法，后者又分为化学定性法和两谱联用定性法。

（一）色谱定性法

色谱定性法的原理与气相色谱法相同，最常用的方法是利用标准品对照来定性。由于在特定的色谱条件下每种化合物的保留时间具有特征性，如果相同的色谱条件下被测化合物与标准品的保留值一致，可以初步认为被测化合物与标准品相同。若多次改变流动相组成后，被测化合物仍与标准品的保留值一致，就进一步证实被测化合物与标准品相同。此外，可以在样品中加入某标准物质，对比加入前后的色谱图，若加入后某色谱峰增高，则被测化合物与标准物质可能是同一物质。同样，可以通过改变流动相组成来验证以上结论。

（二）化学定性法

利用专属性化学反应对分离后收集的组分进行定性，通常是利用官能团的鉴定反应来鉴别色谱馏分属于哪一类化合物。

（三）色谱－光谱联用定性法

DAD 检测器可得到三维色谱－光谱图，可以对比待测组分与标准物质的光谱图和保留值进行定性分析。此外，还可利用 HPLC－NMR、HPLC－IR 等联用技术来对待测组分进行鉴定。

二、定量分析

高效液相色谱法的定量方法基本与气相色谱定量方法相同，常用外标法和内标法，归一化法很少使用，具体内容见气相色谱法。

三、应用与示例

HPLC 已广泛应用于药物和中草药有效成分的分离、鉴定和含量测定。近年来，对体液中原形药物及其代谢产物的分离分析，HPLC 在灵敏度、专属性和速度等方面都有独特的优点，已经成为体内外药物分析、药物研究及临床检验的重要手段。

例 12－1 外标法测定厚朴药材中厚朴酚的含量。

测定条件：C18 色谱柱，甲醇－水（78∶22）为流动相，检测波长 294nm。

对照品溶液的制备：取厚朴酚对照品适量，精密称定，加甲醇制成 40μg/mL 厚朴酚对照品溶液。

样品溶液的制备：精密称取厚朴药材粉末 0.2847g，置具塞锥形瓶中，精密加入甲醇 25mL，摇匀，密塞，浸渍 24 小时，滤过，精密量取续滤液 5mL，置 25mL 量瓶中，加甲醇至刻度，摇匀，0.45μm 滤膜过滤，即为样品溶液。

测定：分别精密吸取对照品溶液（0.04mg/mL）和样品溶液各 4μL，注入液相色谱仪，测得峰面积 $A_{对照}=65355$，$A_{样}=60214$，计算药材中厚朴酚的含量。

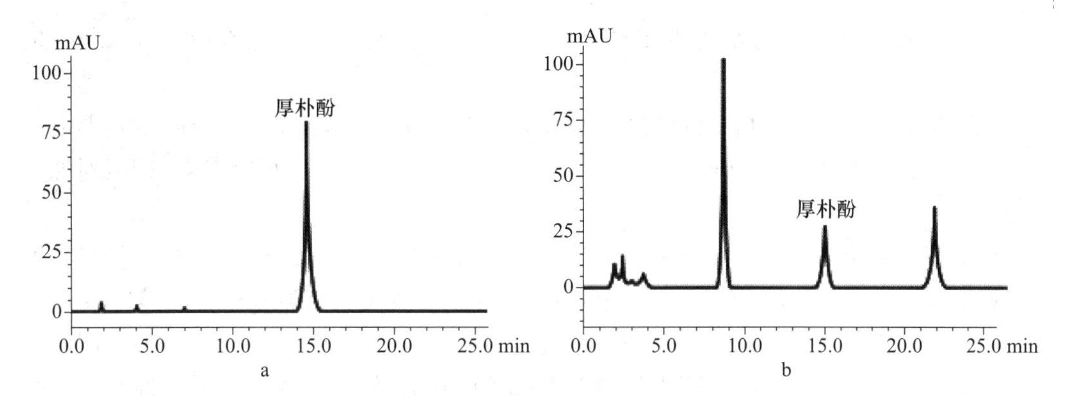

图 12－7　厚朴酚标准品和药材甲醇提取液的色谱图

a. 厚朴酚标准品色谱图　b. 药材甲醇提取液色谱图

$$\frac{A_{样}}{A_{标}} = \frac{m_{样}}{m_{标}} = \frac{c_{样} \times V}{c_{标} \times V}$$

$$c_{样} = \frac{A_{样}}{A_{标}} \times c_{标} = \frac{2471}{2845} \times 0.04 = 0.0347(\text{mg/mL})$$

$$\omega = \frac{m}{m_{总}} \times 100\% = \frac{0.0347\text{mg/mL} \times 10 \times 25\text{mL}}{1.3017 \times 10^3\text{mg}} \times 100\% = 0.67\%$$

例 12－2　用内标对比法测定牡丹皮中丹皮酚的含量。

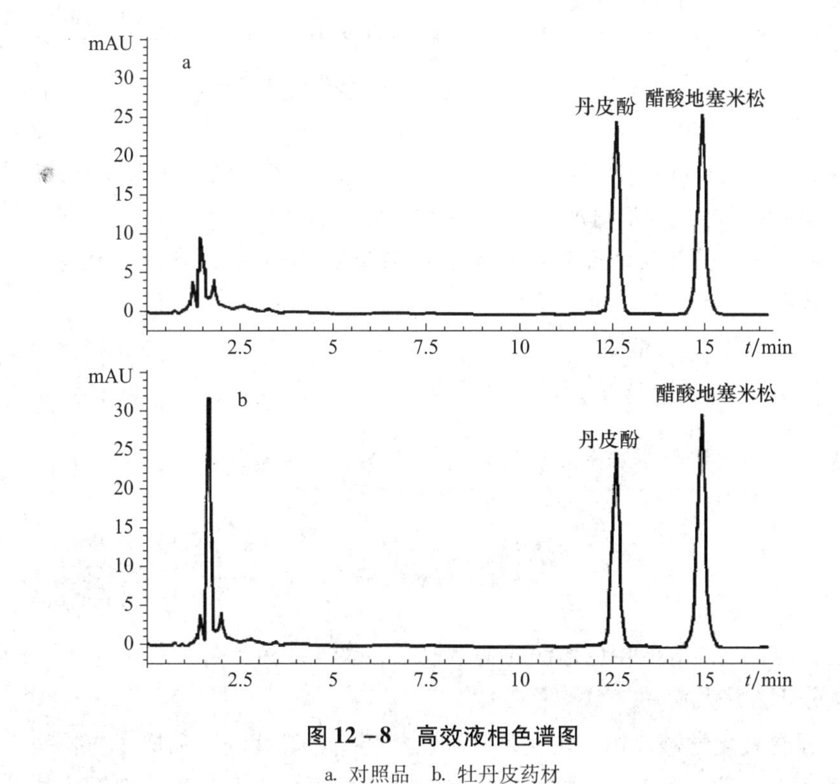

图 12－8　高效液相色谱图

a. 对照品　b. 牡丹皮药材

测定条件：C18 色谱柱，甲醇－1% 冰醋酸（45∶55）为流动相，检测波长 254nm。

内标溶液的制备：精密称取醋酸地塞米松适量，加流动相配制成 1.0mg/mL 的溶液。

对照品溶液的制备：精密称取丹皮酚适量，加流动相配制成 0.5mg/mL 的对照品储备液。精密吸取 1mL 置于 10mL 的量瓶中，加内标溶液 1mL，流动相定容，即得对照品溶液。

样品溶液的制备：取牡丹皮粗粉 1.5g，提取分离后定容为 50mL，滤过，精密量取续滤液 1mL，置于 10mL 容量瓶中，加内标溶液 1mL，加甲醇稀释至刻度，摇匀即得。

测定：分别吸取对照品溶液和样品溶液各 10μL，注入液相色谱仪，测得对照品溶液中醋酸地塞米松和丹皮酚峰面积分别为 4500 和 4140，样品溶液中醋酸地塞米松和丹皮酚峰面积分别为 4350 和 3321。用内标对比法计算牡丹皮中丹皮酚的含量。

$$(c_{丹})_{样} = \frac{(A_{丹}/A_{醋})_{样}}{(A_{丹}/A_{醋})_{对照}} \times (c_{丹})_{对照} = \frac{(3321/4350)}{(4140/4500)} \times 0.05 = 0.0414(\text{mg/mL})$$

$$\omega_{丹皮酚} = \frac{m_{丹}}{m_{总}} \times 100\% = \frac{0.0414\text{mg/mL} \times 10 \times 50\text{mL}}{1.5 \times 10^3\text{mg}} \times 100\% = 1.38\%$$

【完成项目任务】 阿司匹林原料药中的杂质水杨酸的含量测定

测定条件：C18 色谱柱，乙腈 - 四氢呋喃 - 冰醋酸 - 水（20∶5∶5∶70）为流动相，检测波长 303nm。

对照品溶液的制备：精密称定水杨酸对照品 10mg 置于 100mL 量瓶中，加 1% 冰醋酸甲醇稀释至刻度，摇匀，精密量取 5mL，用 1% 冰醋酸甲醇稀释至 50mL，制得对照品溶液。

样品溶液的制备：精密称取阿司匹林 0.1g，精密称定，置 10mL 量瓶中，用 1% 冰醋酸甲醇稀释至刻度，摇匀即为样品溶液。

测定：分别精密吸取对照品溶液和样品溶液各 10μL，注入液相色谱仪，记录色谱图，采用外标法来定量。

项目设计

请设计“饮料中安赛蜜和糖精钠的含量分析”方案。

本章小结

本章主要内容是高效液相色谱法的基本概念、仪器结构、高效液相色谱仪的使用和维护、定量分析方法及应用。

1. 基本概念：化学键合相、正相色谱和反相色谱、等度洗脱和梯度洗脱等。
2. 仪器主要部件：输液泵、进样器、色谱柱、检测器以及数据处理系统。
3. 高效液相色谱仪的基本操作：样品和流动相的准备、色谱柱的选择、色谱柱的安装和平衡、进样、色谱柱的冲洗和保存、管路的冲洗。

4. 定量分析方法常用外标法和内标法。

能力检测

一、选择题

1. 关于高效液相色谱流动相的叙述正确的是（　　）
   A. 靠输液泵压力驱动　　B. 靠重力驱动
   C. 靠钢瓶压力驱动　　D. 靠虹吸驱动
2. 高效液相色谱和经典液相色谱的主要区别是（　　）
   A. 高温　　B. 高效　　C. 柱短　　D. 上样量
3. LC 与 GC 比较，可以忽略纵向扩散，主要原因是（　　）
   A. 柱前压力高　　B. 流速比 GC 快　　C. 流动相黏度大　　D. 柱温低
4. 高效液相色谱中不适用于梯度洗脱的检测器是（　　）
   A. 紫外检测器　　B. 二极管阵列检测器
   C. 示差检测器　　D. 蒸发光检测器
5. HPLC 中色谱柱常采用（　　）
   A. 直型柱　　B. 螺旋柱　　C. U 型柱　　D. 玻璃螺旋柱
6. HPLC 中常用作固定相，也可作为键合相载体的物质是（　　）
   A. 硅胶　　B. 分子筛　　C. 氧化铝　　D. 活性炭
7. 哪种方法不用作 HPLC 流动相脱气（　　）
   A. 抽真空　　B. 加热　　C. 吹氢气　　D. 超声波
8. 高效液相色谱仪组成不包括（　　）
   A. 汽化室　　B. 高压输液泵　　C. 检测器　　D. 进样装置
9. 色谱中最常用的定量方法是（　　）
   A. 内标法　　B. 内标对比法　　C. 外标法　　D. 归一化法
10. 高效液相色谱法的分离效能比经典液相色谱法高，主要原因是（　　）
   A. 流动相种类多　　B. 操作仪器化
   C. 采用高效固定相　　D. 采用高灵敏度检测器

二、填空题

1. HPLC 是________的英文缩写。
2. 色谱法中，流动相的黏度________一些较好。
3. 十八烷基键合相硅胶简称为________，适合分离________的化合物。
4. 反相键合相色谱中，流动相以________为主体，常加入________、________、________等作为极性调节剂。

5. 高效液相色谱仪通用型检测器有________、________。专属型的检测器有________、________。

三、判断题

1. 高效液相色谱中，采用小颗粒的固定相是提高柱效的有效途径之一。

2. 高效液相色谱流动相进色谱柱前不用脱气。

3. 化学键合固定相的优点包括固定相不流失、化学稳定性好、热稳定性好、传质过程快、柱效高、载样量大、适合梯度洗脱等。

4. HPLC 中的梯度洗脱是指将不同溶剂混合，并使色谱过程中溶剂强度不断改变的操作，其目的是改变流动相的流速。

5. C18 化学键合相常用于反相色谱。

四、简答题

1. 简述高效液相色谱仪的组成及各部件的作用。

2. 什么是梯度洗脱，它与 GC 的程序升温有何异同?

3. 比较高效液相色谱和气相色谱的异同点。

五、计算题

1. 称取决明子药材粉末 1. 3017g，甲醇提取，提取液转移至 25mL 容量瓶中，甲醇定容至刻度，摇匀，作为样品溶液。分别吸取样品溶液和橙黄决明素标准品溶液（40μg/mL）各 10μL，注入液相色谱仪，测得 $A_{样}=2471$，$A_{标}=2845$。计算决明子中橙黄决明素的含量。

2. HPLC 外标法测定黄芩颗粒剂中黄芩苷的含量。黄芩苷对照品在 10. 3 ~ 144. 2μg/mL 浓度范围内线性关系良好。精密称取黄芩颗粒 0. 1255g，置于 50mL 量瓶中，用70% 甲醇溶解并稀释至刻度，摇匀，精密量取 1mL 于 10mL 量瓶中，用70% 甲醇稀释至刻度，摇匀即得供试品溶液。平行测定供试品溶液和对照品溶液（61. 8μg/mL），进样 20μL，记录色谱图，得色谱峰峰面积分别为 4.251×10^{7} 和 5.998×10^{7}。计算黄芩颗粒中黄芩苷的含量。

实训十四　HPLC 法测定阿司匹林中水杨酸和乙酰水杨酸的含量

一、实验目的

1. 掌握外标标准曲线定量方法。

2. 熟悉高效液相仪的基本结构和仪器实验条件的设置方法。

3. 了解高压泵、检测器和色谱工作站的相关原理和功能

二、实验原理

实验证明，在一定色谱条件和一定的进样量下，被测组分质量（m）与其色谱峰峰面积（A）成正比，即 $m=f\cdot A$（f是校正因子），根据该原理可对混合物中一个或几个待测组分进行含量测定。

三、仪器与试剂

1. 仪器 高效液相色谱仪，C18 色谱柱（4.6mm×250mm，5μm），微量注射器（25μL）。

2. 试剂 乙酰水杨酸和水杨酸对照品，乙腈（色谱纯），甲醇（分析纯），冰醋酸（分析纯），二次蒸馏水，待测阿司匹林样品。

四、操作步骤

1. 对照品溶液的制备 精密称取水杨酸对照品 10mg 置于 100mL 量瓶中，加 1% 冰醋酸甲醇稀释至刻度，摇匀即得水杨酸储备液，精密量取水杨酸储备液 5mL，称取乙酰水杨酸对照品 36mg，置于 10mL 容量瓶中，用 1% 冰醋酸甲醇溶解并稀释至刻度，摇匀。再分别精密量取 1.00、2.00、3.00、4.00、5.00mL 上述溶液，分别置于五个 10mL 量瓶中，用 1% 冰醋酸甲醇稀释至刻度，摇匀，滤膜滤过，取续滤液作为对照品溶液。

2. 样品溶液的制备 精密称取阿司匹林 0.1g，精密称定，置 10mL 量瓶中，1% 冰醋酸甲醇稀释至刻度，摇匀，过微孔滤膜，初滤液弃去，续滤液即为样品溶液。

3. 标准曲线的绘制 流动相：甲醇－0.1mol/L 醋酸钠溶液（40：60），用冰醋酸调节溶液 pH 值至 3.5。打开液相色谱仪，设置实验条件，280nm 下检测。待仪器稳定后，用微量注射器依次进标准溶液，进样量 10μL，记录五个浓度下乙酰水杨酸和水杨酸各自的峰面积，并绘制两者各自的标准曲线。

4. 乙酰水杨酸和水杨酸含量的测定 用微量注射器进待测样品溶液 10μL，记录峰面积，计算待测样品中乙酰水杨酸和水杨酸的含量测定。

五、数据处理

乙酰水杨酸数据：

序　号	1	2	3	4	5
浓度（mg/mL）					
$A_{乙酰水杨酸}$					

乙酰水杨酸的回归方程：　　　　　　　　　　关系系数：

水杨酸数据：

序号	1	2	3	4	5
浓度（μg/mL）					
$A_{水杨酸}$					

水杨酸回归方程：　　　　　　　　　　　　　　　　　　关系系数：

六、检测题

1. 高效液相色谱定量的常用方法有哪些？各自的适用条件是什么？
2. 本实验采用哪种方法定量？简述该定量方法的简要步骤。

第十三章　其他仪器分析法

【项目任务】　快速检测纸质食品包装材料中荧光增白剂的含量

荧光增白剂被广泛应用于纸质材料、纺织品和洗涤剂中，以提高产品的亮白效果。荧光增白剂可分为二苯乙烯类、香豆素类、苯并噁唑类、萘酰亚胺类等，其中双三嗪氨基二苯乙烯类荧光增白剂的产量占各类荧光增白剂的80%以上，是造纸工业常用增白品，具有潜在的毒性作用。为防止不法商家将含有重金属、油墨等污染物的废旧纸张和纸板回收，再对纸浆荧光增白后用于生产食品包装材料，1989年我国就禁止在食品包装用原纸生产中添加荧光增白剂，2008年进一步限定了食品包装纸中增白剂的种类和最大用量。如何快速检测？可采用本章介绍的荧光分光光度法。

第一节　红外光谱法

红外光谱法又称红外分光光度法，属于分子吸收光谱法。红外光在可见光区和微波光区之间，波长范围约为0.75～1000μm，其中0.75～2.5μm称为近红外光区，2.5～25μm称为中红外光区，25～1000μm称为远红外光区。由于中红外光谱仪最为成熟、简单，而且目前已积累了该区大量的数据资料，因此它是应用极为广泛的光谱区。通常，中红外光谱法又简称为红外光谱法。

红外光谱法是利用物质对红外光区电磁辐射的选择性吸收，进行结构、定量和定性分析的一种方法。物质分子会吸收其特征红外光而发生振动能级跃迁，不同的化学键或官能团吸收频率不同，红外光谱法在物质鉴定、结构分析中有重要的应用价值。

一、红外光谱法基本原理

（一）振动频率与分子结构的关系

红外光谱是由于分子振动能级的跃迁（同时伴随转动能级跃迁）而产生的。

1. 双原子分子的简谐振动及其频率　分子的振动运动可近似地看成用弹簧连接着的小球的运动。以双原子分子为例，若把两原子间的化学键看成质量可以忽略不计的弹簧，长度为r（键长），两个原子的质量为m_1、m_2。如果把两个原子看成两个小球，则

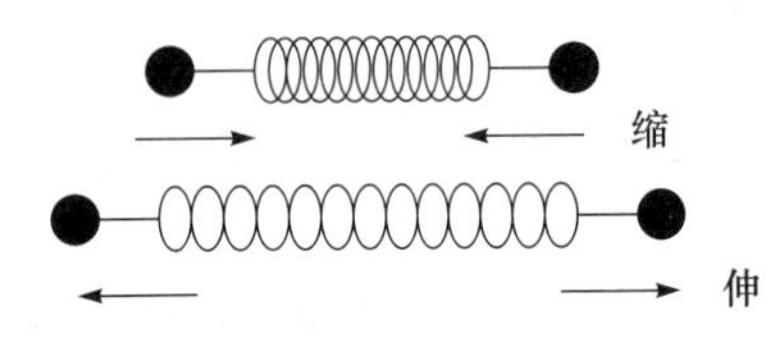

图 13－1 简谐振动及其频率

它们之间的伸缩振动可以近似地看成沿轴线方向的简谐振动。如图 13－1 所示：

把双原子分子称为谐振子，k 是化学键的力常数，与键能、键长及键类型有关。μ 为双原子分子的折合质量 $\mu = m_1 m_2 / (m_1 + m_2)$，其振动频率符合虎克定律：

$$\nu = \frac{1}{2\pi}\sqrt{\frac{k}{\mu}} \qquad (13-1)$$

红外光谱中常用“波数”来表示频率的大小。波数 σ 为波长的倒数，红外光谱中波长单位用微米，波数的单位用 cm^{-1}，$1cm = 10^4 \mu m$，波数与波长、频率的换算关系为：

$$\sigma = \frac{10^4}{\lambda} = \frac{\nu}{c} \qquad (13-2)$$

2. 伸缩振动频率及其与共价键结构的关系 红外光谱中，两个相邻的振动能级间的能量差为：

$$\Delta E = h\nu = \frac{h}{2\pi}\sqrt{\frac{k}{\mu}}$$

$$\sigma = \frac{1}{2\pi c}\sqrt{\frac{k}{\mu}} = 1307\sqrt{\frac{k}{\mu}} \qquad (13-3)$$

双原子分子的振动频率取决于化学键力常数和原子的质量，化学键越强，键力常数越大；相对原子质量越小，振动频率越高。

例如，C—C、C═C、C≡C 三种碳—碳键的折合原子量相同，而键力常数依次为单键＜双键＜叁键，所以波数也依次增大，σ_{C-C} 约为 $1430cm^{-1}$，$\sigma_{C=C}$ 约为 $1670cm^{-1}$，$\sigma_{C\equiv C}$ 约为 $2220cm^{-1}$；又如 C—C、C—N、C—O 三种键的键力常数相近，而折合原子量依次为 C—C＜C—N＜C—O，所以波数依次减少，σ_{C-C} 约为 $1430cm^{-1}$，σ_{C-N} 约为 $1330cm^{-1}$，σ_{C-O} 约为 $1280cm^{-1}$。

（二）分子中基团的基本振动形式

多原子分子基本振动类型可分为两类：伸缩振动和弯曲振动。图 13－2 是亚甲基的两类基本振动形式。

伸缩振动用 ν 表示，伸缩振动是指原子沿着键轴方向伸缩，使键长发生周期性变化的振动。伸缩振动的力常数比弯曲振动的力常数要大，因而同一基团的伸缩振动常在高频区出现吸收，周围环境的改变对频率的变化影响较小。弯曲振动用 δ 表示，弯曲振动又叫变形或变角振动。一般是指基团键角发生周期性变化的振动或分子中原子团对其余部分做相对运动。弯曲振动的力常数比伸缩振动的小，因此同一基团的弯曲振动在其伸缩振动的低频区出现，另外弯曲振动对环境结构的改变可以在较广的波段范围内出现，所以一般不把它作为基团频率处理。

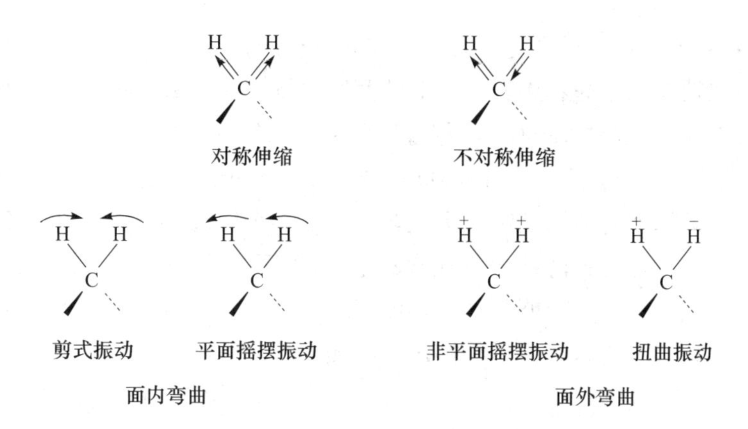

图 13－2 亚甲基的两类基本振动形式

＋表示由纸面向外 －表示由纸面向内

（三）红外谱图与光谱分区

当一定频率的红外光照射分子时，如果分子中某个基团的振动频率和红外光辐射的频率一样，二者就会产生共振，此时光的能量通过分子偶极矩的变化而传递给分子，这个基团就会吸收此频率的红外光，产生振动跃迁；如果红外光的振动频率和分子中各个基团的振动频率不符合，该部分红外光就不会被吸收。因此，若用连续改变频率的红外光照射某试样，由于该试样对不同频率的红外光的吸收不同，使通过试样后的红外光在某些波长范围内变弱（被吸收），另外一些范围内则较强（不吸收），将分子吸收红外光的情况用仪器记录就得到该试样的红外吸收光谱图。

图 13－3 为香草醛红外光谱图，红外光谱图以波数 σ（cm^{-1}）或波长 λ（μm）为横坐标，表示吸收峰的位置，多以透光率 $T\%$ 为纵坐标，表示吸收强度，较少用吸光度。

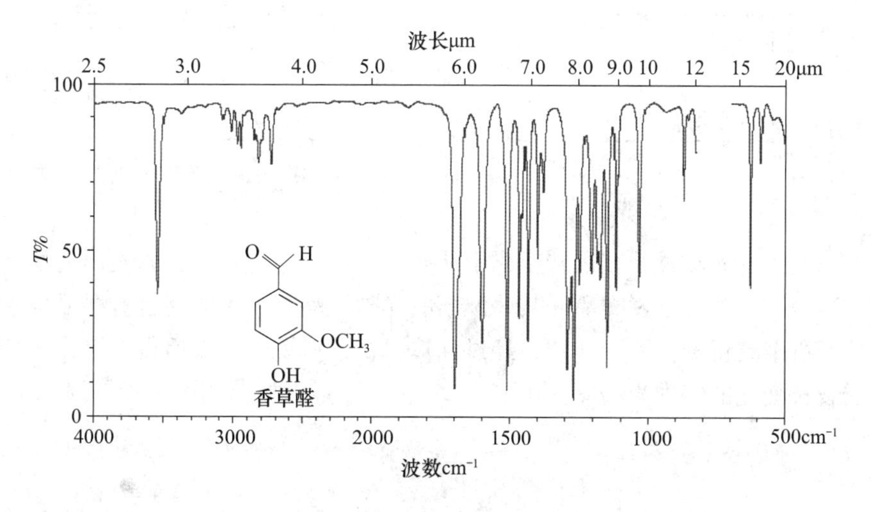

图 13－3 红外吸收光谱曲线

图谱中的吸光度最大的“峰”在下方，也就是正常视觉的“谷”，所以在红外光谱中“谷”越深（$T\%$ 小），吸光度越大，吸收强度越强。

根据形态和功能的不同，中红外光谱的两个区域 $4000 \sim 1300\text{cm}^{-1}$ 和 $1300 \sim 600\text{cm}^{-1}$ 分别为基团频率区（又称特征区）和指纹区两部分：

1. 基团频率区（特征区） 在 $4000 \sim 1300\text{cm}^{-1}$ 区间的峰是由伸缩振动产生的吸收带。有机物分子的一些官能团的特征吸收多发生在这个区域，分子的其他部分对其吸收位置影响较小。通常把这种能代表基团存在、有较高强度的吸收谱带称为基团频率区，简称特征区，特点是每一吸收峰都和一定的官能团相对应。由于是由伸缩振动产生的吸收带，比较稀疏，容易辨认，常用于鉴定官能团，又称官能团区。

2. 指纹区 在 $1300 \sim 600\text{cm}^{-1}$ 区域内，除单键的伸缩振动外，还有因变形振动产生的复杂谱带。这种振动与整个分子的结构有关。当分子结构稍有不同时，该区的吸收就有细微的差异，并显示出分子特征。这种情况就像人的指纹一样，因此称为指纹区。指纹区对于指认结构类似的化合物很有帮助，而且可以作为化合物存在某种基团的旁证。

二、红外光谱仪

傅里叶变换红外光谱仪 FT－IR 由光源、迈克尔逊干涉仪、样品池、检测器和计算机组成，如图 13－4 所示。FT－IR 光谱仪的主要光学部件是迈克尔逊干涉仪。

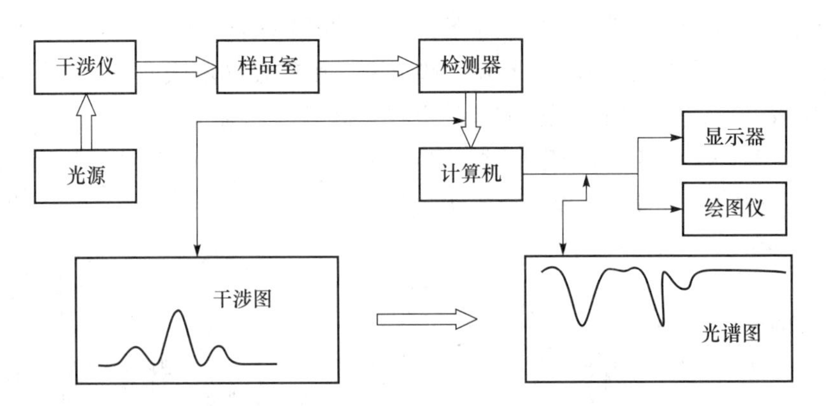

图 13－4 傅里叶变换红外光谱仪原理

由光源发出的光经过干涉仪转变成干涉光，干涉光中包含了光源发出的所有波长光的信息。当上述干涉光通过样品时某些波长的光被样品吸收，成为含有样品信息的干涉光，由计算机采集得到样品干涉图，经过计算机快速傅里叶变换后得到吸光度或透光率随频率或波长变化的红外光谱图。

三、红外光谱法应用

红外光谱作为“分子的指纹”广泛用于分子结构和物质化学组成的研究。根据分子对红外光吸收后得到谱带频率的位置、强度、形状以及吸收谱带和温度、聚集状态等的关系便可以确定分子的空间构型，求出化学建的力常数、键长和键角。红外光谱仪的主要作用是有机物结构分析，基于物质分子的特征吸收谱带位置、形态等推断分子中是否存在某一基团或化学键，或由特征吸收谱带频率的变化来推测邻近的基团或化学键的结构。除了结构分析之外，红外光谱仪也可通过测定特征吸收谱带处物质对红外光的吸收强度大小对化合物进行定量测定，但一般较少应用。

红外光谱法鉴别中药材是一种快速、简便、经济的新型分析技术，IR 可用于中药材的质量控制。

第二节 荧光分析法

根据物质的分子吸收光能后，所发射荧光的特征和强度，对物质进行定性或定量分析的方法，称为荧光分析法。荧光分析法灵敏度高、选择性好、试样量少、方法简单、操作快速，适于微量成分的分析。荧光分析法不仅可以直接测定有荧光的物质，也可通过衍生化反应测定无荧光的物质。

一、基本原理

（一）荧光的发光原理

分子有不同的运动形式及相应的能级状态，分子在室温时基本处于电子能级的基态，分子吸收能量后，电子能级跃迁到激发态，处于激发态的分子不稳定，其电子可以通过辐射跃迁或无辐射跃迁等释放多余的能量而回到基态。

从图 13－5 可以看出，具有荧光的物质，电子处在基态的最低振动能级（基态单重态 S_0，$v=0$、1、2、3、4）的分子吸收了与它所具有的特征频率相一致的光子后，跃迁至第一激发单重态（符号 S_1，$v=0$、1、2、3、4）或第二激发单重态中各个不同振动能级（第二激发单重态 S_2，$v=0$、1、2、3、4）。其后，大多数分子和周围的同类分子或其他分子碰撞而消耗能量，分子能量渐渐降低却不发光的能级变化叫振动弛豫，最后大部分的分子能量迅速降低至第一激发单重态的最低振动能级（S_1，$v=0$），分子在第一电子激发单重态的最低振动能级（S_1，$v=0$）停留约 10^{-9} 秒之后，通过辐射跃迁释放能量而返回至基态的各个不同振动能级（S_0，$v=0$、1、2、3、4），从而产生该物质所特有的荧光。

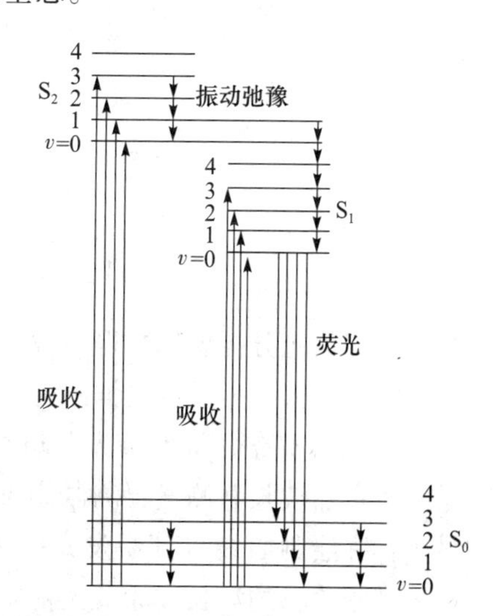

图 13－5 能级跃迁与荧光的产生

S 为电子能级 v 为振动能级

荧光分子与溶剂或其他分子之间相互作用，使荧光强度减弱的现象称为荧光猝灭，又称外转换。引起荧光强度降低的物质称为猝灭剂，当荧光物质浓度过大时，会产生自猝灭现象。通常，随着温度的增高，荧光物质溶液的荧光量子产率及荧光强度显著降低。

（二）荧光强度与分子结构的关系

分子产生荧光必须具备两个条件：首先分子必须具有与所照射的辐射频率相适应的结构，才能吸收激发光；其次吸收了与其本身特征频率相同的能量之后，必须具有一定的荧光量子产率。

荧光量子产率也称荧光效率，为物质发射荧光的光子数与吸收激发光的光子数的比值，用符号“φ”表示。

$$\varphi = \frac{\text{发射荧光的光子数}}{\text{吸收激发光的光子数}} \tag{13-4}$$

φ 数值在 0~1 之间。其大小取决于物质分子的化学结构及环境（温度、酸度、溶剂）。如荧光素水溶液 $\varphi = 0.65$，荧光素钠水溶液 $\varphi = 0.92$。

荧光的强弱与物质分子的哪些结构有关呢？研究发现，具有 $\pi-\pi$ 共轭双键的分子能发射较强的荧光，π 电子共轭程度越大，荧光强度就越大，大多数含芳香环、杂环的化合物能发出荧光，且 π 电子共轭越长，φ 越大。多数具有刚性平面结构的有机分子具有强烈的荧光，例如平面构型的荧光素具有较高的荧光效率。

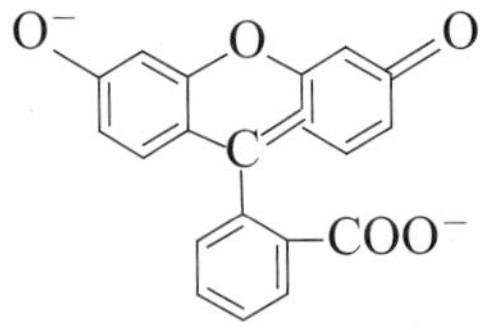

荧光素

二、荧光分析法的定性和定量

（一）荧光物质定性鉴定的依据

任何荧光分析仪都能得到激发光谱与发射光谱，这两种光谱的特征性与荧光物质结构的特殊性密切相关，可据此进行荧光物质的定性鉴定。

1. 激发光谱 固定荧光分析仪后端的荧光单色器波长，从小到大逐步调节前端的激发单色器波长并测量检测器接收到的荧光强度，以激发光波长为横坐标，荧光强度为纵坐标，绘制曲线得到激发光谱。激发光谱上荧光强度最大处波长（λ_{ex}）和次强峰、肩峰及吸收谷的波长作为荧光物质的定性鉴定依据。

2. 荧光光谱 固定激发光波长（λ_{ex}）和强度，改变荧光波长，测定不同荧光波长下的荧光强度，以荧光的波长为横坐标，荧光强度为纵坐标绘制曲线，所得荧光光谱又称发射光谱，荧光光谱中荧光强度最强的波长为λ_{em}。定量分析中一般以λ_{em}作为测定波长，此处荧光强度最大，信号最灵敏。同理，荧光光谱的λ_{em}及其他峰（谷）处的波长一起作为荧光物质定性的依据。

同一物质的激发光谱与荧光光谱互为镜像关系，形状极其相似，翻转一张谱线至适当角度两者可以完全重合，因为分子吸收光能的过程就是分子激发的过程。图 13－6 为蒽的激发光谱和荧光光谱。

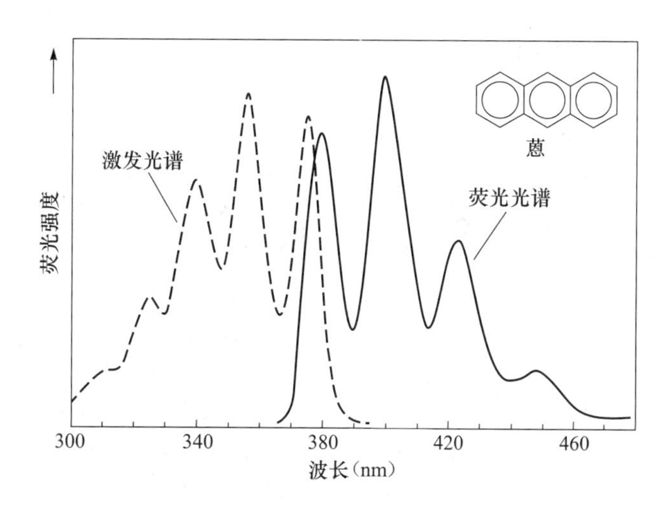

图 13－6　蒽的激发光谱和荧光光谱

（二）荧光强度与荧光效率、溶液浓度的关系

荧光强度等于吸收的光量和荧光量子产率 φ 之积。

$$I_f = \varphi I_a \qquad (13-5)$$

将 $A = -\lg T = \varepsilon cl$，$T = I_t/I_0$，以及 $I_t = I_0 - I_a$ 代入，整理可得：

$$I_f = \varphi I_0(1 - 10^{\varepsilon cl})$$

上式中，I_f 为荧光强度，φ 为荧光量子产率，I_0 是入射光强度，ε 为摩尔吸光系数，c 为浓度，l 为液池厚度。显然，荧光强度 I_f 与量子产率 φ 成正比，但与荧光物质浓度 c 并非线性响应的关系。实验证明：当荧光物质浓度极稀时，上式可简化为：

$$I_f = Kc \qquad (13-6)$$

上式是荧光定量分析的依据，但须注意，只有在极稀的溶液中（$\varepsilon cl \leqslant 0.05$）时，荧光强度与荧光物质浓度 c 呈线性关系。

三、荧光分析仪

荧光分析法的仪器为荧光分光光度计，荧光分光光度计结构示意图见图 13－7。光源发出的紫外可见光经激发单色器分光后的单色光，照射到样品溶液上，样品吸收激发光后，发出的荧光经过发射单色器分光后照射到检测器上，检测器将光信号转变为电信号，记录并显示。

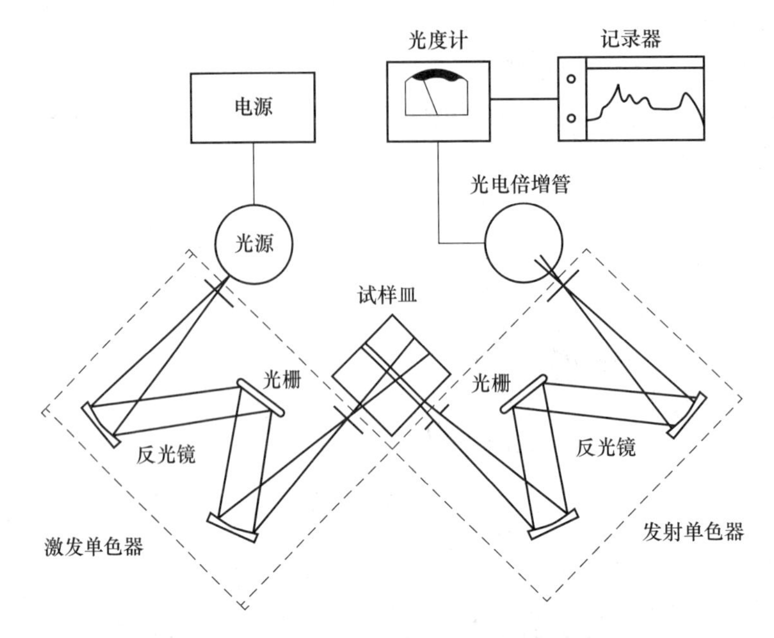

图 13-7 单光束荧光分光光度计结构示意图

荧光分光光度计的结构与紫外分光光度计十分相似，但有两个部分不同，一是荧光分光光度计具有两个单色器，位置在前的激发单色器用以选择激发波长，后一个发射单色器用于选择发射光的波长；二是进入发射单色器的荧光方向与激发单色器的激发光垂直，这样可以最大程度地消除穿过样品池的透射光的干扰。

荧光分析定量方法

1. 标准曲线法 配制一系列不同浓度的标准溶液，选用适宜的参比，在相同的条件下，测定系列标准溶液的荧光强度，作 I_f-c 标准曲线，再在相同条件下测定未知试样的荧光强度，由标准曲线就可求未知试样的浓度。

2. 标准对比法 将待测溶液与某一标准溶液，在相同的条件下，测定各自的荧光强度，根据两个等比公式列比例，从而求出待测溶液浓度。

四、荧光分析法的特点及应用

虽然在紫外线照射下能发生荧光的无机物很少，但许多元素与有机试剂所组成的配合物，在紫外线照射下会发生荧光，由其荧光强度和标准曲线可以测定该元素的含量。临床常用荧光光谱法测定葡萄糖、胆红素、叶胆原、胆汁酸和某些激素。另外，荧光分光光度计作为高效液相色谱、薄层色谱和高效毛细管电泳等的检测器，使色谱技术这一有效的分离手段与高灵敏度、高选择性的定量检测方法结合，可用于复杂混合体系中多种药物成分的测定。

【完成项目任务】 快速检测纸质食品包装材料中荧光增白剂的含量

荧光分光光度法测定荧光增白剂的含量如下：

1. 样品前处理 精密称取纸质食品包装材料碎屑，用乙醇－水（1：4）于60℃下超声提取，提取液定容后离心，取上清液供检测。

2. 标准曲线 配制浓度为5.00、12.5、25.0、50.0、100、200和400ng/mL的系列标准溶液。在激发波长350nm、发射波长430nm、狭缝宽度5nm条件下，测定其荧光强度，绘制标准曲线。

3. 样品的测定 在激发波长350nm、发射波长430nm、狭缝宽度5nm条件下，测定样品溶液的荧光值。由标准曲线，求出样品溶液浓度

第三节　原子吸收光谱法

原子吸收光谱法又称原子吸收分光光度法（AAS），光源辐射出的待测元素的特征谱线通过样品的原子蒸气时，被蒸气中待测元素的基态原子所吸收，可通过测量基态原子对特征谱线的吸收程度进行定量分析。使用的仪器是原子吸收分光光度计，原子吸收分光光度法是痕量金属元素分析的主要方法之一。此方法的灵敏度高，选择性好，准确度达可1%～5%。

一、基本原理

（一）共振吸收与特征谱线

原子核外电子不同的排布状态对应不同的能级状态，每个电子的能量是由它所处的能级所决定。不同能级间的能量差是不同的而且是量子化的。原子光谱是原子最外层电子跃迁产生的。在一般情况下，原子处于能量最低状态（最稳定态），称为基态（$E_0=0$）。当原子吸收外界能量被激发时，其最外层电子可跃迁到较高的不同能级上，原子的这种运动状态称为激发态。原子对辐射能选择性吸收而产生的光谱称为原子吸收光谱。处于激发态的电子很不稳定，一般在极短的时间（10^{-8}～10^{-7}秒）便跃回基态（或较低的激发态），此时，原子以电磁波的形式放出能量，可发射相同频率的辐射跃回到基态，因此产生的光谱为原子发射光谱。吸收的光谱线频率范围极小，所以吸收光谱呈细线状。

$$\Delta E=E_n-E_0=h\nu=h\frac{c}{\lambda} \quad (13-7)$$

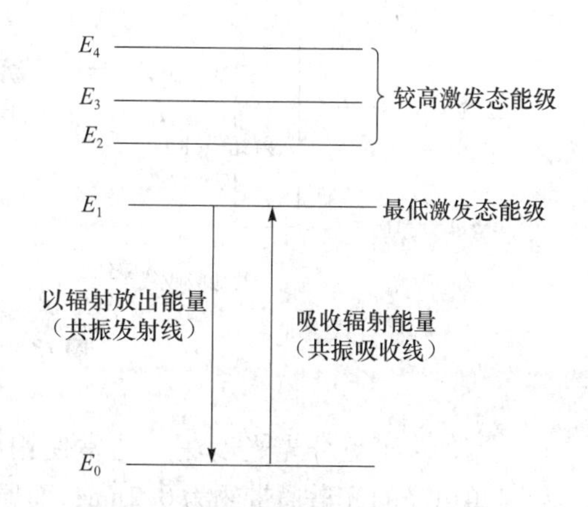

图13－8　原子光谱的发射和吸收示意图

原子外层电子由第一激发态直接跃迁至基态所辐射的谱线称为共振发射线；原子外层电子从基态跃迁至第一激发态所吸收的一定波长的谱线称为共振吸收线；共振发射线和共振吸收线都简称为共振线。

共振线是特征谱线，各种元素的原子结构和核外电子排布不同，基态到第一电子激发态吸收的能量各异，吸收频率不同，共振线不同，各有特征，又称“特征谱线”。共振线是元素的灵敏线，常做分析线，因为从基态到第一电子激发态的直接跃迁所需能量最低，最容易，大多数元素吸收也最强。同一种元素的原子只能发射和吸收自己的特征谱线。详见表 13-1。

表 13-1 部分元素常用光谱特征线（nm）

元素	灵敏线	次灵敏线	元素	灵敏线	次灵敏线
Ag	328.068	338.289	Mg	285.213	279.553，202.580，230.270
Al	309.271	308.216，309.284，394.403	Mn	279.482	222.183，280.106，403.307
As	188.990	193.696，197.197	Fe	248.327	208.412，248.637，252.285
Au	242.795	267.595，274.826，312.278	Ga	287.424	294.418，403.298，417.206

原子共振发射线和共振吸收线的中心频率 ν_0 相等，这个频率叫共振频率，表现在元素的原子吸收光谱（详见表 13-1）上就是元素的一条灵敏线。

（二）谱线轮廓与峰值吸收

原子吸收谱线不是一条严格的几何线，而是具有一定的宽度和形状，通常称为谱线的轮廓。如图 13-9，K_ν 对 ν 作图得到的曲线即为吸收线的轮廓，ν_0 中心频率处有极大值 K_0，为峰值吸收系数。K_0 一半处的谱线宽度，称为吸收线半宽度，以 $\Delta\nu$ 表示。吸收线的半宽度约为 0.001 ~ 0.05nm，发射线的半宽度约为 0.0005 ~ 0.002nm，发射线更窄。

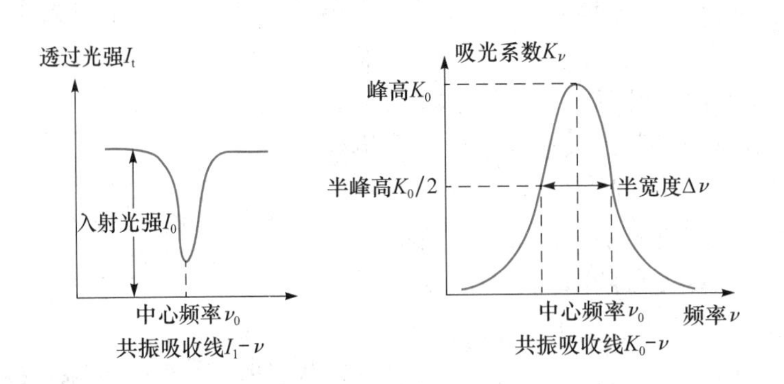

图 13-9 吸收线轮廓

紫外-可见分光光度法中通常使用的连续光源（钨丝灯或氘灯），经单色器分光后，单色光的光谱通带约为 0.2nm；而原子吸收线半宽度约为 10^{-3}nm。如图 13-10。

若用一般光源的 0.2nm 光谱通带照射原子蒸气时，由待测原子吸收光所引起光的强度变化仅为0.5%，测量灵敏度极差。原子蒸气所吸收的全部能量为吸收曲线下的总面积。谱线下所围面积（积分吸收）与单位体积原子蒸气中吸收辐射的基态原子数 N_0 呈线性关系，这是原子吸收分光光度法的基础。但测量如此窄（10^{-3}nm）的积分吸收要求单色器的分辨率达50万以上，这是目前技术下无法解决的难题。1955年A. Walsh提出了采用所发光比吸收谱带还窄的锐线光源，以峰值吸收代替积分吸收的办法，很好地解决了这个问题。所谓锐线光源就是能发射出谱线半宽度很窄的发射线（待测元素共振线）的光源。这样一来，由于共振发射线的中心频率与吸收线的中心频率完全重合，通过测量峰值吸收进行定量分析。如图13－11。

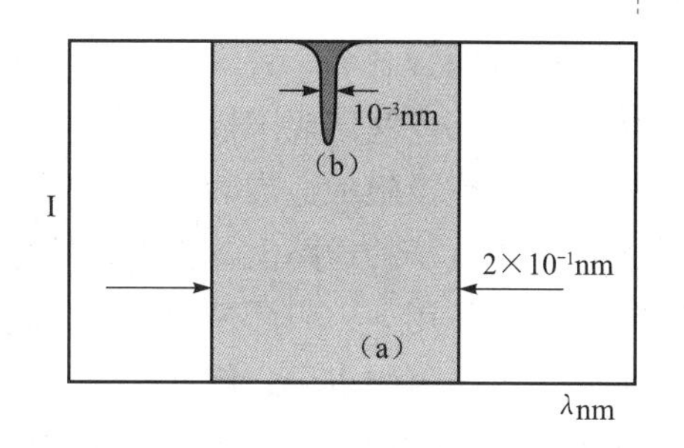

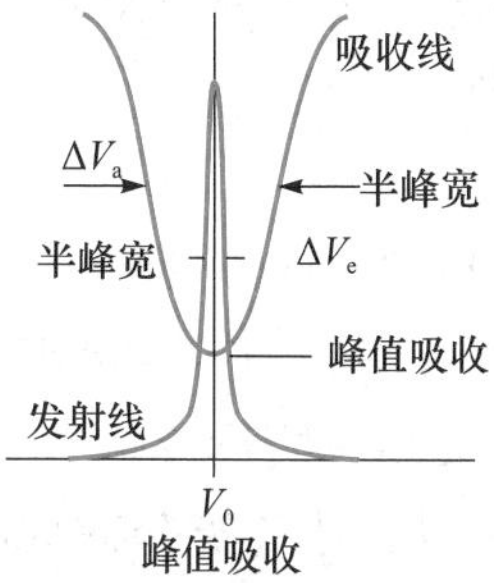

图13－10　连续光谱（a）与原子吸收线（b）的通带宽度

图13－11　峰值吸收的测量

在一定条件下，当使用锐线光源时，吸光度 A 与单位体积原子蒸气中待测元素的基态原子数 N_0 成正比。

$$A = K'N_0 \tag{13－8}$$

实际分析中原子蒸气厚度一定，试样中待测元素的浓度与蒸气中吸收辐射的原子总数成正比。因此，在一定实验条件下，吸光度与试样中待测元素的浓度成正比：

$$A = Kc \tag{13－9}$$

这是原子吸收分光光度分析的定量基础。

二、原子吸收分光光度计

原子吸收分光光度计基本结构如图13－12所示，由光源、原子化系统、光路系统和检测系统等四个部分组成。

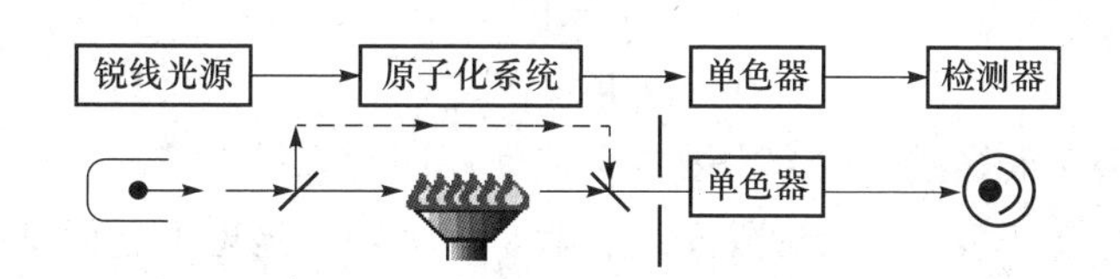

图13－12　原子吸收分光光度计结构图

（一）光源

光源的作用是提供待测元素的特征谱线。目前的光源有蒸气放电灯、无极放电灯及空心阴极灯。应用最广泛的是空心阴极灯，结构如图13－13所示，空心阴极灯是一个封闭的气体放电管，管壳由带有石

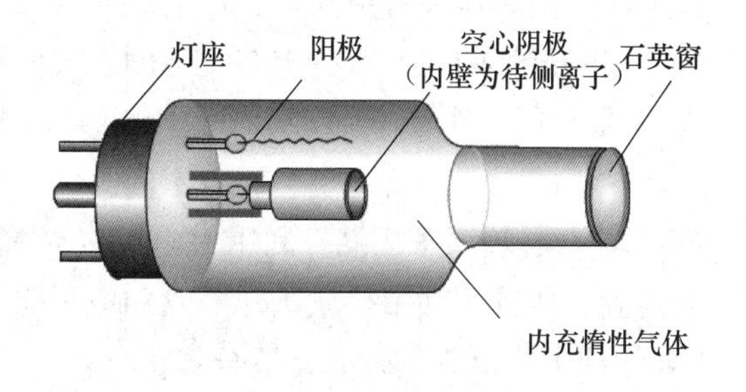

图13－13　空心阴极灯

英窗的玻璃管制成，管内充入低压惰性气体，用待测元素纯金属或合金制成圆柱形空心阴极，用钨或钛做成阳极。

当两电极施加适当的电压，便开始辉光放电。此时，电子从空心阴极内壁射向阳极，并在电子的通路上与惰性气体原子发生碰撞并使之电离，带正电荷的惰性气体离子在电场的作用下，向阴极内壁猛烈地轰击，使阴极表面的金属原子溅射出来，溅射出来的金属原子再与电子、惰性气体原子及离子发生碰撞并被激发，在返回基态时发射出待测元素的特征谱线。由于共振线宽度很窄（0.0005nm），所以空心阴极灯是锐线光源。

（二）原子化器

原子化器的作用是提供一定的能量，将待测元素转变成基态原子（原子蒸气）并使其进入光源的辐射光程的装置。试样中待测元素转变成基态原子的过程称为原子化过程。原子化器一般分为火焰型原子化器和无火焰原子化器。火焰型原子化器应用较广，技术成熟，但是原子化率比较低。无火焰原子化器原子化效率较高，仪器灵敏度高，以石墨炉原子化器最常用。

1. 火焰原子化器 为利用火焰的热能进行原子化的装置，如图 13－14 所示。

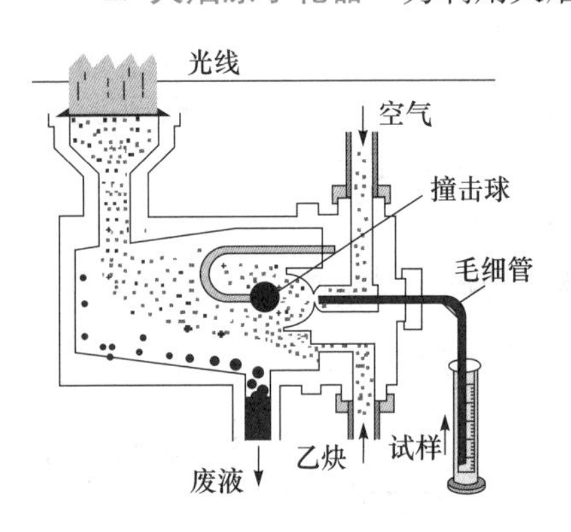

图 13－14 火焰原子化器

高压助燃气（如空气、O_2、N_2O 等）从毛细管的环隙间高速通过，在环隙至喷嘴之间形成负压区，从而使试液沿毛细管吸入，并被高速气流分散成雾滴，喷出的雾滴碰撞撞击球分散成更细小的雾滴。

试样溶液雾化后进入预混合室与燃气（如乙炔、丙烷及氢气等）在室内混合，较大的雾滴凝结并从下方废液口排出，而最细的雾滴则进入火焰，在火焰的高温下进行原子化。燃烧器所配置的喷灯主要是“长缝型”，一般是单缝式喷灯，且有不同的规格。常用的是适合于空气－乙炔火焰，缝长（吸收光程）为 10～11cm，缝宽 0.5～0.6mm 的喷灯头。

火焰原子化法对火焰温度的基本要求是能使待测元素最大限度地离解成游离的基态原子。火焰温度过高，蒸气中的激发态原子数目就大幅度地增加，而基态原子数会相应地减少，影响吸收度的测定。故在保证待测元素充分离解成基态原子的前提下，低温度火焰比高温火焰具有更高的测定灵敏度。

火焰温度的高低取决于燃气与助燃气的比例及流量，而燃助比的相对大小又会影响火焰的性质（即贫焰性或富焰性火焰），火焰性质的不同，则测定时的灵敏度、稳定性及所受到的干扰等情况也会有所不同。

2. 石墨炉原子化器 利用大电流（常高达数百安）通过高阻值的石墨管时所产生的高温，使置于其中少量试样蒸发和原子化。由于原子化效率高，石墨炉法的相对灵敏度可达 10^{-9}～10^{-12}g/mL，适合痕量分析。

石墨炉原子化器一般由计算机自动控制，采取干燥、灰化、原子化和净化四步程序升温。先通小电流，在100℃左右进行试样的干燥，主要目的是除去溶剂和水分。通常在100℃～1800℃进行灰化，以除去基体或其他元素的干扰。然后再升温进行试样原子化，温度根据需要选定，最高可达3000℃。测定后将石墨炉加高温空烧一段时间净化，将前一样品余留的待测元素挥发掉，消除记忆效应。

（三）光学系统

光学系统的作用是将待测元素的特征谱线与邻近谱线分开。基本组成与紫外－可见分光光计单色器相同。

（四）检测系统

检测系统的作用是将透过单色器的光信号转变成电信号并放大，显示或记录读数。检测系统包括检测器、放大器、对数转换器及显示装置等。

检测器为光电倍增管，光电倍增管将光信号转换为电讯号，经放大器将讯号放大后，再传给对数转换器，将放大后的讯号转换为光度测量值，最后在显示装置上显示出来。配合计算机及相应的数据处理，则直接给出测定的结果。

三、AAS的定量分析方法

（一）标准曲线法

配制一组浓度由低到高、大小合适的标准溶液，依次在相同的实验条件测定各种标准溶液的吸光度，以吸光度 A 为纵坐标，标准溶液浓度 c 为横坐标作图，则可得到标准曲线。在同一条件下测定样品溶液的光度 A_x 值，即可用 $A-c$ 标准曲线求出 A_x 相应的浓度 c_x 值。

（二）标准加入法

当试样基体影响较大，且又没有纯净的基体空白，或测定纯物质中极微量的元素时采用标准加入法，可弥补不足。

取相同体积的试液两份，置于两个完全相同的容量瓶（A和B）中。另取一定量的标准溶液加入到B瓶中，将A和B均稀释到刻度后，分别测定它们的吸光度。若试液的待测组分浓度为 c_x，标准溶液的浓度为 c_0，A液的吸光度为 A_x，B液的吸光度为 A_0，则根据比耳定律有：

$$A_x = kc_x$$

$$A_0 = k(c_x + c_0)$$

整理以上两式得：

$$c_x = \frac{A_x}{A_0 - A_x} \cdot c_0 \qquad (13-10)$$

四、原子吸收光谱法的应用

原子吸收光谱分析法具有测定灵敏度高、特效性强、抗干扰性能好、应用广泛、稳定性好等特点，该方法能分析元素周期表中绝大多数的金属与非金属元素，直接或者间接用于元素成分分析。目前，原子吸收光谱法被广泛地应用于化工、地质、环保、生物制剂、临床医学及中药材和食品检验等领域。

第四节 质 谱 法

质谱法是利用离子化技术将待测物质转化为碎片离子，利用电场和磁场将运动着的碎片离子，按其质荷比大小分离并检测，进行成分及结构分析的方法。质谱法是测定有机化合物结构的重要手段之一。特别是色谱－质谱联用技术为最有前途的分析技术之一。

质谱法的特点是分析范围广（无机物、有机物、同位素），取样量少（1mg 或几μg），速度快（数分钟），灵敏度高（10^{-9}g）。缺点是测定过程中化合物必须汽化；仪器昂贵，维护复杂，不易普及。质谱法一般分为同位素质谱法、无机质谱法和有机质谱法。本节只简单介绍有机质谱法。

一、质谱法的基本原理

根据经典电磁理论，不同大小的带电微粒在磁场中运动时受力的大小不同，且受力方向与前进方向垂直，其运动轨迹会发生不同程度的曲线偏移。质谱法正是利用了这一点，如图 13－15 所示质谱分析仪。

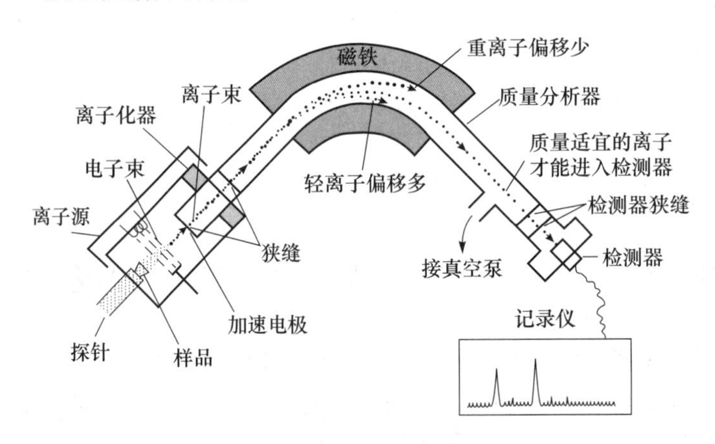

图 13－15 质谱仪的构造

质谱分析仪先将电离室中样品分子碎裂成带正电的离子，再用电场 U 将碎裂的分子离子（碎片离子）加速进入强磁场，再通过磁场将运动着的离子（分子离子、碎片离子）按它们的质荷比（m/z，离子质量与电荷之比）分离后予以检测，经过综合分析后得到有机化合物的分子量、分子式、基团及特殊结构的信息。

离子在电场中受电场力作用而被加速，加速后动能等于其位能，即：

$$\frac{1}{2}mv^2 = zU \qquad (13-11)$$

式中：m 为离子质量；z 为离子电荷；v 为加速后离子速度；U 为电场电压。

经加速后离子进入磁场，运动方向与磁场垂直，受磁场力作用（向心力）产生偏转，同时受离心力作用。

向心力（洛伦兹力）$= zvH$，离心力 $= mv^2/R$，离心力和向心力相等，即：

$$zH = \frac{mv}{R} \tag{13-12}$$

式中：H 为磁场强度；R 为离子运动轨道曲率半径。

由式 13－11 和 13－12 整理得：

$$\frac{m}{z} = \frac{H^2R^2}{2U} \tag{13-13}$$

亦即：

$$R = \frac{1}{H} \times \sqrt{\frac{2Um}{z}} \tag{13-14}$$

由此可见，R 取决于 U、H 和 m/z，若 U、H 一定，则 R 与 $(m/z)^{1/2}$ 成正比。实际测量时控制 R、U 一定，调节 H（磁场扫描，简称扫场），或 H、R 固定调节 U（电压扫描，简称扫压），就可使各种离子将按 m/z 大小顺序到达出口狭缝，进入收集器，这些讯号经放大器放大后输给记录仪，记录仪就会绘出质谱图。

二、质谱仪的构造

质谱仪由进样系统、离子化系统、质量分析器、离子检测器和记录系统组成，同时辅以电学系统和真空系统保证仪器的正常运转。

样品经进样系统导入后进入处于高真空状态的离子化系统进行电离，常规的电离方法是电子轰击电离法。它是利用灯丝加热时产生的热电子与气相中的有机分子相互作用，使分子失去价电子，电离成为带正电荷的分子离子。如果分子离子的内能较大，就可能发生化学键的断裂，生成 m/z 较小的碎片离子。这些离子和碎片在电磁场的引导下进入质量分析器，利用离子在磁场或电场中的运动性质，可将不同质荷比的离子分开，然后由检测器分别测量离子流的强度，得到质谱图。在相同的实验条件下，每一种有机分子都有独特的、可以重复的碎裂方式，得到特定的质谱图，而分子结构不同，质谱图也不同，根据峰的位置可以进行定性和结构分析，而峰的强度是和离子数成正比的，可据此得到样品的定量信息。

三、质谱的表示

质谱常采用质谱图和质谱表来表示。

1. 质谱图 绝大多数质谱用线条图表示，如图 13－16 所示。

在二氯甲烷的质谱图中，横坐标表示质荷比（m/z），实际上指离子质量。纵坐标表示离子的相对丰度，也叫相对强度。相对丰度是以最强的峰（叫基峰）作为标准，它的强度定为 100，其他离子峰以基峰的百分比表示其强度。图中 m/z 49 的峰为基峰。质谱图比较直观，但相对丰度比不够精确。

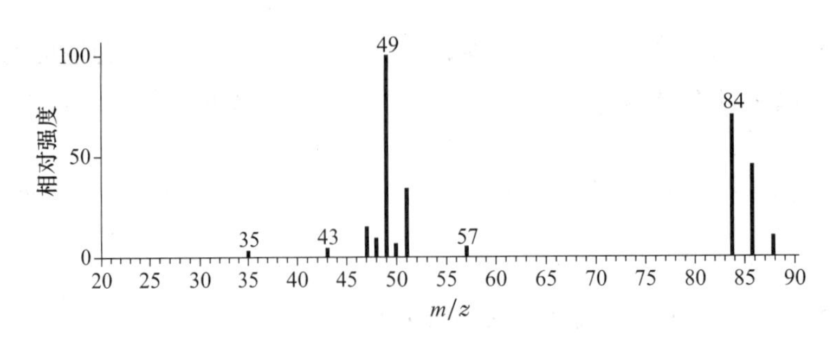

图 13-16　二氯甲烷的电子轰击质谱

2. 质谱表　化合物裂解后，碎片离子的质荷比（m/z）、离子的相对丰度都以表格形式列出来，如表 13-2 所示。

表 13-2　苯甲酸丁酯的分子离子、碎片离子质荷比（m/z）和相对丰度

m/z	相对丰度	m/z	相对丰度	m/z	相对丰度	m/z	相对丰度	m/z	相对丰度
27	3.6	43	5.9	65	0.4	105	100.0	135	13.0
28	1.5	50	3.0	76	2.0	106	7.8	149	0.3
29	5.1	51	1.1	77	37.0	107	0.5	163	0.3
39	2.4	52	0.8	78	3.0	121	0.3	178	2.0
40	0.3	55	2.7	79	5.1	122	17.0	179	0.3
41	6.0	56	19.0	80	0.3	124	5.3		
42	0.3	57	1.5	104	0.7	125	0.5		

四、质谱的解析和应用

质谱在有机化合物结构鉴定中的作用主要是测定化合物的相对分子质量，以此确定分子式；提供某些一级结构的信息；推导化合物的分子结构式。

（一）相对分子质量的确定

测定相对分子质量的根本问题是如何判断未知物的分子离子（M^+）峰，一旦分子离子峰在谱图中的位置被确定下来，它的 m/z 值即给出了化合物的相对分子质量。

由分子离子形成的峰叫分子离子峰。一般位于质谱图质荷比最高位置的一端，它的质量数是化合物的分子量。

1. 利用氮规则确证分子离子峰　由 C、H、O、N 组成的化合物中，若含奇数个氮原子，则分子离子的相对质量一定是奇数；若含偶数个氮原子或不含氮原子，则分子离子的相对质量一定是偶数。

2. 准确的分子离子峰可通过寻找它和它的碎片峰的 m/z 关系来证明　初步确定的分子离子峰与邻近碎片离子峰之间的质量差若是合理的，那么被确定的分子离子峰可能成立，否则就是错误的。质量差为 15（CH_3）、18（H_2O）、31（OCH_3）、43（CH_3CO）等均是合理的质量差，而质量差为 4、14、21、23、37、38、50、53 是不合理的。

（二）分子式的确定

质谱法是测定化合物分子式的唯一方法，分子式的确定对物质结构的推测至关重要。

1. 利用高分辨质谱仪的数据库检索，确定未知物的分子式 质谱仪中的数据库已存有各种元素组成的精确相对质量，用初步确定的分子离子相对质量在谱库中用计算机对分子式进行检索，找到相对质量数最为接近的分子式。

2. 利用分子离子峰的同位素峰簇的相对丰度和氮规则确定分子式 组成有机化合物的元素一般都含有重同位素。因此，在质谱中会出现含这些同位素的离子峰。在自然界中各种同位素的丰度比率是恒定的，这种比率称为同位素天然丰度比，它是重同位素丰度对最轻同位素丰度的百分比。如^{13}C和^{12}C的天然丰度比为$^{13}C/^{12}C=1.12\%$。常见元素的同位素天然丰度比，见表13－3。

表13－3 常见元素的同位素天然丰度比

同位素	^{13}C	^{3}H	^{17}O	^{18}O	^{15}N	^{33}S	^{34}S	^{37}Cl	^{81}Br
相对丰度比%	0.12	0.0145	0.037	0.204	0.366	0.80	4.44	31.96	97.92

1963年，J. H. Beynon等计算了相对分子质量在500以下只含C、H、O、N化合物M^+、$(M+1)^+$、$(M+2)^+$的相对丰度，并列成表。若每一个峰的丰度都和表中$(M+1)^+$、$(M+2)^+$各丰度计算值相近的元素组成，并符合氮规则，该式子即为未知物的分子式。

例如：已知下列质谱数据，确定其分子式。

m/z	相对丰度	*m/z*	相对丰度	*m/z*	相对丰度
150（M）	100	150（M+1）	9.9	150（M+2）	0.9

查Beynon表，相对分子质量为150的式子共29个，相对丰度比较接近的有6个：

分子式	M+1	M+2	分子式	M+1	M+2
$C_2H_{10}N_2$	9.25	0.38	$C_8H_{12}N_3$	9.98	0.45
$C_8H_8NO_2$	9.23	0.73	$C_9H_{10}O_2$	9.96	0.84
$C_8H_{10}N_2O$	9.61	0.61	$C_9H_{13}NO$	10.34	0.68

根据氮规则，相对分子质量为150，应含偶数个氮或不含氮，这样又排除了3个分子式，在剩余的3个分子式中相对丰度最接近的分子式为$C_9H_{10}O_2$。

（三）应用

液质联用（HLPC－MS）又叫液相色谱－质谱联用技术，它以液相色谱作为分离系统，质谱为检测系统。样品在质谱部分和流动相分离，被离子化后，经质谱的质量分析器将离子碎片按质量数分开，经检测器得到质谱图。液质联用体现了色谱和质谱的优势互补，将色谱对复杂样品的高分离能力，与MS所具有的高选择性、高灵敏度及能够提供相对分子质量与结构信息的优点结合起来，在药物分析、食品分析和环境分析等许多领域得到了广泛的应用。

本章小结

1. 红外光谱法是利用物质对红外光区电磁辐射的选择性吸收进行分析的方法，是分子振动能级跃迁而产生的吸收光谱，主要用于有机物的结构鉴定，依据红外吸收光谱的峰位、峰强和峰形，推断化学结构。

2. 荧光分析法是根据物质的分子吸收光能后，所发射荧光的特征和强度，对物质进行定性或定量分析的方法。荧光分析法是发射光谱，依据激发光谱、荧光光谱的特征定性，依据荧光的强度定量。

3. 光源辐射出的待测元素的特征谱线通过样品的原子蒸气时，被蒸气中待测元素的基态原子所吸收，通过测量基态原子对特征谱线的吸收程度进行定量分析的方法为原子吸收分光光度法。主要用于金属元素的定量分析。

4. 质谱法利用电场和磁场将运动着的待测物质的碎片离子，按其质荷比大小先分离，然后进行检测的分析方法，主要用于结构及分子量测定。

目标检测

一、选择题

1. 用红外光谱法时，试样状态可以是（　　）
   A. 气体状态　　B. 固体状态
   C. 液体状态　　D. 气体、液体、固体状态都可以

2. 红外吸收光谱的产生是由于（　　）
   A. 分子振动、转动能级跃迁　　B. 分子内层电子能级跃迁
   C. 原子外层电子能级跃迁　　D. 分子外层电子的能级跃迁

3. 下列说法正确的是（　　）
   A. 荧光发射波长大于激发波长　　B. 荧光发射波长小于激发波长
   C. 荧光光谱形状与激发波长无关　　D. 荧光光谱形状与激发光波长有关

4. 荧光物质的荧光强度与该物质的浓度成线性关系的条件是（　　）
   A. 单色光　　B. $c \leqslant 0.05$
   C. 入射光强度 I_0 一定　　D. 样品池厚度一定

5. 荧光是指某些物质经入射光照射后，吸收了入射光的能量，辐射出比入射光（　　）
   A. 波长长的光线　　B. 波长短的光线　　C. 能量大的光线　　D. 频率高的光线

6. 一种酯（$M = 116g/mol$），质谱图上在 m/z 57（100%）、m/z 29（27%）及 m/z 43（27%）处均有离子峰，初步推测其可能结构如下，该化合物结构为（　　）

A. $(CH_3)_2CHCOOC_2H_5$　　B. $CH_3CH_2COOCH_2CH_2CH_3$

C. $CH_3(CH_2)_3COOCH_3$　　D. $CH_3COO(CH_2)_3CH_3$

7. 在磁场强度保持恒定，而加速电压逐渐增加的质谱仪中，首先通过固定收集器狭缝的是（　　）

A. 质荷比最高的正离子　　B. 质荷比最低的正离子

C. 质量最大的正离子　　D. 质量最小的正离子

8. 某化合物用一个具有固定狭缝位置和恒定加速电位 U 的质谱仪进行分析，当磁场强度 H 慢慢地增加时，则首先通过狭缝的是（　　）

A. 质荷比最高的正离子　　B. 质荷比最低的正离子

C. 质量最大的正离子　　D. 质量最小的正离子

9. 在质谱图上，由下列哪一种离子产生 m/z 64 的峰（　　）

A. $C_2H_3O^+$　　B. $C_6H_{11}O^+$　　C. $C_{10}H_8^{2+}$　　D. $C_2H_4I^+$

10. 当用高能量电子轰击气体分子时，气体分子中的外层电子可被击出成带正电的离子，并使之加速导入质量分析器中，然后按质荷比（m/z）的大小顺序进行收集和记录下来，得到一些图谱，根据图谱峰而进行分析，这种方法称为（　　）

A. 质谱法　　B. 电子能谱法　　C. X 射线分析法　　D. 红外分光光度法

二、填空题

1. 荧光分析法依据________光谱与________光谱进行定性分析。

2. 在红外光谱中，通常把 4000 ~ 1500cm^{-1}的区域称为________区（又称特征区），把 1500 - 400cm^{-1}的区域称为________区。

3. 一般多原子分子的振动类型分为________振动和________振动。

4. 一般情况下，溶液的温度________，溶液中荧光物质的荧光强度或荧光量子产率越高。

5. 荧光分光光度计中光源与检测器呈________角度。这是因为________。

6. 荧光分光光度计中，第一个单色器的作用是________，第二个单色器的作用是________。

7. 除同位素离子峰外，分子离子峰位于质谱图的________，它是分子失去________生成的，故其质荷比值是该化合物的________。

8. 荧光量子产率________，荧光强度越大。

9. 分子结构不同，质谱图也不同，根据峰的________可以进行定性和结构分析、而峰的强度是和离子数成________比的，可据此得到样品的定量信息。

三、判断题

1. 红外光谱法是利用物质对红外电磁辐射的选择性吸收特性，来进行结构分析、定性和定量分析的一种分析方法。

2. 红外光谱区在可见光区和微波光区之间，其波长范围为0.78～1000μm。

3. 在一定条件下，物质的荧光强度与该物质的任何浓度成线性关系。

4. 荧光光谱的形状与激发光谱的形状常形成镜像对称。

5. 荧光光谱的形状与激发波长有关。选择最大激发波长，可以得到最佳荧光光谱。

6. 原子吸收分光光度法不能测定金属的含量。

7. 测定相对分子质量的根本问题是如何判断未知物的分子离子（M^+）峰，一旦分子离子峰在谱图中的位置被确定下来，它的 m/z 值即给出了化合物的相对分子质量。

8. MS是测定化合物分子式的唯一方法，分子式的确定对物质结构的推测至关重要。

附录一 弱酸在水中的解离常数（25℃）

名称	化学式	K_a	pK_a
砷酸	H_3AsO_4	6.3×10^{-3} (K_1)	2.20
		1.05×10^{-7} (K_2)	6.98
		3.2×10^{-12} (K_3)	11.50
硼酸	H_3BO_3	5.8×10^{-10} (K_1)	9.24
		1.8×10^{-13} (K_2)	12.74
		1.6×10^{-14} (K_3)	13.80
次溴酸	HBrO	2.4×10^{-9}	8.62
氢氰酸	HCN	6.2×10^{-10}	9.21
碳酸	H_2CO_3	4.2×10^{-7} (K_1)	6.38
		5.6×10^{-11} (K_2)	10.25
次氯酸	HClO	3.2×10^{-8}	7.50
氢氟酸	HF	6.61×10^{-4}	3.18
高碘酸	HIO_4	2.8×10^{-2}	1.56
亚硝酸	HNO_2	5.1×10^{-4}	3.29
磷酸	H_3PO_4	7.52×10^{-3} (K_1)	2.12
		6.31×10^{-8} (K_2)	7.20
		4.4×10^{-13} (K_3)	12.36
焦磷酸	$H_4P_2O_7$	3.0×10^{-2} (K_1)	1.52
		4.4×10^{-3} (K_2)	2.36
		2.5×10^{-7} (K_3)	6.60
		5.6×10^{-10} (K_4)	9.25
氢硫酸	H_2S	1.3×10^{-7} (K_1)	6.88
		7.1×10^{-15} (K_2)	14.15
亚硫酸	H_2SO_3	1.23×10^{-2} (K_1)	1.91
		6.6×10^{-8} (K_2)	7.18
硫酸	H_2SO_4	1.0×10^{3} (K_1)	-3.0
		1.02×10^{-2} (K_2)	1.99
硫代硫酸	$H_2S_2O_3$	2.52×10^{-1} (K_1)	0.60
		1.9×10^{-2} (K_2)	1.72
亚硒酸	H_2SeO_3	2.7×10^{-3} (K_1)	2.57
		2.5×10^{-7} (K_2)	6.60

续表

名称	化学式	K_a	pK_a
硒酸	H_2SeO_4	1×10^{3} (K_1)	-3.0
		1.2×10^{-2} (K_2)	1.92
甲酸	HCOOH	1.8×10^{-4}	3.75
乙酸	CH_3COOH	1.74×10^{-5}	4.76
草酸	$(COOH)_2$	5.4×10^{-2} (K_1)	1.27
		5.4×10^{-5} (K_2)	4.27
丙酸	CH_3CH_2COOH	1.35×10^{-5}	4.87
乳酸（丙醇酸）	$CH_3CHOHCOOH$	1.4×10^{-4}	3.86
酒石酸	HOCOCH(OH)CH(OH)COOH	1.04×10^{-3} (K_1)	2.98
		4.55×10^{-5} (K_2)	4.34
		8.3×10^{-7} (K_3)	6.08
柠檬酸	$HOCOCH_2C(OH)(COOH)CH_2COOH$	7.4×10^{-4} (K_1)	3.13
		1.7×10^{-5} (K_2)	4.76
		4.0×10^{-7} (K_3)	6.40
苯酚	C_6H_5OH	1.1×10^{-10}	9.96
苯甲酸	C_6H_5COOH	6.3×10^{-5}	4.20
水杨酸	$C_6H_4(OH)COOH$	1.05×10^{-3} (K_1)	2.98
		4.17×10^{-13} (K_2)	12.38
邻苯二甲酸	(o) $C_6H_4(COOH)_2$	1.1×10^{-3} (K_1)	2.96
		4.0×10^{-6} (K_2)	5.40
乙二胺四乙酸（EDTA）	$CH_2—N(CH_2COOH)_2$ | $CH_2—N(CH_2COOH)_2$	1.0×10^{-2} (K_1)	2.0
		2.14×10^{-3} (K_2)	2.67
		6.92×10^{-7} (K_3)	6.16
		5.5×10^{-11} (K_4)	10.26

附录二　弱碱在水中的解离常数（25℃）

名称	化学式	K_b	pK_b
氨水	NH_3+H_2O	1.78×10^{-5}	4.75
羟氨	NH_2OH+H_2O	9.12×10^{-9}	8.04
甲胺	CH_3NH_2	4.17×10^{-4}	3.38
乙胺	$CH_3CH_2NH_2$	4.27×10^{-4}	3.37
乙醇胺	$H_2N(CH_2)_2OH$	3.16×10^{-5}	4.50
乙二胺	$H_2N(CH_2)_2NH_2$	8.51×10^{-5} （K_1）	4.07
		7.08×10^{-8} （K_2）	7.15
二甲胺	$(CH_3)_2NH$	5.89×10^{-4}	3.23
三甲胺	$(CH_3)_3N$	6.31×10^{-5}	4.20
丙胺	$C_3H_7NH_2$	3.70×10^{-4}	3.432
异丙胺	$i-C_3H_7NH_2$	4.37×10^{-4}	3.36
三丙胺	$(CH_3CH_2CH_2)_3N$	4.57×10^{-4}	3.34
三乙醇胺	$(HOCH_2CH_2)_3N$	5.75×10^{-7}	6.24
苯胺	$C_6H_5NH_2$	3.98×10^{-10}	9.40
苄胺	C_7H_9N	2.24×10^{-5}	4.65

附录三 难溶化合物的溶度积 (K_{sp})(18℃~25℃)

难溶化合物	K_{sp}	难溶化合物	K_{sp}	难溶化合物	K_{sp}
Ag_3AsO_4	1.0×10^{-22}	$CaCO_3$	8.7×10^{-9}	FeS	3.7×10^{-19}
AgBr	5.0×10^{-13}	$CaC_2O_4\cdot H_2O$	2.0×10^{-9}	Hg_2Cl_2	1.3×10^{-18}
AgCl	1.56×10^{-10}	CaF_4	2.7×10^{-11}	$Hg_2(CN)_2$	5.0×10^{-40}
AgCN	1.2×10^{-16}	$CaHPO_4$	1.0×10^{-7}	Hg_2I_2	4.5×10^{-29}
$Ag_2C_2O_4$	2.95×10^{-11}	$Ca(OH)_2$	5.5×10^{-6}	Hg_2S	1×10^{-47}
Ag_2CO_3	8.1×10^{-12}	$Ca_3(PO_4)_2$	2.0×10^{-29}	HgS(红)	4×10^{-53}
Ag_2CrO_4	1.1×10^{-12}	$CaSO_4$	9.1×10^{-6}	HgS(黑)	1.6×10^{-52}
$Ag_2Cr_2O_7$	2.0×10^{-7}	$Cd[Fe(CN)_6]$	3.2×10^{-17}	$Hg_2(SCN)_2$	2.0×10^{-20}
$Ag_4[Fe(CN)_6]$	1.6×10^{-41}	$Cd(OH)_2$	2.5×10^{-14}	$K_2Na[Co(NO_2)_6]\cdot H_2O$	2.2×10^{-11}
AgI	1.5×10^{-16}	$Cd_3(PO_4)_2$	2.5×10^{-33}		
Ag_3PO_4	1.4×10^{-16}	CdS	3.6×10^{-29}	$K_2[PtCl_6]$	1.1×10^{-5}
Ag_2S	6.3×10^{-50}	$Co_2[Fe(CN)_5]$	1.8×10^{-15}	$MgCO_3$	3.5×10^{-8}
AgSCN	1.0×10^{-12}	$Co[Hg(SCN)_4]$	1.5×10^{-6}	MgC_2O_4	8.5×10^{-5}
Ag_2SO_4	1.4×10^{-5}	$Co(OH)_2$(新)	1.6×10^{-15}	MgF_2	6.5×10^{-9}
$Al(OH)_3$	1.33×10^{-33}	$Co(PO_4)_2$	2×10^{-35}	$MgNH_4PO_4$	2.5×10^{-13}
$AlPO_4$	6.3×10^{-19}	CoS	3×10^{-26}	$Mg(OH)_2$	1.8×10^{-11}
As_2S_3	4.0×10^{-29}	$CsCrO_4$	7.1×10^{-4}	$Mg_3(PO_4)_3$	$10^{-28}\sim10^{-27}$
Ba_3AsO_4	8.0×10^{-51}	$Cu_3(AsO_4)_2$	7.6×10^{-36}	$Mn(OH)_2$	1.9×10^{-13}
$BaCO_3$	8.1×10^{-9}	CuCN	3.2×10^{-20}	MnS	1.4×10^{-24}
BaC_2O_4	1.6×10^{-7}	$Cu[Hg(CN)_6]$	1.3×10^{-16}	$Ni(OH)_2$	2.0×10^{-15}
$BaCrO_4$	1.2×10^{-10}	$Cu_3(PO_4)_2$	1.3×10^{-37}	NiS	1.4×10^{-24}
BaF_2	1.0×10^{-9}	$Cu_2P_2O_7$	8.3×10^{-16}	$Pb_3(AsO_4)_2$	4.0×10^{-36}
$BaHPO_4$	3.2×10^{-7}	CuSCN	4.8×10^{-15}	$PbCO_3$	7.4×10^{-14}
$Ba_3(PO_4)_2$	3.4×10^{-23}	CuS	6.3×10^{-36}	$PbCl_2$	1.6×10^{-5}
$Ba_2P_2O_7$	3.2×10^{-11}	$FeCO_3$	3.2×10^{-11}	$PbCrO_4$	1.8×10^{-14}
$BaSiF_6$	1.0×10^{-6}	$Fe_4[Fe(CN)_6]$	3.3×10^{-41}	PbF_2	2.7×10^{-8}
$BaSO_4$	1.1×10^{-10}	$Fe(OH)_2$	8.0×10^{-16}	$Pb_2[(CN)_6]$	3.5×10^{-15}
$Bi(OH)_3$	4.0×10^{-31}	$Fe(OH)_3$	1.1×10^{-36}	$PbHPO_4$	1.3×10^{-10}
$BiPO_4$	1.3×10^{-23}	$FePO_4$	1.3×10^{-22}	PbI_2	7.1×10^{-9}

续表

难溶化合物	K_{sp}	难溶化合物	K_{sp}	难溶化合物	K_{sp}
$Pb(OH)_2$	1.2×10^{-15}	SnS	1.0×10^{-25}	$SrSO_4$	3.2×10^{-7}
$Pb_3(PO_4)_2$	8.0×10^{-48}	$SrCO_3$	1.6×10^{-9}	$Zn_2[Fe(CN)_6]$	4.0×10^{-16}
PbS	8.0×10^{-28}	SrC_2O_4	5.6×10^{-8}	$Zn[Hg(SCN)_4]$	2.2×10^{-7}
$PbSO_4$	1.6×10^{-8}	$SrCrO_4$	2.2×10^{-5}	$Zn(OH)_2$	1.2×10^{-17}
$Pb(OH)_2$	4×10^{-42}	SrF_2	2.5×10^{-9}	$Zn(PO_4)_2$	9.0×10^{-33}
Sb_2S_3	2.9×10^{-59}	$Sr_3(PO_4)_2$	4.0×10^{-28}	ZnS	1.2×10^{-23}

附录四 标准电极电位表

电极反应	$\varphi^{\ominus}$（V）
F_2（气）$+2H^+ +2e \rightleftharpoons 2HF$	3.06
$H_2O_2 +2H^+ +2e \rightleftharpoons 2H_2O$	1.77
$MnO_4^- +4H^+ +3e \rightleftharpoons MnO_2$（固）$+2H_2O$	1.695
$Ce^{4+} +e \rightleftharpoons Ce^{3+}$	1.61
$MnO_4^- +8H^+ +5e \rightleftharpoons Mn^{2+} +4H_2O$	1.51
$HClO +H^+ +2e \rightleftharpoons Cl^- +H_2O$	1.49
$ClO_3^- +6H^+ +6e \rightleftharpoons Cl^- +3H_2O$	1.45
$BrO_3^- +6H^+ +6e \rightleftharpoons Br^- +3H_2O$	1.44
Cl_2（气）$+2e \rightleftharpoons 2Cl^-$	1.3595
$Cr_2O_7^{2-} +14H^+ +6e \rightleftharpoons 2Cr^{3+} +7H_2O$	1.33
MnO_2（固）$+4H^+ +2e \rightleftharpoons Mn^{2+} +2H_2O$	1.23
O_2（气）$+4H^+ +4e \rightleftharpoons 2H_2O$	1.229
$IO_3^- +6H^+ +5e \rightleftharpoons \frac{1}{2}I_2 +3H_2O$	1.20
Br_2（水）$+2e \rightleftharpoons 2Br^-$	1.087
$NO_2 +H^+ +e \rightleftharpoons HNO_2$	1.07
$HIO +H^+ +2e \rightleftharpoons I^- +H_2O$	0.99
$H_2O_2 +2e \rightleftharpoons 2OH^-$	0.88
$Cu^{2+} +I^- +e \rightleftharpoons CuI$（固）	0.86
$Hg^{2+} +2e \rightleftharpoons Hg$	0.845
$NO_3^- +2H^+ +e \rightleftharpoons NO_2 +H_2O$	0.80
$Ag^+ +e \rightleftharpoons Ag$	0.7995
$Hg_2^{2+} +2e \rightleftharpoons 2Hg$	0.793
$Fe^{3+} +e \rightleftharpoons Fe^{2+}$	0.771
O_2（气）$+2H^+ +2e \rightleftharpoons H_2O_2$	0.682
$AsO_2^- +2H_2O +3e \rightleftharpoons As +4OH^-$	0.68
$2HgCl_2 +2e \rightleftharpoons Hg_2Cl_2$（固）$+2Cl^-$	0.63
$MnO_4^- +2H_2O +3e \rightleftharpoons MnO_2$（固体）$+4OH^-$	0.588
H_3AsO_4（固）$+2H^+ +2e \rightleftharpoons HAsO_2 +2H_2O$	0.559
$I_3^- +2e \rightleftharpoons 3I^-$	0.545
I_2（固）$+2e \rightleftharpoons 2I^-$	0.5345
$Cu^{2+} +2e \rightleftharpoons Cu$	0.337

续表

电极反应	$\varphi^{\ominus}$（V）
Hg_2Cl_2（固）$+2e \rightleftharpoons 2Hg+2Cl^-$	0.2676
$HAsO_2+3H^++3e \rightleftharpoons As+2H_2O$	0.248
AgCl（固）$+e \rightleftharpoons Ag+Cl^-$	0.2223
$Cu^{2+}+e \rightleftharpoons Cu^+$	0.159
$Sn^{4+}+2e \rightleftharpoons Sn^{2+}$	0.154
$S+2H^++2e \rightleftharpoons H_2S$（气）	0.141
$S_4O_6^{2-}+2e \rightleftharpoons 2S_2O_3^{2-}$	0.08
$2H^++2e \rightleftharpoons H_2$	0.000
$Pb^{2+}+2e \rightleftharpoons Pb$	-0.126
$Sn^{2+}+2e \rightleftharpoons Sn$	-0.136
$Ni^{2+}+2e \rightleftharpoons Ni$	-0.246
$Co^{2+}+2e \rightleftharpoons Co$	-0.277
$As+3H^++3e \rightleftharpoons AsH_3$	-0.38
$Se+2H^++2e \rightleftharpoons H_2Se$	-0.40
$Cd^{2+}+2e \rightleftharpoons Cd$	-0.403
$Cr^{3+}+e \rightleftharpoons Cr^{2+}$	-0.41
$Fe^{2+}+2e \rightleftharpoons Fe$	-0.440
$S+2e= \rightleftharpoons S^{2-}$	-0.48
$2CO_2+2H^++2e \rightleftharpoons H_2C_2O_4$	-0.49
$H_3PO_3+2H^++2e \rightleftharpoons H_3PO_2+H_2O$	-0.50
$Sb+3H^++3e \rightleftharpoons SbH_3$	-0.51
$HPbO_2^-+H_2O+2e \rightleftharpoons Pb+3OH^-$	-0.54
$2SO_3^{2-}+3H_2O+4e \rightleftharpoons S_2O_3^{2-}+6OH^-$	-0.58
$SO_3^{2-}+3H_2O+4e \rightleftharpoons S+6OH^-$	-0.66
Ag_2S（固）$+2e \rightleftharpoons 2Ag+S^{2-}$	-0.69
$AsO_4^{3-}+2H_2O+2e \rightleftharpoons AsO_2^-+4OH^-$	-0.71
$Zn^{2+}+2e \rightleftharpoons Zn$	-0.763
$2H_2O+2e \rightleftharpoons H_2+2OH^-$	-0.828
$Cr^{2+}+2e \rightleftharpoons Cr$	-0.91
$Se+2e \rightleftharpoons Se^{2-}$	-0.92
$Mn^{2+}+2e \rightleftharpoons Mn$	-1.182
$Al^{3+}+3e \rightleftharpoons Al$	-1.66
$Mg^{2+}+2e \rightleftharpoons Mg$	-2.37
$Na^++e \rightleftharpoons Na$	-2.714
$Ca^{2+}+2e \rightleftharpoons Ca$	-2.87
$Sr^{2+}+2e \rightleftharpoons Sr$	-2.89
$Ba^{2+}+2e \rightleftharpoons Ba$	-2.90
$K^++e \rightleftharpoons K$	-2.925
$Li^++e \rightleftharpoons Li$	-3.042

附录五 氧化还原电对的条件电位 φ'（V）

电极反应	φ'（V）	介质
Ce（Ⅳ）+e ⇌ Ce（Ⅲ）	1.74	1mol/L $HClO_4$
	1.44	0.5mol/L H_2SO_4
	1.28	1mol/L HCl
$Co^{3+}+e \rightleftharpoons Co^{2+}$	1.84	3mol/L HNO_3
Co（二乙胺）$_3^{3+}$ +e ⇌ Co(二乙胺)$_3^{2+}$	-0.2	0.1mol/L KNO_3 +0.1mol/L 乙二胺
Cr（Ⅲ）+e ⇌ Cr（Ⅱ）	-0.4	5mol/L HCl
$Cr_2O_7^{2-}+14H^{+}+6e \rightleftharpoons 2Cr^{3+}+7H_2O$	1.08	3mol/L HCl
	1.15	4mol/L H_2SO_4
	1.025	1mol/L $HClO_4$
$CrO_4^{2-}+2H_2O+3e \rightleftharpoons CrO_2^{-}+4OH^{-}$	-0.12	1mol/L NaOH
Fe（Ⅲ）+e ⇌ Fe（Ⅱ）	0.767	1mol/L $HClO_4$
	0.71	0.5mol/L HCl
	0.68	1mol/L H_2SO_4
	0.68	1mol/L HCl
	0.46	2mol/L H_3PO_4
	0.51	1mol/L HCl -0.25 mol/L H_3PO_4
$Fe(EDTA)^{3+}+e \rightleftharpoons Fe(EDTA)^{2+}$	0.12	0.1mol/L EDTA pH =4 ~6
$Fe(CN)_6^{3-}+e \rightleftharpoons Fe(CN)_6^{4-}$	0.56	0.1mol/L HCl
$FeO_4^{2-}+2H_2O+3e \rightleftharpoons FeO_2^{-}+4OH^{-}$	0.55	10mol/L NaOH
$I_3^{-}+3e \rightleftharpoons 3I^{-}$	0.5446	0.5mol/L H_2SO_4
I_2（水）+2e ⇌ $2I^{-}$	0.6276	0.5mol/L H_2SO_4
$MnO_4^{-}+8H^{+}+5e \rightleftharpoons Mn^{2+}+4H_2O$	1.45	1mol/L $HClO_4$
$SnCl_6^{2-}+2e \rightleftharpoons SnCl_4^{2-}+2Cl^{-}$	0.14	0.1mol/L HCl
Sb（Ⅴ）+2e ⇌ Sb（Ⅲ）	0.75	3.5mol/L HCl
$Sb(OH)_6^{-}+2e \rightleftharpoons SbO_2^{-}+2OH^{-}+2H_2O$	-0.428	3mol/L NaOH
$SbO_2^{-}+2H_2O+3e \rightleftharpoons Sb+4OH^{-}$	-0.675	10mol/L KOH
Pb（Ⅱ）+2e ⇌ Pb	-0.32	1mol/L NaAc

附录六　国际原子量表（1995）

符号	元素	原子量	符号	元素	原子量	符号	元素	原子量	符号	元素	原子量
Ac	锕	227.0	Er	铒	167.3	Mn	锰	54.94	Ru	钌	101.1
Ag	银	107.9	Es	锿	252.1	Mo	钼	95.94	S	硫	32.06
Al	铝	26.98	Eu	铕	152.0	N	氮	14.01	Sb	锑	121.8
Am	镅	243.1	F	氟	19.00	Na	钠	22.99	Sc	钪	44.96
Ar	氩	39.95	Fe	铁	55.85	Nb	铌	92.91	Se	硒	78.96
As	砷	74.92	Fm	镄	257.1	Nd	钕	144.2	Si	硅	28.09
At	砹	210.0	Fr	钫	223.0	Ne	氖	20.18	Sm	钐	150.4
Au	金	197.0	Ga	镓	69.72	Ni	镍	58.69	Sn	锡	118.7
B	硼	10.81	Gd	钆	157.2	No	锘	259.1	Sr	锶	87.62
Ba	钡	137.3	Ge	锗	72.59	Np	镎	237.1	Ta	钽	180.9
Be	铍	9.012	H	氢	1.008	O	氧	16.00	Tb	铽	158.9
Bi	铋	209.0	He	氦	4.003	Os	锇	190.2	Tc	锝	98.91
Bk	锫	247.1	Hf	铪	178.5	P	磷	30.97	Te	碲	127.6
Br	溴	79.90	Hg	汞	200.5	Pa	镤	231.0	Th	钍	232.0
C	碳	12.01	Ho	钬	164.9	Pb	铅	207.2	Ti	钛	47.88
Ca	钙	40.08	I	碘	126.9	Pd	钯	106.4	Tl	铊	204.4
Cd	镉	112.4	In	铟	114.8	Pm	钷	144.9	Tm	铥	168.9
Ce	铈	140.1	Ir	铱	192.2	Po	钋	210.0	U	铀	238.0
Cf	锎	252.1	K	钾	39.10	Pr	镨	140.9	V	钒	50.94
Cl	氯	35.45	Kr	氪	83.30	Pt	铂	195.1	W	钨	183.9
Cm	锔	247.1	La	镧	138.9	Pu	钚	239.1	Xe	氙	131.2
Co	钴	58.93	Li	锂	6.941	Ra	镭	226.0	Y	钇	88.91
Cr	铬	52.00	Lr	铹	260.1	Rb	铷	35.47	Yb	镱	173.0
Cs	铯	132.9	Lu	镥	175.0	Re	铼	186.2	Zn	锌	65.38
Cu	铜	63.55	Md	钔	256.1	Rh	铑	102.9	Zr	锆	91.22
Dy	镝	162.5	Mg	镁	24.31	Rn	氡	222.0			

能力检测参考答案

第一章

一、1. A 2. C 3. B 4. D 5. B 6. B 7. B 8. C 9. A

二、1. 0.1g 2. 0.1% 3. 相对 4. 相对标准偏差 5. 系统 6. 偶然

三、1. √ 2. × 3. × 4. √

四、1. (1) 系统误差中仪器误差 (2) 系统误差中仪器误差 (3) 系统误差中方法误差 (4) 系统误差中试剂误差 (5) 系统误差中操作误差 (6) 偶然误差

2. 精密度表示平行测量的各测量值之间互相接近的程度，用偏差来定量地衡量。偏差是测量值与测量平均值之间的差值，常用相对标准偏差来衡量精密度的大小。
准确度表示测量值与真实值接近的程度，用误差来定量地衡量。误差是测量值与真值之间的差值，常用相对误差来衡量准确度的大小。

五、1. 解：

$$\bar{x} = \frac{\sum_{i=1}^{n} x_i}{n} = \frac{20.48 + 20.55 + 20.60 + 20.53 + 20.50}{5}\% = 20.53\%$$

$$\bar{d} = \frac{\sum_{i=1}^{n} |x_i - \bar{x}|}{n} = \frac{|20.48 - 20.53| + |20.55 - 20.53| + |20.60 - 20.53| + |20.50 - 20.53|}{5}\% = 0.035\%$$

$$S = \sqrt{\frac{\sum_{i=1}^{n} (x_i - \bar{x})^2}{n-1}} = \sqrt{\frac{(20.48 - 20.53)^2 + (20.55 - 20.53)^2 + (20.60 - 20.53)^2 + (20.50 - 20.53)^2}{4}}\%$$

$$= 0.047\%$$

$$R\bar{d} = \frac{\bar{d}}{\bar{x}} \times 100\% = \frac{0.035}{20.53} \times 100\% = 0.18\%$$

$$RSD = \frac{S}{\bar{x}} \times 100\% = \frac{0.047}{20.53} \times 100\% = 0.23\%$$

2. 解：(1) Q 检验：34.00 舍弃，35.36 保留。

(2) $\bar{x} = 35.04\%$，$S = 0.20\%$，$\mu = \bar{x} \pm \frac{t_{0.95,\nu} S}{\sqrt{n}} = \left(35.04 \pm \frac{2.36 \times 0.20}{\sqrt{8}}\right)\% = (35.04 \pm 0.17)\%$

第二章

一、1. B 2. D 3. B 4. A 5. B 6. D 7. C

二、1. 挥发法；萃取法；沉淀法 2. 直接挥发法；间接挥发法 3. 共沉淀；后沉淀；表面吸附；形成混晶；吸留或包藏 4. 晶形沉淀；非晶形沉淀 5. 晶核形成；晶核长大；聚集速度；定向速度 6. 稀；热；慢；搅；陈；浓；热；快；电；热滤

三、1. × 2. √ 3. √ 4. × 5. × 6. × 7. √ 8. √

四、解：$\omega_{Fe_3O_4} = \dfrac{0.1486 \times \dfrac{2 \times 231.5}{3 \times 159.7}}{0.2624} \times 100\% = 54.73\%$

第三章

一、1. A 2. B 3. C 4. D 5. B 6. D 7. D 8. B

二、1. 解：$c_{H_2C_2O_4 \cdot 2H_2O} = \dfrac{m}{V \cdot M} = \dfrac{1.4580 \times 1000}{250.0 \times 126.07} = 0.04626$（mol/L）

2. 解：$c_{HCl} = \dfrac{2}{1} \dfrac{m_{Na_2B_4O_7 \cdot 10H_2O} \times 1000}{M_{Na_2B_4O_7 \cdot 10H_2O} \cdot V_{HCl}} = \dfrac{2 \times 0.4527 \times 1000}{381.4 \times 23.45} = 0.1012$（mol/L）

3. 解：$c_{NaOH} = \dfrac{c_{HCl} \cdot V_{HCl}}{V_{NaOH}} = \dfrac{0.1055 \times 20.80}{20.00} = 0.1097$（mol/L）

4. 解：$V_{浓} = \dfrac{c_{稀} \cdot V_{稀}}{c_{浓}} = 25.00\text{mL}$

5. 解：① $T_{HCl/CaO} = \dfrac{1}{2} \dfrac{c_{HCl} \cdot M_{CaO}}{1000} = \dfrac{1}{2} \times \dfrac{0.1000 \times 56.08}{1000} = 2.804 \times 10^{-3}$（g/mL）

② $T_{NaOH/H_2SO_4} = \dfrac{1}{2} \dfrac{c_{NaOH} \cdot M_{H_2SO_4}}{1000} = \dfrac{1}{2} \times \dfrac{0.2000 \times 98.07}{1000} = 9.807 \times 10^{-3}$（g/mL）

6. 解：$m_{KHP} = \dfrac{c_{NaOH} \cdot V_{NaOH} \cdot M_{KHP}}{1000}$

$m_{KHP} = \dfrac{0.1 \times 20 \times 204.2}{1000} = 0.4\text{g}$ $m_{KHP} = \dfrac{0.1 \times 25 \times 204.2}{1000} = 0.5$（g）

7. 解：$\omega_{H_2C_2O_4 \cdot 2H_2O} = \dfrac{1}{2} \dfrac{c_{NaOH} \cdot V_{NaOH} \cdot M_{H_2C_2O_4 \cdot 2H_2O}}{\dfrac{25.00}{250.0} \times m_S \times 1000} \times 100\%$

$= \dfrac{1}{2} \times \dfrac{0.1025 \times 21.36 \times 126.07}{\dfrac{25.00}{250.0} \times 1.5230 \times 1000} \times 100\% = 90.62\%$

8. 解：$\omega_{CaCO_3} = \dfrac{\dfrac{1}{2}(c_{HCl} \cdot V_{HCl} - c_{NaOH} \cdot V_{NaOH}) \cdot M_{CaCO_3}}{m_S \times 1000} \times 100\%$

$= \dfrac{\dfrac{1}{2} \times (0.1200 \times 50.00 - 0.1000 \times 15.25) \times 100.09}{0.2472 \times 1000} \times 100\% = 90.60\%$

第四章

一、1. D　2. B　3. D　4. D　5. D　6. D　7. C　8. B　9. C　10. B　11. D　12. C　13. D　14. C　15. A　16. D　17. B　18. C　19. C　20. D

二、1. $cK_a \geqslant 1.0 \times 10^{-8}$　2. $pK_{HIn} \pm 1$；变色范围全部或部分落在滴定突跃范围内　3. HCl；H_2SO_4；酸　4. 弱酸（碱）的强度；溶液的浓度　5. 1个；$K_{a_1}/K_{a_2} < 10^4$，$cK_{a_2} \geqslant 10^{-8}$　6. 6；甲基红　7. 2个　8. 三元；甘油　9. 高氯酸；醋酐　10. 6.8

三、1. ×　2. ×　3. ×　4. √　5. √

四、1. 解：计量点时 $HCl + NaA \rightleftharpoons NaCl + HA$

$c_{HA} = 0.05000 mol/L$　$[H^+] = \sqrt{0.05000 \times 10^{-9.21}} = 5.55 \times 10^{-6}$　pH = 5.26

化学计量点前 NaA 剩余 0.1% 时，$c(A^-) = \dfrac{0.02 \times 0.1000}{20.00 + 19.98} = 5.00 \times 10^{-5}$，$c(HA) = \dfrac{19.98 \times 0.1000}{20.00 + 19.98} = 0.050$

$[H^+] = 10^{-9.21} \times \dfrac{0.050}{5.00 \times 10^{-5}} = 6.16 \times 10^{-7}$　pH = 6.21

化学计量点后 HCl 过量 0.1% 时，$[H^+] = \dfrac{0.02 \times 0.1000}{20.00 + 20.02} = 5.00 \times 10^{-5}$　pH = 4.30

滴定突跃为 6.21 ~ 4.30，选甲基红为指示剂。

2. 解：(1) HA 的摩尔质量　$M_{HA} = \dfrac{1.250 \times 1000}{0.1000 \times 37.10} = 336.9$ (g/mol)

(2) $pH = pK_a + \lg\dfrac{[A^-]}{[HA]}$　即 $4.30 = pK_a + \lg\dfrac{7.42}{37.10 - 7.42}$，$pK_a = 4.90$，$K_a = 1.3 \times 10^{-5}$

3. 解：强酸滴定 Na_2CO_3，由于 K_{b1}、K_{b2} 均大于 10^{-8}，且 $K_{b1}/K_{b2} > 10^4$

第一计量点：产物为 $NaHCO_3$，此时，$[H^+] = \sqrt{K_{a1}K_{a2}}$，$pH = \dfrac{1}{2}(pK_{a1} + pK_{a2}) = 8.32$，可用酚酞作指示剂。

第二计量点：产物为 CO_2 饱和溶液，在常压下其浓度为 0.04mol/L

$[H^+] = \sqrt{K_{a1}c} = \sqrt{4.2 \times 10^{-7} \times 0.04} = 1.3 \times 10^{-4}$ (mol/L)，pH = 3.89，可用甲基橙为指示剂。

4. 设试样中含有 Na_2CO_3 的物质的量为 $n_1$mmol，NaOH 的物质的量为 $n_2$mmol。

$n_1 = 0.3000 \times 12.02 = 3.606$ (mmol)，$n_2 = 0.3000 \times (24.08 - 12.02) = 3.618$ (mmol)

$\omega_{Na_2CO_3} = \dfrac{105.99 \times 0.003606}{0.5895} \times 100\% = 64.83\%$　$\omega_{NaOH} = \dfrac{40.01 \times 0.003606}{0.5895} \times 100\% = 24.56\%$

5. 解：$KHC_8H_4O_4 + NaOH \rightleftharpoons KNaC_8H_4O_4 + H_2O$

$c_{NaOH} = \dfrac{n_{NaOH}}{V} = \dfrac{m_{KHC_8H_4O_4}}{M_{KHC_8H_4O_4}V} = \dfrac{0.4563}{204.18 \times 22.05 \times 10^{-3}} = 0.1014$ (mol/L)

6. 解：$[OH^-]=\sqrt{c_bK_b}=\sqrt{c_b\frac{K_w}{K_a}}=\sqrt{\frac{0.1000}{2}\times\frac{K_w}{K_a}}$，pH = 9.35

第五章

一、1. A 2. A 3. B 4. B 5. A

二、1. 氢离子；EDTA；其他配位剂；金属离子 2. 封闭；三乙醇胺 3. 酸效应；配位效应 4. 条件稳定常数；金属离子浓度

三、1. √ 2. × 3. √ 4. ×

四、1. 提示：当 $\lg K_{CaY}-\lg\alpha_{Y(H)}\geq 8$ 时，可以滴定。

由表 5-1 和表 5-2 查得，滴定钙离子 pH≥8

由表 5-1 和表 5-2 查得，滴定锌离子 pH≥4.0

2. 解：$T_{EDTA/CaO}=\frac{C_{EDTA}M_{CaO}}{1000}=\frac{0.02000\times 56.08}{1000}=0.001122$（g/mL）

3. 解：总硬度（ppm）$=\frac{(cV)_{EDTA}M_{CaCO_3}\times 1000}{V_{水样}}$（mg/L）$=(cV)_{EDTA}\times 100.1\times 10=154.1$（mg/L）

总硬度（度）$=\frac{(cV)_{EDTA}M_{CaO}\times 1000}{V_{样}10}=(cV)_{EDTA}\times 56.08=8.634$（度）

第六章

一、1. D 2. B 3. D 4. B 5. A 6. C 7. D 8. B 9. B 10. D

二、略

三、1. 解：$2MnO_4^-+5H_2C_2O_4+6H^+\longrightarrow 2Mn^{2+}+10CO_2\uparrow+8H_2O$

$2OH^-+H_2C_2O_4\longrightarrow C_2O_4^{2-}+2H_2O$

$\frac{5}{2}n_{KMnO_4}=n_{H_2C_2O_4}=\frac{1}{2}n_{NaOH}$ $V_{NaOH}=\frac{5\times 0.02000\times 23.50}{0.1000}=23.50$（mL）

2. 解：$\because n_{MnO_2}=n_{Na_2C_2O_4}-n_{余Na_2C_2O_4}=n_{Na_2C_2O_4}-\frac{5}{2}n_{KMnO_4}$

$$\therefore \omega_{MnO_2}=\frac{\left(\frac{m_{Na_2C_2O_4}}{M_{Na_2C_2O_4}}-\frac{5}{2}c_{KMnO_4}V_{KMnO_4}\right)M_{MnO_2}}{m_{样}}\times 100\%=\frac{\left(\frac{0.4488}{134.0}-\frac{5}{2}\times 0.01012\times 30.20\times 10^{-3}\right)\times 86.94}{0.4212}\times 100\%$$

$=53.36\%$

第七章

一、1. D 2. B 3. D 4. C 5. A

二、1. 铬酸钾指示剂法；铁铵矾指示剂法；吸附指示剂法；直接滴定法；剩余滴定法 2. NaOH 水解法；Na_2CO_3 熔融法；氧瓶燃烧法 3. 煮沸过滤；加入有机溶剂；提高 Fe^{3+} 的浓度

三、1. √ 2. × 3. √ 4. × 5. × 6. √ 7. √

四、1. ①沉淀反应必须迅速、定量地进行。②滴定终点必须有适当的方法来确定。③沉

淀的溶解度必须很小，且吸附现象不影响滴定结果和终点的确定。

2. 荧光黄（HFI）是一种有机弱酸，在溶液中离解为 H^+ 和 FI^-。滴定开始时，溶液中 Cl^- 过量，AgCl 胶粒优先吸附 Cl^- 而带负电荷，因同种电荷相斥，FI^- 不被吸附，溶液呈黄绿色。稍过计量点后，溶液中 Ag^+ 过量，AgCl 胶粒则吸附 Ag^+ 而带正电荷，随即又吸附 FI^- 导致其表面呈现浅红色，由此指示滴定终点。

五、$\omega_{KI} = \dfrac{20.00 \times 0.1022 \times 10^{-3} \times 166.0}{0.5420} \times 100\% = 62.60\%$

第八章

一、1. C　2. C　3. B　4. B

二、1. pH 玻璃电极；饱和甘汞电极　2. 铂电极；电流变化　3. 铂电极；饱和甘汞电极；铂电极　4. 原电池；电解池

三、1. ×　2. √　3. √　4. ×　5. √　6. √

四、1. 直接电位法的原理是将指示电极与参比电极组成原电池，通过测定电动势，获得指示电极的电极电位，从而由符合 Nernst 响应的关系中求出待测离子的活（浓）度。

2. 电位滴定法适合酸碱滴定、沉淀滴定、配位滴定和氧化还原滴定；永停滴定法只适合氧化还原滴定。电位滴定法组成原电池，永停滴定法组成电解池。

3. 指示电极是指电极电位随待测离子浓度的改变而变化的电极，其电极电位与待测离子浓度的关系符合 Nernst 函数式。理想的指示电极应满足以下条件：①电极电位与待测组分浓度间符合 Nernst 方程式的关系。②对待测组分响应速度快、线性范围宽、重现性好。③对待测组分具有选择性。④结构简单，便于使用。

参比电极是指电极电位不随待测离子浓度的改变而变化且电极电位恒定的电极。理想的参比电极应具备以下基本要求：①可逆性好；②电极电位稳定且已知；③重现性好，简单耐用。

五、1. 解：采用两次测量法，在25℃测量，有：$pH_X = pH_S + \dfrac{E_X - E_S}{0.0592}$，$pH_X = 5.44$

2. 解：$pH_X = pH_S + \dfrac{E_X - E_S}{0.0592}$，$pH_X = 4.50$

3. 解：$\varphi_{Zn^{2+}/Zn} = \varphi^{\ominus}_{Zn^{2+}/Zn} + \dfrac{0.0592}{2}\lg c_{Zn^{2+}} = -0.762 + \dfrac{0.0592}{2}\lg 0.1 = -0.792$（V）

$\varphi_{Ag^+/Ag} = \varphi^{\ominus}_{Ag^+/Ag} + 0.0592\lg c_{Ag^+} = 0.80 + 0.0592\lg 0.01 = 0.682$（V）

$E = \varphi_{Ag^+/Ag} - \varphi_{Zn^{2+}/Zn} = 0.682 - (-0.792) = 1.474$（V）

第九章

一、1. D　2. B　3. C　4. C　5. D　6. D　7. C　8. D　9. B

二、1. 吸收；反射；散射；折射；光的吸收　2. 价电子（最外层电子）　3. 光学因素；化学因素　4. 摩尔　5. 石英玻璃

三、1. √　2. ×　3. ×　4. √　5. ×

四、1. 解：由 $A=Kcl$（K 可为 ε 或 $E_{1cm}^{1\%}$）得 $c=\dfrac{200\times10^{-6}\times\dfrac{1000}{100}}{58.85}=3.40\times10^{-5}$（mol/L）

$$\varepsilon=\frac{A}{cl}=\frac{0.413}{1.00\times3.40\times10^{-5}}=1.21\times10^{4}\quad E_{1cm}^{1\%}=\frac{10}{M}\varepsilon=\frac{10}{58.85}\times1.21\times10^{4}=2.06\times10^{3}$$

2. 解：由 $A=Kcl$ 得 $A_1/A_2=l_1/l_2$　$l=2$cm 时，　$A_{2cm}=-\lg60\%=0.222$

$$A_{1cm}=\frac{A_{2cm}}{2}=\frac{0.222}{2}=0.111,\qquad T_{1cm}=10^{-A_{1cm}}=10^{-0.111}=0.77$$

3. 解：$S\%=\dfrac{c_{测定}}{c_{配制}}\times100\%=\dfrac{A}{c_{配制}\cdot l\cdot E_{1cm}^{1\%}(s)}\times100\%=\dfrac{0.327}{\dfrac{7.36}{1000}\times\dfrac{5.00}{50.00}\times0.500\times907}\times100\%=97.97\%$

第十章

一、1. B　2. A　3. C　4. D　5. A　6. A

二、1. 大　2. 活性强；弱极性　3. 色谱流出曲线　4. A　5. 重叠

三、1. √　2. ×　3. ×　4. √　5. ×

四、$R_f=0.5$

第十一章

一、1. C　2. B　3. A　4. C　5. D　6. B　7. D　8. D　9. C　10. A

二、1. 固定液用量　2. 非极性；极性　3. 载气系统；进样系统；分离系统；检测系统；温度控制系统　4. 塔板理论；速率理论　5. 质量；浓度

三、1. ×　2. √　3. √　4. √　5. ×　6. √　7. ×　8. ×　9. √　10. ×　11. √　12. √　13. √　14. ×　15. √

四、1. 气相色谱仪主要包括载气系统、进样系统、分离系统、检测系统和温控系统等。各部分的作用：载气系统的作用是获得纯净、流速稳定的载气。进样系统作用是将液体或固体试样，在进入色谱柱前瞬间汽化，然后快速定量地转入到色谱柱中。分离系统是色谱分析的心脏，是试样各组分分离的场所。检测系统将各组分的浓度或质量转变成相应的电信号并记录之。温控系统控制汽化室、柱箱和检测器的温度。

2. 气相色谱法具有分离效能高、选择性高、灵敏度高、试样用量少、分析速度快（几秒至几十分钟）、用途广泛等优点。但不适用于分析蒸气压低及热稳定性差的试样。

3. 不能。有效塔板数仅表示柱效能的高低，是柱分离能力发挥程度的标志，而分离的可能性取决于组分在固定相和流动相之间分配系数的差异。

4. 常用的有归一化法、外标法、内标法和内标对比法等。

五、1. 1.045　2. 0.70%

第十二章

一、1. A　2. B　3. C　4. C　5. A　6. A　7. C　8. A　9. C　10. C

二、1. 高效液相色谱　2. 低　3. ODS；非极性或中等极性的　4. 水；甲醇；乙腈；三氯甲烷　5. 示差折光检测器；蒸发光检测器；紫外检测器；荧光检测器

三、1. √　2. ×　3. √　4. ×　5. √

四、1. 输液系统：高压输液泵、过滤器，储液瓶。进样系统：进样针和进样器，将样品引入色谱柱。分离系统：色谱柱和柱温箱，色谱柱是色谱分离分析的核心部件。检测系统：检测器，将组分信息变成电信号。记录系统：记录电信号并进行数据处理

2. 在一个分析周期内，流动相的组成随分析时间呈线性或非线性改变，称为梯度洗脱。梯度洗脱的优点：缩短分析时间、提高分离度、改善峰形、提高检测灵敏度。

3.

	气相色谱	高效液相色谱
流动相	惰性气体（种类少）	不同极性液体（种类多）
固定相	液膜，毛细管柱	键合相，固定相颗粒小
分析对象	气体，低沸点物质，20%有机物	不受挥发性、热稳定性限制，80%有机物
操作温度	高温	室温

五、1. 解：$c_{样} = \frac{A_{样}}{A_{标}} \times c_{标} = \frac{2471}{2845} \times 0.04 = 0.0347$ （mg/mL）

$$\omega_x = \frac{m}{m_{总}} \times 100\% = \frac{0.0347\text{mg/mL} \times 25\text{mL}}{1.3017 \times 10^3\text{mg}} \times 100\% = 0.067\%$$

2. 解：$c_{样} = \frac{A_{样}}{A_{标}} \times c_{标} = \frac{4.251 \times 10^7}{5.998 \times 10^7} \times 61.8\mu\text{g/mL} = 43.8\mu\text{g/mL}$

$$\omega_x = \frac{m}{m_{总}} \times 100\% = \frac{43.8\mu\text{g/mL} \times 10 \times 50\text{mL}}{0.1255 \times 10^3\text{mg}} \times 100\% = 17.4\%$$

第十三章

一、1. D　2. A　3. A　4. B　5. A　6. A　7. A　8. B　9. C　10. A

二、1. 激发；荧光　2. 基团频率；指纹　3. 伸缩；弯曲　4. 越低　5. 90°；可以消除穿过样品的透射光的干扰　6. 选择激发光；选择发射光　7. 最右边；电子；相对分子质量　8. 越大　9. 位置；正

三、1. √　2. √　3. ×　4. √　5. √　6. ×　7. √　8. √